Kohlhammer

# Organisation und Führung

Herausgegeben von
Dietrich von der Oelsnitz
Jürgen Weibler

Friedemann W. Nerdinger

# Grundlagen des Verhaltens in Organisationen

Verlag W. Kohlhammer

Umschlag: Gestaltungskonzept Peter Horlacher
Gesamtherstellung:
Druckerei W. Kohlhammer GmbH + Co. Stuttgart
Printed in Germany

ISBN 3-17-017401-0

# Geleitwort der Herausgeber

Diese neu vorliegende Management-Lehrbuchreihe befasst sich in ihren verschiedenen Einzelbänden mit ausgewählten Fragen der Organisation und Führung. Die Verbindung von wissenschaftlicher Problembehandlung und praktischer Anschaulichkeit soll ihre Ausführungen leiten. Darüber hinaus sind unterschiedliche Zugänge ausdrücklich erwünscht – hierdurch wird ein inhaltlich wie methodisch vielfältiges Spektrum für die Behandlung von Organisations- und Führungsfragen ermöglicht. Denn auch die Probleme, denen wir im Rahmen des Nachdenkens über und des Handelns in Organisationen begegnen, tragen keine disziplinären Etiketten.

Die jeweiligen Einzelbände wenden sich dabei zunächst an Dozenten und Studierende in der grundständigen wie weiterbildenden Lehre. Praktiker können von den anwendungsorientierten Ausführungen jedoch ebenfalls profitieren.

Das Thema dieses Werkes ist ein sehr fundamentales: es geht um das menschliche Denken, Fühlen und Handeln in Organisationen. Damit legt Friedemann Nerdinger ein verhaltenswissenschaftliches Fundament, dessen charakteristische Methodik eingangs beschrieben wird. Diese Ausführungen fließen sodann in die Darstellung und Analyse intra- und interpersonalen Handelns ein – kognitive Aspekte finden hierbei ebenso Berücksichtigung wie affektiv-emotionale. Die abschließende Thematisierung des strukturellen (»apersonalen«) Bedingungsrahmens öffnet den notwendigen Blick auf die vielfältigen Handlungskontingenzen der in Organisationen tätigen Menschen.

In seinem klar strukturierten Lehrbuch gelingt es Friedemann Nerdinger, eine Brücke zwischen den vielen konzeptionellen und empirischen Arbeiten zu schlagen, die die verhaltenswissenschaftlich inspirierte Managementforschung im Laufe ihres nun doch schon längeren, fruchtbaren Wirkens bis heute bereichert haben. Hiermit wird nicht zuletzt ein wichtiger Kontrapunkt zu den derzeit modischen Formalkonzepten gesetzt.

Die Herausgeber wünschen dem Werk eine positive Aufnahme und weite Verbreitung.

Ilmenau und Hagen, im März 2003

*Dietrich von der Oelsnitz*
Technische Universität Ilmenau
Fachgebiet Unternehmensführung

*Jürgen Weibler*
FernUniversität Hagen
Lehrstuhl für BWL, insb. Personalführung und Organisation

# Vorwort

Das vorliegende Buch ist aus einer Vorlesung mit dem Titel »Verhaltenswissenschaftliche Grundlagen« erwachsen, die sich im Grundstudium an Studierende der Wirtschaftswissenschaften wendet. Dabei habe ich die Erfahrung gemacht, dass der spezifisch verhaltenswissenschaftliche Zugang zu Problemen der Organisation bei den Studierenden auf einige Schwierigkeiten stößt. In anderen Lehrveranstaltungen werden sie darauf trainiert, vom System »Organisation« bzw. »Markt« her zu denken und Probleme logisch-rational zu analysieren. Das führt dazu, dass gelegentlich das Sollen mit dem Sein verwechselt wird. Verhaltenswissenschaften versuchen dagegen, ihre Fragestellungen auf empirischem Wege zu überprüfen. Dabei bedienen sie sich spezieller Methoden, die in ihrer Logik gewöhnlich wenig vertraut sind. Dieser Situation versucht das vorliegende Buch didaktisch und sprachlich gerecht zu werden.

Zum einen wird das Vorgehen empirischer Wissenschaften unter Verzicht auf alle methodischen und methodologischen Feinheiten in den Grundzügen dargestellt, zum anderen – und das bildet den Hauptteil des Buches – werden die auf diesem Wege gewonnenen Erkenntnisse über das Verhalten in Organisationen grundlegend diskutiert und mögliche Anwendungen im Betrieb exemplarisch veranschaulicht. Die Darstellung der Bedingungen des Verhaltens richtet sich dabei vorwiegend an Leser, die keine oder nur wenig Vorkenntnisse in der verhaltenswissenschaftlichen Forschung haben. Entsprechend werden die Fachbegriffe auf ein notwendiges Minimum reduziert und ausführlich erläutert.

Diese Konzeption wurde empirisch auf ihren Wert überprüft – Studenten haben den Text gelesen und wertvolle Anregungen zur Darstellung gegeben. Dafür möchte ich mich besonders bei Thoralf Köhn bedanken, der den Text akribisch durchgearbeitet und eine Vielzahl von Verbesserungen vorgeschlagen hat. Das Buch wendet sich aber nicht nur an Studierende, sondern auch an interessierte Praktiker. In deren Perspektive wurde es von Jutta Koberstein gelesen – dafür und für die wichtigen Hinweise möchte ich mich hier bedanken. Für die Darstellungen danke ich Frau Gudrun Schäfer – sie hat wie bei früheren Buchprojekten diese Aufgabe mit viel Engagement und Interesse bewältigt.

Neubukow, Dezember 2002 — Friedemann W. Nerdinger

# Inhalt

# Abbildungsverzeichnis

# 1 Organisation aus dem Blickwinkel der Verhaltenswissenschaften

Nach einem geflügelten Wort ähneln Organisationen Wolken, deren Konturen sich in Abhängigkeit vom Standpunkt des Betrachters ständig verändern und – kommt man ihnen zu nahe – vor dem Auge verschwimmen (Starbuck 1976; vgl. Gebert/von Rosenstiel 2002, S. 22ff.). Aufgrund des schwer fassbaren Charakters ihres Forschungsgegenstandes hat sich die Organisationsforschung in den letzten Jahrzehnten enorm ausdifferenziert und zu kaum mehr überschaubaren theoretischen Verästelungen geführt. Hier wird kein Versuch unternommen, diese Entwicklung nachzuzeichnen (vgl. Türk 1989; Krüger 1994; Schreyögg 1999; Ortmann/Sydow/Türk 2000; Kieser 2001; Schulte-Zurhausen 2002). Vielmehr konzentrieren sich die folgenden Ausführungen auf *einen* Blickwinkel, auf die Frage nach dem Verhalten in Organisationen. Nach einer Klärung des mit dem Begriff »Organisation« gemeinten, die im Sinne einer Arbeitsdefinition zu verstehen ist, wird die hier eingenommene Perspektive der Verhaltenswissenschaften umrissen und das weitere Vorgehen erläutert.

## 1.1 Der Begriff »Organisation«

»Organisation« wird in mindestens drei verschiedenen Bedeutungen gebraucht (vgl. Schulte-Zurhausen 2002, 1ff.): Im Sinne eines Instrumentes, einer Funktion und einer Institution. Der *instrumentale* Begriff sieht Organisation als die Gesamtheit aller Regelungen, die sich auf die Verteilung von Aufgaben und Kompetenzen sowie die Abwicklung von Arbeitsprozessen beziehen. Das System formaler, dauerhafter Regeln bildet nach diesem Verständnis die Organisationsstruktur, die das Verhalten von Menschen auf ein gemeinsames Ziel ausrichtet. Organisation ist also ein Instrument zur effizienten, zielgerichteten Führung, daher wird der instrumentale Organisationsbegriff vor allem in der Betriebswirtschaftslehre verwendet. Für die Betriebswirtschaftslehre stellt »Organisation« aber auch eine *Managementfunktion* dar und umfasst in diesem Sinne alle Aktivitäten der Planung, Einführung und Durchsetzung von organisatorischen Regeln. Aus diesem Blickwinkel bedeutet Organisation vornehmlich organisieren, d.h. zum einen Arbeiten auf die Mitarbeiter/innen verteilen (Arbeitsteilung) und zum anderen alle Arbeiten auf die übergeordneten Ziele ausrichten (Koordination).

Der instrumentale und der funktionale Organisationsbegriff thematisieren die Regeln, die eine Ordnung schaffen. Ordnung wird zwischen einzelnen Elementen – Aufgaben, Informationen und/oder Personen – geschaffen, die miteinander in Beziehung stehen. Eine Menge von Elementen und die Beziehungen, die zwischen ihnen bestehen, bezeichnet man als *System*. Ein *soziales* System ist dadurch gekennzeichnet, dass Personen die Elemente der Menge bilden. *Institutional* betrachtet sind Organisationen soziale Systeme, demnach können Organisationen beschrieben werden als

- zeitlich relativ stabile,
- gegenüber der Umwelt offene,
- aus Individuen und Gruppen zusammengesetzte,
- zielgerichtet handelnde und
- strukturierte Systeme (Porter/Lawler/Hackman 1975, S. 68ff.; Gebert/von Rosenstiel 2002, S. 22ff.; Schulte-Zurhausen 2002, S. 1f.).

Bei diesem Verständnis von Organisation stehen drei Aspekte im Vordergrund – die Personen (Elemente), das Verhalten der Personen im Sinne ihrer regelgeleiteten Handlungen und das dadurch begründete System als überindividuelle Einheit. Das System ist *offen*, d.h. die Grenzen sind durchlässig gegenüber der sozialen, technischen, politischen und wirtschaftlichen Umwelt, mit der das System in Austauschbeziehungen steht. Das System handelt *zielgerichtet*. Dabei ist zu beachten, dass jede Organisation mehrere Ziele verfolgt, die häufig nicht eindeutig sind und sich teilweise sogar widersprechen. Schließlich ist das System *strukturiert*, d.h. zur Erreichung der Ziele entwickelt die Organisation eine bestimmte Form der Arbeitsteilung und eine Hierarchie (zu weiteren Strukturmerkmalen vgl. Weinert 1998). Dies sind abstrakte Merkmale des Systems, es sind aber die

Personen, ihr regelgeleitetes Verhalten und die dadurch entstehenden Beziehungen zwischen den Personen, die eine Organisation ausmachen. Aufgrund der zentralen Bedeutung der Personen und ihres Verhaltens ist der Institutionsbegriff der Organisation kennzeichnend für die Wissenschaften, die sich mit dem Verhalten der Personen in Organisationen beschäftigen. Dazu zählen neben der Betriebswirtschaftslehre die Psychologie und die Soziologie, aber auch die Politologie, die Pädagogik und andere Wissenschaften. Die verhaltenswissenschaftliche Perspektive wird im Folgenden eingenommen.

## 1.2 Die verhaltenswissenschaftliche Perspektive

Die Verhaltenswissenschaften untersuchen das menschliche Verhalten, speziell auch das Verhalten der Personen in Organisationen. Diese scheinbar so eindeutige Definition wirft eine Vielzahl von Problemen auf, die letztlich auf den »Wolken-Charakter« von Organisationen zurückzuführen sind und in der wissenschaftlichen Literatur zu intensiven Diskussionen geführt haben (vgl. Türk 1989; Neuberger 1989; Ortmann et al. 2000; Kieser 2001). Vor allem das Wörtchen »in« erweist sich dabei als kritisch, setzt es doch eine Grenze zwischen der Organisation und ihrer Umwelt, zwischen innerhalb und außerhalb der Organisation voraus. Diese Grenze zu ziehen ist allerdings äußerst schwierig, da sie natürlich nicht mit dem »Zaun um das Grundstück« zu vergleichen ist. Der Versicherungsverkäufer, der seinen Kunden zu Hause besucht, um ihm eine Lebensversicherung zu verkaufen, handelt in der Organisation. Dagegen handelt der Kunde, der den Verkäufer in den Räumen der Versicherung besucht, außerhalb der Organisation (vgl. Nerdinger 2001a).

Bei aller begrifflichen Problematik hat die hier zugrunde gelegte Definition aber den unschätzbaren Vorteil, dass sie die Perspektive der Personen einnimmt, die sich selbst als Mitglieder einer Organisation verstehen. Der Versicherungsverkäufer weiß gewöhnlich genauso wie sein Kunde, ob er »in« der Organisation handelt oder außerhalb – obwohl beide vermutlich nicht in der Lage sind, dafür eine abstrakte und allgemein gültige Definition anzugeben. Aus der Perspektive der Handelnden lassen sich verschiedene Klassen von Bedingungen des Verhaltens in Organisationen ableiten. In der Regel fühlen sich Menschen selbst als Ursache ihres Verhaltens: Hat der Versicherungsverkäufer im vorliegenden Beispiel seinen Kunden ausführlich beraten und dieser entschließt sich zu einer Lebensversicherung, so wird der Verkäufer diesen Erfolg vermutlich seiner Leistung zuschreiben (Johnston/Kim 1994; Nerdinger 2001a). Aus seiner Sicht erklärt sich der Erfolg, weil er z.B. das Gespräch mit dem Kunden so geschickt aufgebaut und so überzeugende Argumente gefunden hat. In diesem Fall sieht der Verkäufer die Ursache des Verhaltens und des Ergebnisses *in seiner Person* – in seinem Wissen, seinem Denkvermögen, seinem sozialen Geschick oder seiner Motivation für die Arbeit. Diese psychischen Phänomene werden als *intrapersonale* Bedingungen des Verhaltens bezeichnet. Die Organisationspsychologie – eine Teildisziplin der Psychologie, die sich mit dem Erleben und Verhalten in Organisationen beschäftigt – untersucht die intrapersonalen Bedingungen. Diese Disziplin hat in den letzten Jahrzehnten eine Vielzahl von Belegen vorgelegt, die zeigen, dass dies nicht nur häufig der Sicht der Personen entspricht – die intrapersonalen Bedingungen sind auch wissenschaftlich begründet wesentliche Voraussetzungen für das Verhalten in Organisationen (Wiendick 1994; Weinert 1998; von Rosenstiel 2000; Schuler 1995, 2001).

Würde man denselben Versicherungsverkäufer dagegen fragen, warum er jeden Tag zehn Kunden anruft, um mit ihnen einen Beratungstermin auszumachen oder warum er in den letzten Wochen verstärkt versucht, Lebensversicherungen zu verkaufen, würde er wohl antworten, dass sein Vorgesetzter das von ihm erwartet bzw. mit ihm dahingehende Ziele vereinbart hat (vgl. Nerdinger 2001a). Das Verhalten wird also in der Sicht des Verkäufers nicht nur durch ihn selbst, d.h. intrapersonal bestimmt, sondern in hohem Maße auch durch andere Mitglieder der Organisation – besonders die direkten Vorgesetzten – beeinflusst. In Organisationen finden ständig *Interaktionen* statt, d.h. die Mitglieder wirken wechselseitig aufeinander ein (vgl. Fischer/Wiswede 2002). Fordert der Vorgesetzte, dass der Versicherungsverkäufer mehr Kunden besucht und mehr Lebensversicherungen abschließt, so wirkt er im Sinne der Ziele der Organisation auf seinen Mitarbeiter ein. Umgekehrt wirkt aber auch der Mitarbeiter auf den Vorgesetzten ein, z.B. wenn er versucht, ihn zu überzeugen, dass die geforderte Zahl von Abschlüssen aufgrund der Marktlage nicht realisierbar ist. Das Verhalten in Organisationen wird also durch die Prozesse beeinflusst, die sich zwischen den Personen abspielen. Diese werden als *interpersonale* Bedingungen des Verhaltens in Organisationen bezeichnet. Die Grundlagen zum Verständnis dieser Prozesse entstammen der Soziologie (vgl. z.B. Büschges/Abraham 1997; Wiswede 1998) und der Sozialpsychologie (vgl. Thomas 1991, 1992; Stroebe/Hewstone/Stephenson 1996; Forgas 1999; Fischer/Wiswede 2002).

Würde man den Versicherungsverkäufer schließlich fragen, warum er sich von seinem Vorgesetzten so behandeln lässt und nicht macht, was ihm für richtig erscheint, so wäre er wahrscheinlich überrascht über die Naivität der Frage. Bei unbeirrtem Nachfragen könnte dann z.B. als Antwort kommen, »das ist halt so«, »weil ich dafür bezahlt werde«, »weil der Vorgesetzte dazu das Recht hat« oder etwas Ähnliches. Hinter solchen, häufig eher verschwommenen Aussagen steht gewöhnlich eine dritte Klasse von Bedingungen des Verhaltens, bei denen letztlich das System selbst die Ursache ist. In diesen Fällen, in denen die Bedingungen des Verhaltens nicht an konkrete Personen gebunden sind, spricht man auch von *apersonalen* Bedingungen des Verhaltens in Organisationen. Die Regeln und ihre Folgen, die ja erst eine Organisation konstituieren, bestimmen das Verhalten der Mitarbeiter/innen. Die apersonalen Bedingungen werden besonders von den Wirtschaftswissenschaften (vgl. Krüger 1994; Schreyögg 1999; Schulte-Zurhausen 2002), aber auch von der Soziologie und der Politologie untersucht.

Zu den apersonalen Bedingungen zählen nicht nur die formalen Regelungen, sondern auch die in der Organisation verwendete Technologie: So wird z.B. das Verhalten eines Arbeiters am Fließband fast vollständig durch die Technik bestimmt. Das Fließband legt fest, welche Handgriffe in welcher Zeit wie zu verrichten sind. Da die in der Organisation eingesetzte Technik großen Einfluss auf das Verhalten ausübt, beschäftigen sich auch die Ingenieurswissenschaften mit den technologisch bestimmten, apersonalen Bedingungen des Verhaltens. Der technische Blickwinkel wird im Folgenden ausgeklammert.

## 1.3 Ein Modell des Verhaltens in Organisationen

Aus den bislang angestellten Überlegungen lässt sich ein sehr einfaches Modell des Verhaltens in Organisationen entwickeln, das folgende Darstellung veranschaulicht:

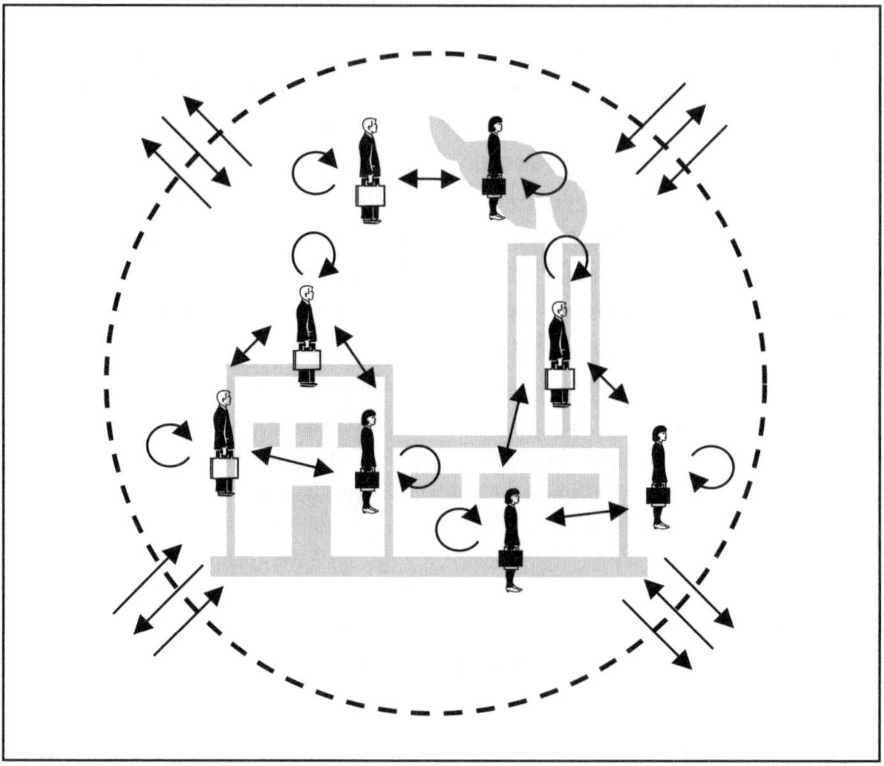

**Abb. 1:** Ein Modell des Verhaltens in Organisationen

In dieser Darstellung deutet die gestrichelte Linie um das ganze Gebilde die Grenze der Organisation an – sie ist ein offenes System und daher gegenüber ihrer Umwelt durchlässig. Die nach innen gerichteten Pfeile verweisen auf den Einfluss auf die Mitglieder der Organisation, sie veranschaulichen die *apersonalen* Bedingungen des Verhaltens. Die Mitglieder werden durch die dargestellten Personen veranschaulicht. Von diesen geht jeweils ein auf die Person zurückgebogener Pfeil aus. Damit wird verdeutlicht, dass Menschen zur Selbstreflexion in der Lage sind, d.h. sie können über sich und ihr Verhalten nachdenken und auf diesem Wege manchmal auch ihr Verhalten ändern. Die zurückgebogenen Pfeile veranschaulichen die *intrapersonalen* Bedingungen des Verhaltens. Die Personen sind durch beidseitig gerichtete Pfeile verbunden, die Interaktionen zwischen den Mitgliedern und damit die *interpersonalen* Bedingungen des Verhaltens andeuten. Durch die so dargestellten, geregelten Interaktionen schließen sich jeweils mehrere Kreise zusammen – ein Sinnbild für die Gruppenbildung in Organisationen (zwischen den Gruppen bestehen natürlich auch noch Beziehungen, auf deren Darstellung hier der Einfachheit halber verzichtet wurde).

Die Darstellung soll verdeutlichen, dass die einzelnen Mitglieder der Organisation, deren Verhalten zu erklären ist, den verschiedensten Einflüssen ausgesetzt sind. Ausgangspunkt dieser Einflüsse ist das grundlegende Problem der Integration, der Einbindung von Individuen in die Organisation (vgl. dazu Stolz/Türk 1992; Krüger 1994, S. 299ff.). Letztlich geht es dabei um die Frage, wie es gelingt, die Mitarbeiter/innen auf die Ziele der Organisation auszurichten. Die Einbindung in die Organisation kann auf der Ebene der Organisation, der sozialen Ebene (Gruppe bzw. zwischenmenschliche Beziehungen) und der Ebene des Individuums betrachtet werden. Auf der Ebene der Organisation lassen sich vier Formen der Einbindung unterscheiden (Krüger 1994), die als apersonale Bedingungen des Verhaltens wirksam werden. Die Einbindung durch

- die *Aufgabe:* Die Organisation überträgt dem einzelnen Mitarbeiter Aufgaben, die aus der Gesamtaufgabe der Organisation abgeleitet werden;
- die *Strukturen und Prozesse:* Damit sind alle organisatorischen Regelungen gemeint – detaillierte Regelungen der Kompetenzen, Richtlinien, Verfahrensvorschriften, Arbeitsanweisungen usw.;
- die *planerischen Vorgaben:* Durch solche Vorgaben wird versucht, die Mitarbeiter/innen über die angestrebten Ergebnisse einzubinden. Im Rahmen von Planungsprozessen werden Ziele für die Organisation entwickelt, von denen sich dann in einem mehrstufigen Prozess Ziele für die einzelnen Mitarbeiter/innen ableiten lassen;
- die *Kultur:* Wenn die Mitglieder der Organisation dieselben Werte vertreten, so werden sie über diese Werte in die Organisation eingebunden; die gemeinsam geteilten Werte bilden den Kern dessen, was man als die Kultur der Organisation bezeichnet.

Die Organisation bildet mit diesen apersonalen Bedingungen gewissermaßen den Rahmen der Einbindung, für das Erleben entscheidend ist die soziale Einbindung. Vor allem die Interaktion mit den Vorgesetzten, die als Vertreter der Organisation auftreten, ist eine ganz entscheidende Bedingung des Verhaltens. Vorgesetzte und Mitarbeiter/innen verhalten sich dabei nicht als individuell-einzigartige Persönlichkeiten, sondern in ihrer jeweiligen *Rolle*, die von der Organisation mit bestimmten Rechten und Pflichten ausgestattet ist. Vorgesetzte haben die notwendige *Macht*, um die Mitarbeiter/innen auf die gemeinsamen Ziele zu verpflichten. Die Ausübung von Macht wird auf dieser interpersonalen Ebene durch die *Kommunikation* zwischen den Beteiligten vermittelt. Die interpersonale Ebene umfasst darüber hinaus aber auch den Einfluss der *Gruppen* innerhalb der Organisation. Das Klima in der Gruppe und ihre spezielle Dynamik stellen mit die stärksten Einflüsse auf das Verhalten der Einzelnen dar.

Alle diese Einflüsse wirken auf die einzelnen Mitarbeiter/innen ein und formen ihr Verhalten. Menschen sind aber keine Marionetten dieser Einflüsse, sie lassen sich durch apersonale und interpersonale Einflüsse nicht beliebig steuern. Vielmehr können sie jeweils ganz unterschiedliche Reaktionen auf diese Bedingungen zeigen. Das ist auf die intrapersonalen Bedingungen des Verhaltens zurückzuführen, d.h. die psychischen Mechanismen, die das Verhalten steuern. Bei diesen Mechanismen lassen sich kognitive und aktivierende Prozesse unterscheiden. Der Begriff »Kognition« fasst alle Prozesse zusammen, die für die Erkenntnis notwendig sind. Diese Prozesse umfassen die Aufnahme und die Verarbeitung von Informationen, d.h. die *Wahrnehmung* und das *Denken* im weitesten Sinne. Zu den kognitiven Prozessen zählt aber auch das *Lernen*, mit dem Erkenntnisse über die Welt erworben und behalten werden. Die aktivierenden Prozesse beschreiben, wie die für das Verhalten notwendige Energie bereitgestellt wird. Dabei lassen sich *Motivation* und *Emotion* unterscheiden. Alle Einflüsse auf das Individuum werden durch die kognitiven Prozesse modifiziert und erst in dieser – mehr oder weniger stark veränderten – Form über die aktivierenden Prozesse verhaltenswirksam. Darüber hinaus ist das Individuum aber auch aktiv an der Einbindung in die Organisation beteiligt. Menschen haben einen eigenen Willen, setzen sich selbst Ziele, verfolgen ihre Ziele mehr oder weniger hartnäckig und wirken damit auf die Bedingungen der Organisation ein.

Dieses komplexe Zusammenspiel der verschiedenen Bedingungen des Verhaltens wird nachfolgend in seine Bestandteile zerlegt.

## 1.4 Vorgehensweise

Im Zentrum der folgenden Ausführungen stehen die intra-, die inter- und die apersonalen Bedingungen des Verhaltens. Die Ausführungen können weder eine vollständige Darstellung aller Bedingungen liefern, noch werden die einzelnen Bedingungen in ihrer ganzen Komplexität durchleuchtet. Vielmehr werden aus allen drei Bereichen die erwähnten Bedingungen herausgegriffen und ihre Bedeutung für das Verhalten in Organisationen wird jeweils exemplarisch veranschaulicht. Vorrangiges Ziel ist es, mit den Ausführungen ein Grundverständnis der ausgewählten Bedingungen und damit allgemein des Verhaltens in Organisationen zu schaffen. Zu diesem Zweck werden jeweils die begrifflichen Grundlagen der einzelnen Bedingungen umrissen, einige allgemein-wissenschaftliche Zusammenhänge dargestellt und schließlich Anwendungen und Folgerungen für das Verhalten in Organisationen – wiederum an ausgewählten Beispielen – verdeutlicht.

Letztlich soll damit ein grundlegendes Verständnis für die Bedingungen des Verhaltens in Organisationen geschaffen werden. Die berichteten Konzepte und Befunde beruhen auf Erkenntnissen der Verhaltenswissenschaften. Wie Verhaltenswissenschaften zu ihren Erkenntnissen kommen, wird daher vorab in groben Zügen erläutert.

# 2 Kennzeichen des verhaltenswissenschaftlichen Ansatzes

Die Verhaltenswissenschaften – speziell die Psychologie, deren Perspektive im Folgenden dominiert – sind empirische Wissenschaften, das heißt, sie gewinnen ihre Erkenntnisse aus der Erfahrung. Die Logik des empirischen Vorgehens erfordert grundlegende theoretische Vorstellungen über den Erkenntnisgegenstand und eine ausgefeilte Lehre der Methoden, mit deren Hilfe Erkenntnisse gewonnen werden. Diese Kennzeichen empirischer Forschung werden in Form eines Abrisses des Vorgehens bei der Suche nach Erkenntnissen kurz dargestellt.

## 2.1 Merkmale empirischer Wissenschaft

Ziel einer jeden Wissenschaft ist es, möglichst allgemein gültige Aussagen über ihren Forschungsgegenstand zu treffen (vgl. zum Folgenden Groeben/Westmeyer 1975; Opp 1976; Popper 1984; Chalmers 2001). Diese Aussagen dienen dazu,

- Phänomene zu erklären, die zum Forschungsgegenstand gehören,
- aufgrund bekannter Vorinformationen das Auftreten solcher Phänomene vorherzusagen und
- Bedingungen herzustellen, die das Eintreten erwünschter Phänomene sichern oder das Eintreten unerwünschter verhindern.

Der hier interessierende Forschungsgegenstand ist das Verhalten in Organisationen, darüber möchten die Verhaltenswissenschaften allgemein gültige Aussagen treffen. Ziel ist es, konkrete Verhaltensphänomene zu *erklä-*

*ren*, z.B. die Frage, unter welchen Umständen die Mitarbeiter/innen einer Organisation unzufrieden sind und weniger leisten, als sie könnten. Sind die Aussagen über den Forschungsgegenstand tatsächlich allgemein gültig, erlauben sie auch *Prognosen*, d.h. Vorhersagen über das Auftreten bestimmter Phänomene. Aufgrund von Vorinformationen – beispielsweise beabsichtigt ein deutsches Unternehmen, mit einem amerikanischen zu fusionieren – können anhand vorliegender Erkenntnisse über das Verhalten in deutschen und amerikanischen Unternehmen Vorhersagen über mögliche Konflikte und Leistungsverluste getroffen werden, die bei der künftig geforderten Zusammenarbeit zwischen den Mitarbeiter/innen der beiden Unternehmen auftreten werden. Sind die Aussagen der Wissenschaft so umfassend gestaltet, dass sie alle Bedingungen für das Auftreten der Phänomene beschreiben, können aufgrund der Vorhersagen erwünschte *Konsequenzen* gesichert und unerwünschte vermieden werden. Wären also im gewählten Fall alle Bedingungen bekannt, die zu Konflikten zwischen den Mitarbeiter/innen der beiden Unternehmen führen können, ließe sich die Fusion so gestalten, dass keine oder möglichst wenige Konflikte auftreten und entsprechend die Ziele der Fusion besser erreicht werden.

Empirische Wissenschaften zeichnen sich dadurch aus, dass ihre Aussagen einen *empirischen Gehalt* haben, d.h. ihre Aussagen beziehen sich auf solche Phänomene, die sich anhand der Erfahrung überprüfen lassen. Eine empirisch gehaltvolle Aussage über Fusionen von deutschen und amerikanische Unternehmen könnte so lauten: Das Handeln amerikanischer Manager ist stärker an der kurzfristigen Rendite orientiert, das Handeln deutscher Manager stärker an der Qualität der produzierten Güter und am langfristigen Markterfolg. Das ist eine Aussage, die hohe Allgemeingültigkeit beansprucht und die sich durch geeignete Untersuchungen empirisch überprüfen lässt. Empirische Wissenschaften beschränken sich auf solche, empirisch gehaltvollen Aussagen. Entsprechend werden in den Verhaltenswissenschaften nur Sätze über das Verhalten in Organisationen formuliert, die anhand der Realität in Organisationen überprüfbar sind. Das grundlegende Vorgehen empirischer Wissenschaften lässt sich so darstellen:

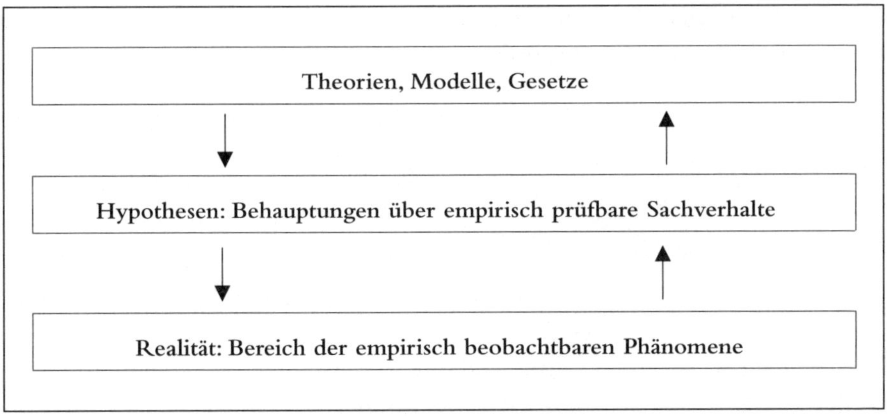


**Abb. 2:** Die Grundkonzeption empirischer Wissenschaften (nach Meyer 1996, S. 35)

Aus Theorien, allgemeinen Modellen oder Gesetzen des Verhaltens werden einzelne Aussagen abgeleitet, sogenannte *Hypothesen.* Hypothesen sind Vermutungen über den Zusammenhang von mindestens zwei Variablen, d.h. veränderlichen Größen (vgl. Hussy/Möller 1994). Gewöhnlich werden Hypothesen in Form von *wenn-dann-Aussagen* formuliert, die eine kausale Beziehung zwischen zwei Variablen postulieren. Aus einer allgemeinen Beschreibung der amerikanischen und der deutschen Wirtschaftskultur könnte also z.B. die Hypothese abgeleitet werden: *Wenn* ein amerikanisches und ein deutsches Unternehmen fusionieren, *dann* werden Konflikte zwischen den Mitarbeiter/innen auftreten (das ist eine sehr unpräzise Hypothese, für die wissenschaftliche Überprüfung müssten die Begriffe »deutsches« bzw. »amerikanisches Unternehmen« sowie »Konflikte« noch sehr viel genauer gefasst werden. Zur Veranschaulichung mag diese Form im vorliegenden Zusammenhang aber genügen). Hier wird also ein kausaler Zusammenhang zwischen der Variable »Fusion« und der Variable »Konflikte zwischen Mitarbeiter/innen« vorhergesagt. Es handelt sich dabei um Variablen, da beide Größen zumindest in zwei Ausprägungen auftreten können (»tritt auf« oder »tritt nicht auf«). Hypothesen können an der Realität überprüft werden, z.B. indem eine Reihe von Fusionen zwischen deutschen und amerikanischen Unternehmen von Verhaltenswissenschaftlern begleitet werden, die das Zusammenarbeiten zwischen den Mitarbeiter/innen der fusionierten Unternehmen untersuchen. Solche Untersuchungen ermöglichen Aussagen über die Gültigkeit der Hypothesen, die – zumindest in einem bestimmten Rahmen (Stegmüller 1973) – Rückschlüsse auf die Gültigkeit der allgemeinen Theorien und Modelle zulassen, aus denen die Hypothesen abgeleitet wurden.

Zwar ist dieses grundlegende Schema empirischer Wissenschaften plausibel, dahinter verbergen sich aber eine Vielzahl logischer Detailprobleme. Diese werden von einer eigenen wissenschaftlichen Disziplin, der Wissenschaftstheorie (vgl. dazu Stegmüller 1973, 1980; Chalmers 2001) – einem Teilgebiet der Philosophie – untersucht. Solche spezifischen Probleme müssen hier nicht weiter diskutiert werden, zum grundlegenden Verständnis empirischer Wissenschaft sind statt dessen zwei Aspekte des Schemas zu vertiefen: Zum einen erfordert das skizzierte Vorgehen allgemeine Satzsysteme, die Aussagen über den Forschungsgegenstand machen – im vorliegenden Fall also Theorien und Modelle menschlichen Verhaltens (s.u. 2.2). Zum anderen steht und fällt der Wert der wissenschaftlichen Aussagen mit der Möglichkeit, diese an der Realität zu überprüfen. Daher sind die eingesetzten Methoden von zentraler Bedeutung für alle empirischen Wissenschaften, und das gilt besonders für die Verhaltenswissenschaften (s.u. 2.3).

## 2.2 Theoretische Modelle des Verhaltens

Zunächst ist zu betonen: Es gibt nicht *die* Theorie des Verhaltens, vielmehr finden sich in den Wissenschaften eine Vielzahl von Modellvorstellungen darüber, wie menschliches Verhalten zu erklären ist. Das liegt zum einen an der enormen Komplexität des menschlichen Verhaltens, zum anderen an den vielfältigen Vorstellungen darüber, was den Menschen eigentlich auszeichnet (die sogenannten »Menschenbilder«; zu Menschenbildern in der Organisation vgl. Schein 1974; Bögel/von Rosenstiel 1993; Weinert 1998). Im Folgenden werden daher nur zwei allgemeine Modelle des Verhaltens knapp skizziert.

### 2.2.1 Das S-O-R-Modell

Das S-O-R-Modell ist – historisch betrachtet – aus einer psychologischen Forschungsrichtung erwachsen, die als »Behaviorismus« bezeichnet wird (vgl. Ulich 1989; Lück 1991). Wie der Name nahe legt, ist für diese Richtung der Psychologie das Verhalten (behavior) der zentrale Forschungsgegenstand. Ausgangspunkt des Behaviorismus war die Entdeckung einer grundlegenden Form des Lernens durch den russischen Physiologen Iwan Pawlow (vgl. Spada/Ernst/Ketterer 1990). Tiere zeigen auf bestimmte Reize eine angeborene Reaktion, z.B. sondern Hunde Speichel ab, wenn sie Futter sehen. Auf andere, sogenannte neutrale Reize wie z.B. einen Glockenton reagieren sie dagegen nicht bzw. zeigen lediglich eine Orientierungsreaktion, indem sie den Kopf in die Richtung des Tons wenden. Pawlow hat nun mehrmals, kurz bevor ein Hund das Futter sehen konnte, einen Glockenton erklingen lassen. Anschließend hat der Glockenton auch ohne den Anblick von Futter bei dem Hund einen Speichelfluss ausgelöst. Der Hund hat also eine neue Reiz-Reaktions-Verbindung gelernt, auf einen Ton (Reiz) beginnt der Speichelfluss (Reaktion). Die Behavioristen glaubten nun, dass *jedes* Verhalten eine Reaktion auf einen bestimmten Reiz in der Umwelt darstellt, wobei die meisten Reaktionen ähnlich wie in der Untersuchung von Pawlow im Laufe des Lebens gelernt werden. Diese Vorstellung wird als *S-R-Modell* des Verhaltens bezeichnet, wobei S für Stimulus, d.h. Reiz, und R für Reaktion steht.

Die Übertragung des S-R-Modells auf das menschliche Verhalten stößt allerdings sehr schnell an Grenzen. Das wurde in einer der ersten, großangelegten Untersuchungen des Verhaltens in Organisationen deutlich. Nach der Fabrik, in der sie durchgeführt wurden, werden sie auch als »Hawthorne-Studien« bezeichnet (Mayo 1933; Roethlisberger/Dickson 1939; vgl. dazu Brüning et al. 1988). Bei diesen Untersuchungen wurde angenommen, dass Reize der Umwelt das Verhalten von Mitarbeiter/innen beeinflussen. Unter anderem wurde überprüft, wie der Reiz »Helligkeit am Arbeitsplatz« (S) die Reaktion »Leistung der Mitarbeiter/innen« (R) beeinflusst. Zu diesem Zweck wurde systematisch die Helligkeit erhöht und die Auswirkung auf die Leistung gemessen. Dabei zeigte sich der erwartete Effekt – mit steigender Helligkeit nahm die Leistung zu. Zu ihrer Verwunderung mussten die Forscher aber feststellen, dass bei *sinkender* Helligkeit die Leistung ebenfalls zunahm!

Um diese Reaktionen zu erklären, müssen Mechanismen angenommen werden, die intrapersonal – im Organismus des Menschen – wirksam werden und zwischen dem Reiz und der Reaktion vermitteln. In den Hawthorne-Studien wurde Folgendes entdeckt: Die Mitarbeiter/innen, die sehr einfache Arbeiten verrichteten, hatten bislang recht wenig Anerkennung und Interesse für ihre Tätigkeit erfahren. Die Anwesenheit der Wissenschaftler und die von ihnen durchgeführten Messungen der Leistung haben die meisten Mitarbeiter/innen als Interesse für ihre Arbeit und für ihre Person erlebt und *deshalb* die Leistung erhöht. Das bedeutet: Wie Reize wahrgenommen, gedanklich verarbeitet und bewertet werden, auf welche Motive sie einwirken und welche Emotionen sie auslösen, entscheidet über die Reaktion. Diese Überlegungen führen zu einer Erweiterung des behavioristischen Grundmodells zum *S-O-R-Modell*: Reize (S) treffen auf einen Organismus (O), werden dort verarbeitet und führen in Abhängigkeit von den ausgelösten psychischen Prozessen zu (unterschiedlichen) Reaktionen (R).

Obwohl auch dieses, als neobehavioristisch bezeichnete Modell vielfach kritisiert wurde (vgl. Groeben/Scheele 1977; Ulich 1989; Lück 1991), liegt es doch – zumindest bei einer weiten Interpretation von S, O und R – den meisten Untersuchungen des Verhaltens in Organisationen zugrunde. Zum Beispiel hat kaum eine Frage so viel Forschung ausgelöst wie die nach den Wirkungen der Führung auf die Leistung der Mitarbeiter/innen (zum Überblick: Kieser/Reber/Wunderer 1995; Weibler 2001; Wunderer 2001; Neuberger 2002). Ein Großteil dieser Forschung orientiert sich am S-O-R-Modell, obwohl das kaum thematisiert wird. Untersucht werden die Auswirkungen der verschiedensten Merkmale der Situation (S) auf die Leistung der Mitarbeiter/innen (R), wobei unterschiedliche, vermittelnde Prozesse in der Person der Mitarbeiter/innen (O) angenommen werden. Zu den untersuchten Merkmalen der Situation zählen u.a. die Persönlichkeit des Führenden, sein Verhalten, seine Positionsmacht, die Aufgabe, die Organisation und vieles mehr (Kerr/Jermier 1979; Kerr/Mathews 1995). Die Wirkung dieser Reize auf die Reaktion hängt dabei von verschiedensten Merkmalen der Person (O) ab, u.a. vom Vertrauen der Mitarbeiter/innen in den Vorgesetzten, ihrer Wahrnehmung und Erklärung des Verhaltens des Vorgesetzten, der Zufriedenheit mit und der Bindung an das Unternehmen (Moser 1996).

Das S-O-R-Modell bietet einen sehr allgemeinen gedanklichen Rahmen, der die Entwicklung einer Vielzahl empirisch gehaltvoller Hypothesen ermöglicht. Daher liegt dieses Modell auch so vielen Untersuchungen des Verhaltens in Organisationen zugrunde. Allerdings kann nicht jedes Verhalten in Organisationen im Rahmen des S-O-R-Modells erklärt werden, sondern nur passives, als Reaktion auf Reize in der Umwelt interpretierbares Verhalten. Daneben zeigen Menschen in Organisationen aber auch aktives, von der Person ausgehendes Verhalten. Beispielsweise unternehmen Mitarbeiter/innen sehr viel von sich aus, um beruflich aufzusteigen: Sie suchen selbst nach neuen Aufgaben, bringen spontan Verbesserungsvorschläge ein oder beeinflussen ihren Vorgesetzten, um ihr Ziel zu erreichen (vgl. Nerdinger 2003). Diese Verhaltensweisen verbindet ein Merkmal – sie sind alle zielorientiert. Zielorientiertes Verhalten wird auch als *Handeln* bezeichnet. Zur Erklärung von Handeln wurden eigene Modelle entwickelt, die zusammengefasst als Handlungstheorien bezeichnet werden (Heckhausen 1989; Dörner 1994; Hacker 1998; Straub/Werbig 1999).

## 2.2.2 Handlungstheorien

Auch die Versuche, Handlungen zu erklären, sind äußerst vielfältig, daher gibt es nicht *die* Handlungstheorie. Allerdings verbindet alle Handlungstheorien, dass sie sich mit dem Verhalten befassen, das Menschen bewusst einsetzen, um ein bestimmtes Ziel zu erreichen. Sehr weit entwickelt ist die Handlungstheorie der Arbeitspsychologie, die speziell das Handeln der Mitarbeiter/innen in der Produktion erklärt. Exemplarisch für den handlungstheoretischen Ansatz sei die arbeitspsychologische Sichtweise in ihren Grundzügen dargestellt (vgl. Wiendick 1994; Frieling/Sonntag 1999; Hacker 1998; zur sozialwissenschaftlichen Handlungstheorie vgl. Straub/Werbig 1999).

Den Ausgangspunkt der arbeitspsychologischen Handlungstheorie bildet die grundlegende Kritik am S-O-R-Modell von Miller, Galanter und Pribram (1973). Die Autoren haben darauf hingewiesen, dass in diesem Modell der Zusammenhang zwischen den Prozessen im Organismus und den Reaktionen nicht geklärt ist. Den Zusammenhang zwischen einer Vorstellung von dem, was man erreichen möchte, und der Handlungsausführung haben sie am Beispiel des Einschlagens eines Nagels in die Wand folgendermaßen veranschaulicht:

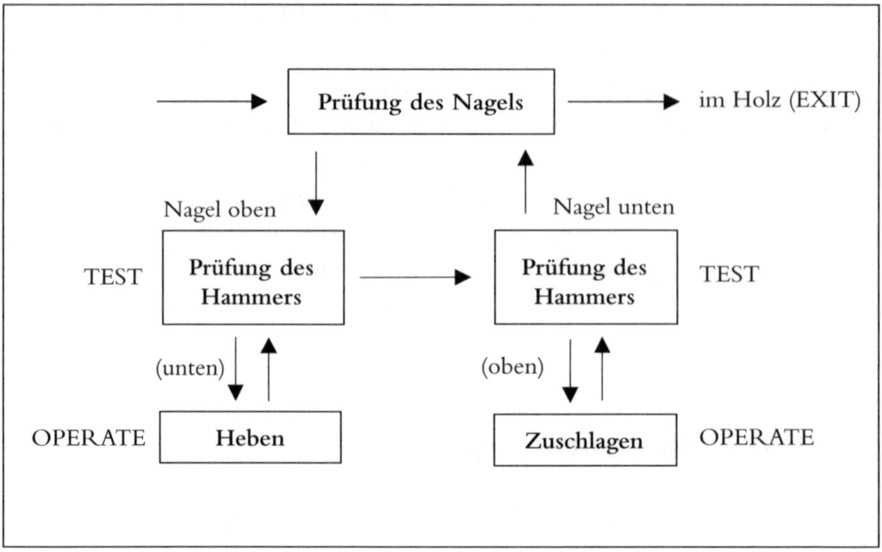


**Abb. 3:** Das TOTE-Modell am Beispiel des Nageleinschlagens (nach Miller et al. 1973, S. 42)

Hat man als Ziel, den Nagel bis zu einer bestimmten Tiefe in die Wand zu schlagen, so findet zunächst eine Prüfung (test) der Stellung des Nagels und des Hammers statt. Deutet diese Prüfung darauf hin, dass man den Zielzustand noch nicht erreicht hat, so folgt eine Operation: Der Hammer wird gehoben und auf den Nagel geschlagen (operate). Das Ergebnis der Operation wird mit dem erwünschten Zielzustand verglichen (test). Stimmt der aktuelle Zustand mit dem Ziel überein, wird die Handlung beendet (exit). Dieses »Test-Operate-Test-Exit« oder – nach den Anfangsbuchstaben – »TOTE«-Modell erklärt Handeln über einen Rückkopplungskreis, in dem die Ergebnisse der Operationen ständig mit dem erwünschten Zielzustand verglichen werden. Ziele haben dabei drei Funktionen, sie

- steuern beim Handeln die notwendigen Vergleichs- und Korrekturprozesse,
- geben dem Handeln eine Richtung und
- aktivieren den Handelnden.

Letzteres ist für das Handeln in Organisationen besonders wichtig, da Zielsetzungen bzw. Zielvereinbarungen großen Einfluss auf die Leistung der Mitarbeiter/innen haben (Nerdinger 1995; Wegge 1998; Locke 2001).

Ziele müssen kognitiv, d.h. in Gedanken repräsentiert sein, damit sie diese Funktionen erfüllen können. Erfolgreiche Regulation von Handlungen erfordert darüber hinaus aber auch ein Wissen um die Ausführungsbedingungen der Arbeit, außerdem braucht man Vorstellungen darüber, durch welche Operationen man ein Ziel erreichen kann. Diese drei Aspekte, das Wissen über

- die Ziele,
- die Ausführungsbedingungen und
- die geeigneten Arbeitsoperationen

sind zusammen in einer mentalen Struktur repräsentiert, die man als *operatives Abbildsystem* (OAS) bezeichnet. Zum Beispiel umfasst das OAS eines Studenten folgendes Wissen: Angenommen, er hat das Ziel, sich die Grundlagen des Verhaltens in Organisationen anzueignen (vermutlich als Mittel, um das Ober-Ziel »Bestehen der Prüfung« zu erreichen). Als geeignete Arbeitsoperationen, um das Ziel zu erreichen, muss er u.a. Vorlesungen besuchen und in der Bibliothek die relevante Literatur studieren. Das Wissen um die Ausführungsbedingungen bedeutet hier, dass er Zeit und Ort der Vorlesungen ebenso kennt wie die Möglichkeiten zur Konsultation des Dozenten, die Öffnungszeiten der Bibliothek, die Versorgung mit relevanten Büchern, Recherchen im Internet usw.
Die Qualität der Handlung hängt demnach von der Qualität eines OAS sowie den darauf aufbauenden Plänen und Strategien ab, die ein Handelnder zur Erreichung seiner Ziele entwickelt. Daher werden heute auch bei der Schulung für gewerbliche Tätigkeiten nicht nur manuelle Fertigkeiten vermittelt, sondern bei den Arbeitenden ein möglichst differenziertes OAS der Aufgaben, die sie zu bewältigen haben, aufgebaut (Sonntag/Schaper 2001; zur detaillierten Darstellung dieses Modells vgl. Volpert 1987; Frese/Zapf 1994; Hacker 1998).

## 2.3 Hypothesenformulierung und Operationalisierung

Das S-O-R-Modell und die Handlungstheorien stellen theoretische Rahmen zur Erklärung von Verhalten in Organisationen dar. Da diese Rahmen sehr allgemein formuliert sind, können sie nicht direkt empirisch überprüft werden. Empirisch überprüfen lassen sich nur Hypothesen, in denen die Variablen und ihre Beziehung konkret formuliert sind. Solche Hypothesen lassen sich aus allgemeinen Theorien und Modellen ableiten oder werden auf empirischem Wege gefunden. Die Ableitung einer Hypothese aus der arbeitspsychologischen Handlungstheorie könnte z.B. lauten: Ein differenzierteres OAS eines Facharbeiters führt zu höherer Qualität seiner Arbeit. Sehr oft werden solche Hypothesen auf empirischem Wege gefunden, wofür bestimmte, sogenannte *hypothesengenerierende* Methoden eingesetzt werden. Dazu zählen z.B. die freie Beobachtung oder eine offene Befragung in Form eines Interviews (vgl. Lamnek 1988, 1989; Mayring 1996; Flick/Kardoff/Steinke 2000). Wenn ein Forscher unsystematische Beobachtungen in einer Organisation macht, kann er ebenso zu Vermutungen über den Zusammenhang von Variablen kommen wie durch offene Gespräche mit Menschen, die in Organisationen tätig sind. Entscheidend ist, dass auf diesem Wege lediglich Hypothesen über das Verhalten in Organisationen gebildet werden, da solche Beobachtungen und Gespräche nicht systematisch kontrolliert werden und daher viele Fehlerquellen aufweisen. Zur Überprüfung der so gefundenen Hypothesen werden dagegen *hypothesentestende* Methoden eingesetzt, die im nächsten Abschnitt dargestellt werden.

Um den in Hypothesen behaupteten Zusammenhang zwischen zwei Variablen überprüfen zu können, müssen die Variablen zunächst in beobachtbare Form gebracht werden. Diesen Vorgang bezeichnet man als *Operationalisierung*, d.h. es werden Operationen angegeben, die eine Größe messbar machen. Zum Beispiel müssen in der Hypothese, »mit der Differenziertheit des OAS steigt die Qualität der Leistung« zwei Begriffe – Differenziertheit des OAS und Qualität der Leistung – operationalisiert werden. Das OAS von Facharbeitern könnte über eine systematische Befragung zu ihrer Arbeit operationalisiert werden. In dieser Befragung sollen die Facharbeiter angeben, welche Ziele sie mit der Arbeit verfolgen, durch welche Arbeitsoperationen sie diese Ziele erreichen und welche Ausführungsbedingungen sie bei ihrer konkreten Tätigkeit beachten. Die operativen Abbildsysteme der Facharbeiter lassen sich dann danach unterscheiden, ob bei gleicher Tätigkeit und gleichen Zielen mehr Arbeitsoperationen und differenziertere Ausführungsbedingungen zur Zielerreichung bekannt sind, die sich in der Praxis als erfolgreich erwiesen haben.

Die Qualität der Leistung wird gewöhnlich in Betrieben durch verschiedene Verfahren gemessen (vgl. Geiger 1998), die sich als Operationalisierung zur Überprüfung der Hypothese heranziehen lassen. Die Ergebnisse der Überprüfung der Hypothesen hängen natürlich entscheidend von der gewählten Operationalisierung ab, die von den eingesetzten Methoden beeinflusst wird.

## 2.4 Methoden verhaltenswissenschaftlicher Forschung

So unterschiedlich die verhaltenswissenschaftlichen Methoden im Detail sind, sie lassen sich prinzipiell zwei Formen zuordnen, der Befragung und der Beobachtung. Häufig werden zur Überprüfung von Hypothesen Experimente eingesetzt. Das aus den Naturwissenschaften übernommene Experiment stellt eine Forschungsstrategie dar, die sich gewöhnlich auf die Beobachtung stützt. Aufgrund seiner Bedeutung wird das Experiment hier als eigenständige Methode erläutert (zu den Methoden der empirischen Sozialforschung vgl. Schnell/Hill/Esser 1999; Bortz/Döring 2002).

### 2.4.1 Befragung

Eine Befragung ist ein planmäßiges Vorgehen mit wissenschaftlicher Zielsetzung, bei dem man durch eine Reihe gezielter Fragen verbale Informationen von anderen Personen erhält (Franke/Kühlmann 1990). Einen Überblick über die verschiedenen Formen der Befragung gibt die folgende Darstellung:

| | **Ausprägungen** | | | |
|---|---|---|---|---|
| **Medium** | schriftlich: Fragebogen | schriftlich: Computer (auch per E-Mail oder Internet) | mündlich: persönlich | mündlich: telefonisch |
| **Thema** | Ein-Themen-Befragung | | Mehr-Themen-Befragung (Omnibus) | |
| **Festlegen der Fragen** | Fragen völlig festgelegt | Fragen teilweise festgelegt | Fragen frei | |
| **Festlegen der Antworten** | Antworten vorgegeben (multiple choice) | | Antworten frei | |
| **Sozialform** | einzeln | | in Gruppen | |

**Abb. 4:** Formen der Befragung (nach Neumann 1999, S. 61)

Die für die Verhaltenswissenschaften wichtigste Form ist die schriftliche Befragung, die mit einem Fragebogen durchgeführt wird. Anhand wissenschaftlicher Kriterien entwickelte Fragebögen sind geeignete Instrumente zur Überprüfung von Hypothesen. Wissenschaftliche Fragebögen zählen also zu den hypothesentestenden Methoden (vgl. Tränkle 1983). Für eine Vielzahl von Problemen bei der Erforschung des Verhaltens in Organisationen liegen sehr gründlich entwickelte Fragebögen vor, auf die man bei der Überprüfung von Hypothesen zurückgreifen kann. Das sei am Beispiel eines Fragebogens zur Erfassung des Organisationsklimas veranschaulicht (von Rosenstiel/Bögel 1992). Unter einem *Organisationsklima* versteht man »die relativ überdauernde Qualität der inneren Umwelt der Organisation, die

- durch die Mitglieder erlebt wird,
- ihr Verhalten beeinflusst und
- durch die Werte einer bestimmten Menge von Merkmalen der Organisation beschrieben werden kann« (von Rosenstiel 2000, S. 341).

Zur Überprüfung der Wirkungen des Organisationsklimas auf das Verhalten der Mitarbeiter/innen kann ein Fragebogen eingesetzt werden, aus dem im Folgenden ein Ausschnitt dargestellt ist:

**Die Erfassung des Organisationsklimas**
(von Rosenstiel/Bögel 1992)

Im Folgenden finden Sie eine Reihe von Fragen. Die Fragen beziehen sich auf den Betrieb, in dem Sie arbeiten – nicht nur auf Ihren Arbeitsplatz. Bitte beschreiben Sie, wie Sie Ihren Betrieb – soweit Sie ihn über Ihren Arbeitsplatz hinaus kennen – sehen.
Geben Sie dazu auf einer Skala von »1 = stimmt« bis »5 = stimmt nicht« an, ob die folgenden Aussagen zutreffen oder nicht.

Bitte beantworten Sie zuerst einige allgemeine Fragen:

| | 1 | 2 | 3 | 4 | 5 |
|---|---|---|---|---|---|
| 1. Unsere Firma legt großen Wert darauf, dass die Mitarbeiter gern hier arbeiten | ❑ | ❑ | ❑ | ❑ | ❑ |
| 2. Es ist angenehm, für unsere Firma zu arbeiten | ❑ | ❑ | ❑ | ❑ | ❑ |
| 3. In unserem Betrieb werden Anstrengungen unternommen, die Arbeitsbedingungen menschengerecht zu gestalten | ❑ | ❑ | ❑ | ❑ | ❑ |
| 4. Man braucht sich nicht zu wundern, wenn Leute bei den Arbeitsbedingungen in unserem Betrieb krank werden | ❑ | ❑ | ❑ | ❑ | ❑ |
| 5. In unserem Betrieb kommt man vor lauter Hektik nicht zum schnaufen | ❑ | ❑ | ❑ | ❑ | ❑ |
| 6. In unserer Firma ist das Wohlergehen der Mitarbeiter das Wichtigste | ❑ | ❑ | ❑ | ❑ | ❑ |

Mit diesen Fragen wird das allgemeine Organisationsklima erfasst, zu dessen Bestimmung über alle Antworten ein Mittelwert errechnet wird. Dazu müssen vorher die Antworten auf die Fragen, die negativ formuliert sind (Frage vier und fünf) umgepolt werden (vgl. dazu Schnell et al. 1999). Nach diesem Vorbild finden sich im Fragebogen zur Erfassung des Organisationsklimas Aussagen über die Kollegen, den Vorgesetzten, die Organisation, die Information und die Mitsprachemöglichkeiten, die Interessenvertretung und die betrieblichen Leistungen (von Rosenstiel/Bögel 1992). Wenn Mitarbeiter/innen einer Organisation diesen Bogen ausfüllen, kann zum einen ihr Erleben der Organisation zur Überprüfung wissenschaftlicher Hypothesen ausgewertet werden. Zum anderen bietet der Fragebogen aber auch der Leitungsebene die Möglichkeit, die Wahrnehmungen der Mitarbeiter/innen im Sinne einer Organisationsdiagnose besser kennen zu lernen und darauf aufbauend Änderungsmaßnahmen zu planen und durchzuführen (vgl. Büssing 1995; Gebert 1995).

Die schriftliche Befragung, die hier exemplarisch am Beispiel eines sorgfältig getesteten Fragebogens veranschaulicht wurde, bietet den Vorteil, dass sich damit sehr ökonomisch Daten erheben und Hypothesen mit Hilfe statistischer Methoden überprüfen lassen. Nachteile liegen u.a. darin, dass die Befragten gezwungen sind, nur auf die vorgegebenen Fragen zu antworten und daher keine Information gewonnen wird, die über die Fragen hinaus geht.

### 2.4.2 Beobachtung

Die Beobachtung ist die grundlegende Erkenntnistechnik aller empirischen Wissenschaften, aber auch das Alltagswissen über menschliches Verhalten wird in erster Linie durch Beobachtung gewonnen. Im Unterschied zu den Alltagsbeobachtungen, die eher zufälligen Charakter haben, muss die wissenschaftliche Beobachtung folgende Kriterien erfüllen (Franke/Kühlmann 1990):

- Sie dient einem eindeutigen Forschungszweck.
- Beginn, Ablauf und Ende sind geplant, d.h. sie bleiben nicht dem Zufall überlassen.
- Die Beobachtungsergebnisse werden nach zuvor festgelegten Gesichtspunkten systematisch registriert.
- Prüfungen der Zuverlässigkeit der Beobachtungsergebnisse sind grundsätzlich möglich.

Gegenstand der wissenschaftlichen Beobachtung ist das Verhalten der Mitglieder einer Organisation, das von verschiedenen unabhängigen Beobachtern erfasst wird. Damit besteht die Möglichkeit, die Zuverlässigkeit der Beobachtung zu bestimmen, indem man die Ergebnisse der verschiedenen Beobachter vergleicht (Feger 1983; Schnell et al. 1999).

Auch die Methode der Beobachtung wird wissenschaftlich in verschiedenen Formen eingesetzt. Nach der Rolle des Beobachters wird in die teilnehmende und die nicht-teilnehmende Beobachtung unterschieden, nach der Form der Aufzeichnung in die strukturierte und die unstrukturierte Beobachtung. Wie der Name *teilnehmende Beobachtung* sagt, nimmt der Beobachter in diesem Fall Anteil am zu beobachtenden Geschehen. Zur Erforschung der Arbeitssituation einer Führungskraft könnte sich z.B. ein Verhaltenswissenschaftler für eine bestimmte Zeit als Assistent des Vorstands anstellen lassen und diesen bei all seinen Aktivitäten begleiten (vgl. Mintzberg 1973). Nach außen übernimmt er die Rolle des Assistenten, der dem Vorstand zuarbeitet – er nimmt also am betrieblichen Geschehen teil –, und gleichzeitig zeichnet er alle Aktivitäten des Vorstandes auf. Bei solchen Studien zeigt sich u.a., dass die Tätigkeit von Top-Managern zu über 90 % aus Kommunikation besteht (Schirmer 1991)!

Solche teilnehmenden Beobachtungen sind sehr zeitaufwändig, außerdem ergeben sich vielfältige Probleme bei der Aufzeichnung der Beobachtungen. Da der Forscher am Geschehen beteiligt ist, kann er nur in den Phasen Aufzeichnungen vornehmen, in denen er ungestört ist. Bei der Vielzahl von Geschehnissen bedeutet das aber, dass er immer in Gefahr ist, wichtige Details zu vergessen. Außerdem kann er sich im Laufe der Zeit so mit seiner Tätigkeit identifizieren, dass er nicht mehr unabhängig beobachtet, sondern die Wertungen und Sichtweisen der Beobachteten unkontrolliert übernimmt. Vor diesen Gefahren schützt die *nicht-teilnehmende Beobachtung*, bei der ein Forscher als Außenstehender das Verhalten von einer oder mehreren Personen registriert. Das setzt die Zustimmung der Beobachteten voraus, außerdem besteht in diesem Fall die Gefahr, dass der Beobachter allein durch seine Anwesenheit das zu beobachtende Verhalten verändert: Wenn Menschen wissen, dass sie beobachtet werden, kontrollieren sie automatisch ihr Verhalten (Feger 1983)!

Nach der Form wird in strukturierte und unstrukturierte Beobachtung unterschieden. Eine *unstrukturierte Beobachtung* liegt vor, wenn der Forscher einen möglichst breiten Einblick in das Forschungsfeld gewinnen will und sich deshalb nur an sehr allgemeinen Beobachtungsrichtlinien orientiert. Im Beispiel des Forschers, der die Rolle des Vorstandsassistenten einnimmt, könnte eine solche Richtlinie heißen, jedes Verhalten des Vorstandes zusammen mit den wesentlichen Merkmalen der Situation, in der es auftritt, zu beobachten und alles, was auffällig ist, in eigenen Worten aufzuschreiben. Das hat den Vorteil, dass unter Umständen Informationen gewonnen werden, die ganz neue Einsichten in das Verhalten gewähren. Aufgrund des eher zufälligen Charakters der Beobachtungen ist aber schwer nachprüfbar, wie der Beobachter zu seinen Erkenntnissen gekommen ist. Die Ergebnisse unstrukturierter Beobachtungen bilden daher Hypothesen, die man im nächsten Forschungsschritt mit hypothesentestenden Verfahren überprüfen muss.

Eine *strukturierte Beobachtung* setzt ein System von Regeln voraus, das genau vorschreibt, was, wann, wo beobachtet und wie protokolliert wird. Den Kern eines solchen Systems bilden die vorab definierten Beobachtungskategorien, die festlegen, wie bestimmte Ereignisse oder Merkmale einzuordnen sind. Solche Kategorien steuern dann auch die Aufmerksamkeit des Beobachters. Das sei an einem System zur Beobachtung des Verhaltens von Führungskräften, dem Leader Observation System (LOS) von Luthans und Lockwood (1984), verdeutlicht (vgl. auch Luthans/Hodgetts/Rosenkrantz 1988; Luthans/Rosenkrantz 1995). Eine Führungskraft wird von einem Wissenschaftler bei der Arbeit beobachtet und ihr Verhalten nach folgenden 12 Beobachtungskategorien aufgezeichnet:

**Das »Leader Observation System«**
(LOS; Luthans/Rosenkrantz 1995)

**I. Routine-Kommunikation**

1. *Informationsaustausch:* Beantwortung routinemäßiger Verfahrensfragen; Entgegennahme und Weitergabe von Informationen; Mitteilung der Ergebnisse von Besprechungen; Weitergabe oder Entgegennahme von Informationen über das Telefon; Konferenzen informativer Art mit dem Personal.
2. *Schreibarbeit:* Bearbeitung der Post; Lesen von Berichten, Posteinlauf; Verfassen von Berichten, Notizen, Briefen usw.; routinemäßige Berichte über finanzielle Angelegenheiten; allgemeine Schreibarbeit.

**II. Managementfunktionen**

3. *Planen/Koordinieren:* Setzen von Zielen; Bestimmen von Aufgaben, die zur Erreichung der Ziele nötig sind; Festlegen von Terminen für Mitarbeiter/innen, Zeitpläne; Zuweisen von Aufgaben und Erteilen von routinemäßigen Instruktionen; Koordination der Tätigkeiten von verschiedenen Untergebenen.

4. *Entscheiden/Problemlösen:* Definieren von Problemen; Wahl zwischen zwei oder mehreren Alternativen oder Strategien; Verhalten gegenüber alltäglichen kritischen Situationen im Betrieb; Abwägen von »trade-offs«, Kosten-Nutzen-Analysen; Treffen von Durchführungsentscheidungen; Entwicklung neuer Verfahren zur Effizienzsteigerung.
5. *Kontrollieren:* Inspektion der Arbeit; Rundgänge und Überprüfung von Abläufen; Überwachung der Leistungsdaten; Präventive Instandhaltung.

**III. Beziehungspflege**

6. *Interagieren mit Fremden:* Public Relations; Kontakte mit Kunden, Lieferanten, Verkäufern; Besprechungen außer Haus; Karitative Tätigkeiten.
7. *Soziale Kontakte pflegen:* Geplauder, das nicht mit der Arbeit in Zusammenhang steht; ungezwungenes Scherzen; Gespräche über Gerüchte; Klagen, Meckerei; politische Aktivitäten, Intrigen spinnen.

**IV. Human Resource Management**

8. *Motivieren/Verstärken:* Zuerkennung von formellen Belohnungen; Bitte um Arbeitseinsatz; Mitteilung der Wertschätzung, Belobigungen; Vertrauen, wo es gebührt; Anhören von Vorschlägen; positive Rückmeldung über Leistung; Steigerung der beruflichen Herausforderung; Delegieren von Verantwortung und Autorität; Untergebenen Entscheidungsfreiheit zur Gestaltung der Arbeit gewähren; Eintreten für die Gruppe gegenüber Vorgesetzten und anderen.
9. *Disziplinieren/Bestrafen:* Geltendmachen von Regeln und Grundsätzen; Groll zeigen, schikanieren; Degradierung, Entlassung, Kurzarbeit anordnen; irgendeine formelle organisatorische Rüge; einen Untergebenen »zur Schnecke machen«; negative Rückmeldung über Leistung.
10. *Konflikte handhaben:* Bewältigung von interpersonellen Konflikten; Anrufung einer höheren Autorität, einen Streit schlichten; Anrufung einer dritten Person als Unterhändler; Versuche, Zusammenarbeit zwischen streitenden Parteien zu erreichen; Versuche, Konflikte mit einem Untergebenen zu lösen.

11. *Personal beschaffen:* Beschreibung der Arbeitsaufgaben für neu zu schaffende Posten; Durchsicht von Bewerbungen; Interviews mit Bewerbern; Auswahlentscheidungen treffen; Kontaktaufnahme mit Bewerbern.
12. *Personal entwickeln:* Einführung von Mitarbeiter/innen, Planung von Ausbildungsseminaren usw.; Klären von Rollen, Pflichten, Stellenbeschreibungen; Hilfestellung, Beratung, Führung der Untergebenen durch Arbeitsgestaltung; Hilfe für Untergebene beim Erstellen von Plänen für die persönliche Weiterentwicklung.

Trainierte Beobachter haben mit diesem System mehrere hundert Führungskräfte bei ihrer Arbeit eingestuft. Dabei wurden die Führungskräfte danach unterschieden, ob sie überdurchschnittlichen Karriere-Erfolg hatten (ob sie rasch befördert wurden und ihr Gehalt sehr schnell gestiegen ist – sie wurden als Erfolgsmanager bezeichnet) oder ob die Ergebnisse ihrer Abteilungen überdurchschnittlich ausfielen (Leistungsmanager). Folgende Häufigkeitsverteilungen fanden sich:

| | **Alle Manager** (N = 248) | **Erfolgs-Manager** (N = 52) | **Leistungs-Manager** (N = 178) |
|---|---|---|---|
| Routinekommunikation | 29 | 28 | 44 |
| trad. Managementfunktionen | 32 | 13 | 19 |
| Beziehungsarbeit (networking) | 19 | 48 | 11 |
| Human Ressource Management | 20 | 11 | 26 |
| | 100 | 100 | 100 |

**Abb. 5:** Relative Häufigkeit beobachteter Manageraktivitäten (nach Luthans et al. 1988; vgl. Neuberger 2002, S. 474)

Erfolgsmanager verbringen fast die Hälfte ihrer Arbeitszeit mit Beziehungspflege, während sich Leistungsmanager vor allem der Routinekommunikation und dem Human Ressource Management, d.h. der Führung der Mitarbeiter/innen widmen. Persönlicher Erfolg erfordert also anderes Verhalten, als die Gruppe zu hoher Leistung zu führen. Die Vorstellung, Leistung sei die Vorbedingung für beruflichen Erfolg, kann damit nicht bestätigt werden!

Das LOS gibt einen recht anschaulichen Eindruck der vielen unterschiedlichen Aktivitäten von Führungskräften. Will man sie bei ihrer Arbeit beobachten, so muss zunächst das Beobachtungssystem intensiv trainiert werden, um zuverlässige Ergebnisse zu erzielen. Die Befunde von Luthans et al. (1988) zeigen, dass strukturierte Beobachtungen auch aufschlussreiche Erkenntnisse über die Folgen des Verhaltens im Sinne des beruflichen Erfolgs der Manager bzw. der Leistung der Mitarbeiter/innen ermöglichen. Zudem sind bei einem strukturierten Vorgehen die Beobachtungen mehrerer Forscher vergleichbar und damit kann die Zuverlässigkeit der Ergebnisse festgestellt werden. Auch Merkmale wie Häufigkeit, Dauer und Intensität des Verhaltens können genau erfasst werden. Nachteile liegen in dem enormen Aufwand der Durchführung und der Einschränkung der Beobachtungen: So begrenzt das LOS die ungeheuere Komplexität des Führungsverhaltens auf zwölf Kategorien, darüber hinaus werden keine Beobachtungen aufgezeichnet.

## 2.4.3 Experiment

Die experimentelle Methode haben die Verhaltenswissenschaften aus der Physik übernommen, sie gilt als der »Königsweg«, um Erkenntnisse über die Realität zu gewinnen. Da allein das Experiment eine eindeutige Überprüfung von »wenn … dann Sätzen«, d.h. von kausalen Aussagen ermöglicht, ist es für eine empirische Wissenschaft unverzichtbar. Das Experiment ist eine Forschungsstrategie, bei der die Daten mit den beschriebenen Methoden der Befragung oder der Beobachtung gewonnen werden. Diese Forschungsstrategie ist durch drei Regeln bestimmt (vgl. zum Folgenden Hager/Westermann 1983):

- *Variierbarkeit:* In einer »wenn-dann-Aussage« wird die kausale Wirkung einer Größe (wenn) auf eine andere (dann) postuliert. Die »Wenn-Komponente« wird als *unabhängige Variable* (UV) bezeichnet, die »Dann-Komponente« als *abhängige Variable* (AV). Um die Auswirkung der unabhängigen Variablen auf die abhängige erfassen zu können, muss sie variierbar sein, d.h. sie muss verschiedene Ausprägungen annehmen können. Nur dann kann überprüft werden, ob eine Veränderung der unabhängigen Variablen zu der vorhergesagten Veränderung der abhängigen Variablen führt.

- *Willkürlichkeit:* Der Forscher muss die UV planmäßig herstellen und verändern können, um ihre Wirkungen zu erfassen. Menschliches Verhalten wird immer durch sehr viele verschiedene Faktoren beeinflusst. Daher muss man in einem Experiment den Einfluss aller Variablen ausschalten, ausgenommen derjenigen, deren Wirkung man überprüfen will. Alle anderen Einflüsse werden in diesem Fall als *Störvariablen* bezeichnet. Nach ihrer Ausschaltung kann der Forscher die UV willkürlich verändern, d.h. wie es erforderlich ist, um die Wirkung auf die AV zu erfassen.

- *Wiederholbarkeit:* Ein Experiment muss sich unter den gleichen Bedingungen mehrfach durchführen lassen, nur dann können andere Forscher die Ergebnisse überprüfen. Jede wissenschaftliche Untersuchung kann auch Zufallsergebnisse haben, durch die Wiederholung lässt sich dieses Problem kontrollieren. Das setzt voraus, dass die Versuchsbedingungen exakt beschrieben werden, damit andere Forscher sie wieder herstellen können.

Zur Erfüllung dieser hohen Anforderungen werden Experimente gewöhnlich im *Labor* durchgeführt, d.h. in eigens für Experimente hergerichteten Räumen. Im Labor kann man alle Störvariablen ausschalten, indem man sie immer konstant hält. So kann z.B. die Wirkung räumlicher Faktoren dadurch konstant gehalten werden, dass das Experiment immer im selben Raum durchgeführt wird: Außer der UV wird nichts verändert. Die Auswirkung auf die AV kann in diesem Fall eindeutig auf die Änderung der UV zurückgeführt werden. Ob die UV tatsächlich die vermutete Wirkung hat, lässt sich im einfachsten Fall durch den Vergleich der Ergebnisse mit einer *Kontrollgruppe* feststellen. Diese gleicht der *Experimentalgruppe* soweit wie möglich, bei ihr wird aber lediglich die AV erfasst, ohne die UV zu verändern. Damit die Kontrollgruppe der Versuchsgruppe möglichst vollständig entspricht, wird gewöhnlich eine sogenannte *Randomisierung* vorgenommen, d.h. die beteiligten Personen werden rein zufällig der Experimental- oder der Kontrollgruppe zugewiesen. Dadurch ergibt sich ein Versuchsplan, den man auch als experimentelles Design bezeichnet:

| | | |
|---|---|---|
| **Experimentalgruppe:** | UV ——→ | AV |
| **Kontrollgruppe:** | | AV |

**Abb. 6:** Einfaches experimentelles Design mit Versuchs- und Kontrollgruppe

Verhaltenswissenschaftliche Experimente werfen eine Vielzahl von Problemen auf. Besonders die Frage, ob sich die Ergebnisse auf die Realität in Organisationen übertragen lassen, wird kontrovers diskutiert (vgl. Moser 1995). Experimente im Labor haben einen mehr oder weniger künstlichen Charakter. In der Realität der Organisation hat das Verhalten immer andere Konsequenzen als im Labor. Daher wird häufig empfohlen, zur Überprüfung von Hypothesen über das Verhalten in Organisationen sogenannte *Quasi-Experimente* durchzuführen (Cook/Campbell 1979; Cook/Campbell/Peracchio 1990). Bei einem Quasi-Experiment gelten alle Bedingungen des Experiments, nur kann der Forscher die UV nicht willkürlich verändern (von Rosenstiel 2000). Ausgangspunkt für ein Quasi-Experiment ist gewöhnlich, dass in der Realität eine Situation eintritt, die wie die Änderung einer UV wirkt. Ein Forscher kann eine solche Situation zu einem Quasi-Experiment nutzen, wie das folgende Beispiel zeigt.

### Die Wirkung des Büros auf die Leistung

Greenberg (1988) hat in einem Quasi-Experiment die Wirkung der Statusmerkmale von Büros (UV) auf die Leistung (AV) der Mitarbeiter/innen untersucht. In einer Versicherungsgesellschaft wurden im Zuge einer baulichen Umgestaltungsmaßnahme 198 Angestellten zwei Wochen lang neue Büros zugewiesen. Die Größe, Einrichtung, Ausgestaltung usw. von Büros zeigt den Status der Inhaber an. In diesem Unternehmen unterschieden sich die Büros statusabhängig u.a. nach der Zahl der Mitarbeiter/innen, die sich ein Büro teilen mussten (einer bis sechs), nach der zur Verfügung stehenden Fläche und der Größe des Schreibtisches.

Nach einem experimentellen Design wurden sechs Gruppen gebildet: Eine Gruppe erhielt in dieser Zeit Büros zugewiesen, die für Mitarbeiter/innen vorgesehen waren, die *zwei* Hierarchie-Stufen über ihnen standen; die zweite Gruppe erhielt Büros von Mitarbeiter/innen, die *eine* Hierarchie-Stufe höher angesiedelt war; eine dritte Gruppe erhielt neue Büros entsprechend ihrem Status. Zwei weiteren Gruppen wurden Büros zugewiesen, die eine bzw. zwei Hierarchie-Stufen unter ihrem Status lagen. Die UV wurde also in fünf Ausprägungen realisiert. Schließlich wurde noch eine Kontrollgruppe in die Untersuchung einbezogen, die während der Umgestaltung in ihren eigenen

Büros arbeitete. Die abhängige Variable »Arbeitsleistung«, die in dieser Firma wöchentlich über die Zahl der abgewickelten Versicherungsfälle erfasst wurde, konnte vor, während und nach den Bürozuweisungen bei allen sechs Gruppen gemessen werden.

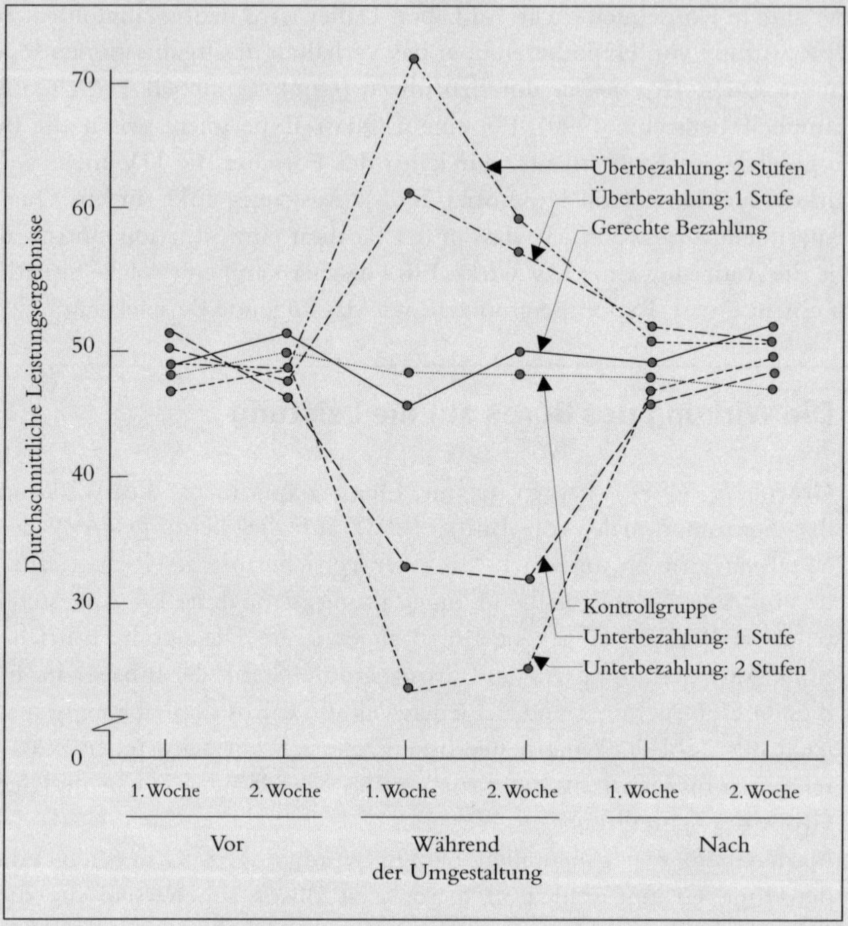


**Abb. 7:** Durchschnittliche Arbeitsleistung in Abhängigkeit von verschiedenen Statuszuweisungen in Form von Büros (nach Greenberg 1988; vgl. Nerdinger 1995, S. 164)

Die Zuweisung eines Büros, das über dem Status angesiedelt ist, wirkt wie eine Belohnung und führt zu höherer Leistung. Ein unter dem Status liegendes Büro wirkt dagegen wie eine »Kränkung«, auf die mit Leistungsbeschränkung reagiert wird. Die Kurvenverläufe weisen allerdings daraufhin, dass diese Effekte nicht langfristig sind: Bereits in der zweiten Woche nach der Bürozuweisung nähert sich die Leistung wieder den ursprünglichen Werten (vgl. dazu Nerdinger 1995).

Solche Quasi-Experimente haben den Vorteil, dass sie im *Feld*, d.h. in der Organisation durchgeführt werden und daher die Bedingungen in der Realität genau erfassen. Ein Nachteil ist die eingeschränkte Willkürlichkeit: Zur Überprüfung der Befunde von Greenberg (1988) müssen Forscher darauf warten, bis sich wieder einmal eine solche Gelegenheit für ein Quasi-Experiment ergibt. Von sich aus können sie nicht genau die selben Bedingungen herstellen. Außerdem ist es häufig nicht möglich, eine Randomisierung der Versuchsgruppen vorzunehmen, da gewöhnlich die Geschäftsleitung bestimmt, wer von einer Maßnahme betroffen ist. Aus diesen Gründen lassen sich die Ergebnisse von Quasi-Experimenten nur bedingt verallgemeinern.

## 2.5 Auswertung und Interpretation der Daten

Die Auswertung der Daten, die in hypothesentestenden Untersuchungen erhoben werden, erfolgt gewöhnlich mit statistischen Methoden (Bortz 1999). Zwar bildet die statistische Auswertung den letzten Schritt im Prozess der empirischen Forschung, bereits bei der Formulierung der Hypothesen und der Planung der Untersuchung ist aber immer zu bedenken, wie sich Untersuchungen statistisch auswerten lassen. Damit das möglich ist, müssen sich die Aussagen immer auf Mengen – d.h. eine Gesamtheit gleichartiger Individuen – beziehen und quantifizierbar sein (vgl. Gadenne 1994). Diese Voraussetzungen haben gravierende Auswirkungen auf die Interpretation der Daten. Statistische Aussagen informieren über die typischen, allgemeinen Eigenschaften von Gesamtheiten: Sie gelten für die Gesamtheit, nicht jedoch zwangsläufig für jedes Element der Gesamtheit. So wird in der eben zitierten Untersuchung von Greenberg (1988) eine Aussage über eine Menge von Mitarbeiter/innen einer Versicherung getroffen: Wenn diese in einem Büro arbeiten, das über ihrem Status liegt, steigt ihre Leistung und umgekehrt sinkt die Leistung, wenn sie in einem Büro arbeiten müssen, das unter ihrem Status liegt. Für den Einzelfall gilt diese Aussage nicht notwendig. Es kann durchaus sein, dass ein bestimmter Mitarbeiter X seine Leistung auch dann nicht ändert, wenn er in einem Büro arbeitet, das über oder unter seinem Status liegt. Außerdem ist mit dieser Untersuchung nicht belegt, dass diese Aussagen auch für andere Mengen von Individuen gelten, z.B. für Mitarbeiter/innen anderer Unternehmen, in denen Status weniger zählt.

Trotz dieser Einschränkungen sind statistische Aussagen über die Realität des Verhaltens in Organisationen von großem Nutzen. Durch eine Vielzahl von empirischen Untersuchungen vermehrt sich das Wissen über diese Realität beständig, und damit lassen sich auch die wesentlichen Aufgaben der Wissenschaft zunehmend besser erfüllen. Nur auf der Grundlage geprüfter Hypothesen können die zentralen Fragen der Wissenschaft zuverlässig beantwortet werden:

- »Warum ist die Situation, wie sie ist?« (Erklärung),
- »Was folgt aus der gegebenen Situation?« (Vorhersage),
- »Wie ist ein anderer Zustand realisierbar?« (Gestaltung der Bedingungen).

Das wird im Folgenden an den Bedingungen des Verhaltens in Organisationen jeweils exemplarisch veranschaulicht.

## 2.6 Zusammenfassung

- Verhaltenswissenschaften zählen zu den empirischen Wissenschaften, d.h. ihre Erkenntnisse beruhen auf der Erfahrung: Aus Theorien oder Modellen werden Hypothesen abgeleitet, die an der Realität überprüft werden.

- Die wichtigsten verhaltenswissenschaftlichen Modelle sind das S-O-R-Modell und die Handlungstheorie. Das S-O-R-Modell erklärt passives, von der Umwelt gesteuertes Verhalten: Demnach treffen Reize auf einen Organismus, werden dort verarbeitet und lösen Reaktionen aus. Die Handlungstheorie dagegen erklärt aktives menschliches Verhalten, das Menschen bewusst einsetzen, um ein bestimmtes Ziel zu erreichen. Zu diesem Zweck werden in einem Rückkopplungsprozess die Handlungen ständig mit den Zielen verglichen.

- Aus Theorien und Modellen lassen sich Hypothesen ableiten, deren Richtigkeit an der Realität überprüfbar ist. Dazu müssen die in der Hypothese enthaltenen Begriffe operationalisiert werden, d.h. es werden Operationen angegeben, um das mit den Begriffen bezeichnete messbar zu machen.

- Zur Überprüfung der in den Hypothesen formulierten Zusammenhänge zwischen operationalisierten Begriffen setzen die Verhaltenswissenschaften zwei Arten von Methoden ein, die Befragung und die Beobachtung.

- Eine besondere Forschungsstrategie bildet das Experiment: Nur das Experiment erlaubt die Überprüfung von Hypothesen, in denen Aussagen über kausale Zusammenhänge gemacht werden. Eine unabhängige Variable wird systematisch manipuliert und gemessen, wie sich eine abhängige Variable verändert.

- Die auf empirischem Wege ermittelten Daten werden gewöhnlich statistisch ausgewertet. Das setzt voraus, dass sich die Aussagen der Hypothesen auf Mengen beziehen und quantifizierbar sind.

## Vertiefungsliteratur zu Kapitel 2

*Bortz, J./Döring, N.* (2002): Forschungsmethoden und Evaluation, 3. Aufl., Berlin.
*Chalmers, A.F.* (2001): Wege der Wissenschaft. Einführung in die Wissenschaftstheorie, Berlin.
*Spada, H./Ernst, A.M./Ketterer, W.* (1990): Klassische und operante Konditionierung, in: Spada, H. (Hrsg.): Lehrbuch Allgemeine Psychologie, Göttingen, S. 324–372.
*Volpert, W.* (1987): Psychische Regulation von Arbeitstätigkeiten, in: Kleinbeck, U./Rutenfranz, J. (Hrsg.): Arbeitspsychologie. Enzyklopädie der Psychologie. Bd. D III 1, Göttingen, S. 1–42.

# 3 Intrapersonale Bedingungen

Beginnend mit der Informationsaufnahme, d.h. der Wahrnehmung im weitesten Sinne, werden in diesem Abschnitt die verschiedenen psychischen Funktionen beschrieben. Die wichtigsten sind zum einen die kognitiven Prozesse – Wahrnehmung, Denken und Lernen –, zum anderen die aktivierenden Prozesse der Motivation und der Emotion (Rohracher 1988; Spada 1990). Bei ihrer Darstellung werden nur die Aspekte berücksichtigt, die für das Verständnis des Verhaltens in Organisationen notwendig sind. Die Anwendung der Erkenntnisse auf spezielle Probleme der Organisation wird jeweils exemplarisch veranschaulicht.

## 3.1 Wahrnehmung und Informationsverarbeitung

### 3.1.1 Wahrnehmungspsychologische Grundlagen

Die Prozesse der Wahrnehmung und Informationsverarbeitung sind entscheidend für das Verständnis des Verhaltens von Menschen in Organisationen. Mit dem Begriff der *Wahrnehmung* werden die Vorgänge bezeichnet, durch die ein Mensch Kenntnis von den Zuständen und Ereignissen in der Umwelt und in seinem Körper erhält (Prinz 1990; Goldstein 1997). Als Ergebnis dieser Vorgänge stellt sich ein Wahrnehmungserlebnis ein, das als Modell der äußeren oder inneren Umwelt unmittelbar gegenwärtig ist. Wie es zu diesem Erlebnis kommt, d.h. wie Reize aufgenommen und verarbeitet werden, bleibt dem Bewusstsein verborgen. Für das Verständnis des Wahrnehmungserlebnisses ist die Art der Verarbeitung aufgenommener Informationen aber grundlegend.

Damit es zu einem Wahrnehmungserlebnis kommt, müssen Reize aus der inneren oder äußeren Umwelt auf die Sinnesorgane einwirken. Die wichtigsten Sinnesorgane, die auslösenden Reize und die zugehörigen Wahrnehmungserlebnisse zeigt die folgende Darstellung:

| **Sinnesorgane** | **Auslösender Reiz** | **Art der zugeordneten Empfindungen** |
|---|---|---|
| Auge | elektromagnetische Wellen (400–760nm) | Helligkeit, Farbe |
| Innennohr (»Schnecke«) | Luftschwingungen (20 Hz – 20 kHz) | Lautstärke, Tonhöhe |
| Innenohr (»Vestibularapparat«) | Beschleunigung<br>Schwerkraft | Bewegung, Drehung, Gleichgewicht |
| Nase | Substanzen in der Luft | Geruch |
| Zunge, Mund, Rachen | Substanzen gelöst im Speichel | Geschmack |
| Haut | Verformung<br>Temperatur<br>Verletzung | Berührung, Druck, Vibration,<br>Wärme, Kälte<br>Schmerz |
| Muskeln, Sehnen, Gelenke | Verformung<br><br>Verletzung | Lage und Bewegung der Körperteile, Kraftaufwand<br>Schmerz |

**Abb. 8:** Sinnesorgane, auslösende Reize und zugehörige Wahrnehmungserlebnisse (nach Franke/Kühlmann 1990, S. 72)

Der Mensch ist ein »Augentier« – die meisten Informationen werden mit den Augen aufgenommen, daher beschränken sich die folgenden Ausführungen auf den Wahrnehmungsprozess des Sehens (mit Einschränkungen auch auf den zweiten wichtigen Prozess, das Hören). Visuelle Reize, die auf die Sehorgane treffen, lösen in den Rezeptoren chemische Prozesse aus, die dazu führen, dass ein elektro-chemischer Impuls an das zentrale Nervensystem geleitet wird. Die dabei stattfindenden Prozesse lassen sich anhand eines einfachen Modells der Informationsverarbeitung verdeutlichen, das als »Drei-Speicher-Modell« bezeichnet wird (vgl. Kluwe 1990).

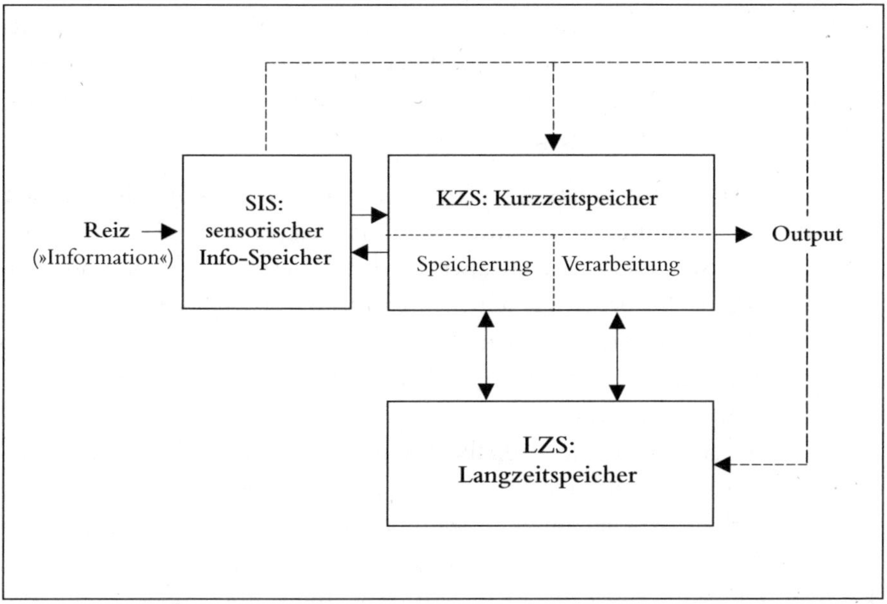


**Abb. 9:** Das Drei-Speicher-Modell der Informationsverarbeitung (nach Kroeber-Riel 1992, S. 219)

In jedem wachen Augenblick treffen eine Vielzahl von Reizen auf die menschlichen Sinnesorgane – Schätzungen reichen bis zur schwer vorstellbaren Zahl von $10^{10}$ Byte an Information. Diese werden in den Sinnesorganen für sehr kurze Zeit – maximal eine halbe Sekunde – gespeichert. Die Sinnesorgane werden daher als Sensorischer Informationsspeicher oder auch als *Ultrakurzzeit-Speicher* bezeichnet. Von dieser überwältigenden Fülle an Informationen gelangt lediglich ein Bruchteil in das Zentrale Nervenssystem und wird bewusst – hier liegt die Schätzung bei maximal $10^2$ Byte an Information. Das bedeutet, dass aus der ständig auf den Menschen einwirkenden Informationsflut immer nur ein Bruchteil herausgefiltert und dem Bewusstsein zugeleitet wird. Wahrnehmung wählt aus, sie ist *selektiv*. Das lässt sich an dem bekannten »Party-Phänomen« veranschaulichen: Man steht auf einer Party herum und unterhält sich. Die Gespräche der anderen anwesenden Gäste bilden dabei ein Hintergrundgeräusch, das – z.B. mit der Musik verbunden – als unverständliches Rauschen erlebt wird. In dieser Situation kann es vorkommen, dass man plötzlich von irgendwoher seinen Namen hört, obwohl er nicht lauter gesprochen wurde als all die anderen Sätze und auch die Musik nicht übertönt. Wie ist das möglich? Offensichtlich werden alle Geräusche ständig daraufhin untersucht, ob sie für uns wichtige Informationen enthalten. Alles, was uns selbst betrifft, ist natürlich von besonderer Wichtigkeit. Daher wird die Erwähnung unseres Namens an das Bewusstsein weitergeleitet, alle anderen Informationen werden dagegen unterdrückt.

Die ausgewählte Information gelangt in den *Kurzzeit-Speicher*, in dem sie – der Name deutet darauf hin – für eine relativ kurze Zeit (maximal vier bis fünf Sekunden) aufbewahrt wird. In diesem Speicher findet die Verarbeitung der Information statt. Im Kurzzeit-Speicher werden die eingehenden Informationen mit dem Wissen aus dem eigentlichen Gedächtnis, dem sogenannten Langzeit-Speicher, verglichen, als bekannt oder unbekannt identifiziert und als mehr oder weniger bedeutsam klassifiziert. Das ist eine entscheidende Aufgabe für die menschliche Erkenntnis, daher können im Kurzeit- oder, wie er wegen seiner Funktion auch genannt wird, im Arbeitsspeicher nur sehr wenige Informationen gleichzeitig verarbeitet werden. Die in diesem Prozess als wichtig erkannte Information kann in den Langzeit-Speicher überführt werden, unter bestimmten Bedingungen kommt es also zum Lernen. Der *Langzeit-Speicher* ist durch sein enormes Fassungsvermögen und – daher der Name – durch die prinzipiell nicht begrenzte Dauer der Speicherung gekennzeichnet.

Wahrnehmung ist also immer in Verbindung mit Informationsverarbeitung, mit Denken, Lernen und Gedächtnis zu sehen. Die folgenden Ausführungen betrachten diesen Prozess lediglich unter dem Aspekt, wie es zu einem Wahrnehmungserlebnis kommt. Wahrnehmungserlebnisse entstehen im Kurzzeitspeicher, in den die ausgewählte Information weitergeleitet und verarbeitet wird. Die Auswahl von Information zeigt bereits, dass es sich bei der Wahrnehmung um einen aktiven Prozess, eine Leistung des Individuums handelt. Im Alltagsleben herrscht dagegen die Vorstellung vor, die Wahrnehmung würde wie eine Kamera funktionieren. Bei einer Kamera fällt durch die Linse Licht auf den dahinter liegenden Film und dort entsteht eine getreues Abbild der Realität. Wahrnehmen heißt dagegen, die wichtigen Informationen auswählen und sie so verarbeiten, dass sie für das Individuum verständlich sind. Dabei werden zum einen die eingehenden Informationen berücksichtigt, zum anderen aber auch das Wissen über die Welt, das in sogenannten »Schemata« organisiert ist.

### 3.1.2 Schemageleitete Wahrnehmung

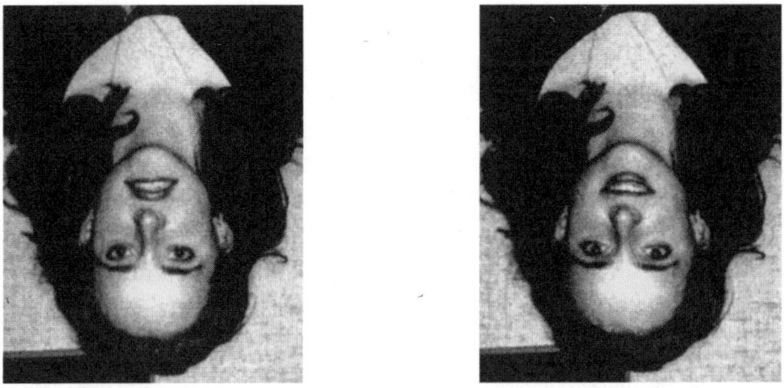

**Abb. 10:** Top-Down- und Bottom-Up-Prozesse der Wahrnehmung (Fischer/Wiswede 2002, S. 171)

Betrachtet man sich die beiden Bilder der jungen Dame, so erscheinen sie sehr ähnlich. Bei genauem Hinsehen bemerkt man aber, dass der Mund auf den beiden Bildern unterschiedlich wirkt. Dreht man das Buch um, so erkennt man auf dem einen Bild eine erschreckende »Fratze«. Werden die Bilder ungewohnterweise auf dem Kopf stehend gesehen, findet ein sogenannter *Bottom-Up-Prozess* der Informationsverarbeitung statt: Die eingehende Information wird lediglich wiedergegeben. Sieht man dagegen die Bilder in der gewohnten Weise, wird das ganze Wissen, das wir im Laufe des Lebens über menschliche Gesichter gesammelt haben, wirksam. Die Erfahrung lehrt uns z.B., dass nach unten gezogene Oberlippen und tiefhängende Augen Bedrohliches signalisieren. Diese Deutung kann aber erst dann wirksam werden, wenn der ganze Wahrnehmungseindruck die gewohnte Darbietung der Reize anzeigt. In diesem Fall wirkt das gespeicherte Wissen über Merkmale der Welt und gestaltet den Wahrnehmungseindruck. Da dieses Wissen im Langzeit-Speicher des Zentralen Nervensystem aufbewahrt wird, läuft der Beeinflussungsprozess vom Ort der Informationsverarbeitung zu den eingehenden Daten. Entsprechend wird dieser Ablauf als *Top-Down-Prozess* bezeichnet. Das verdeutlicht die folgende Darstellung:

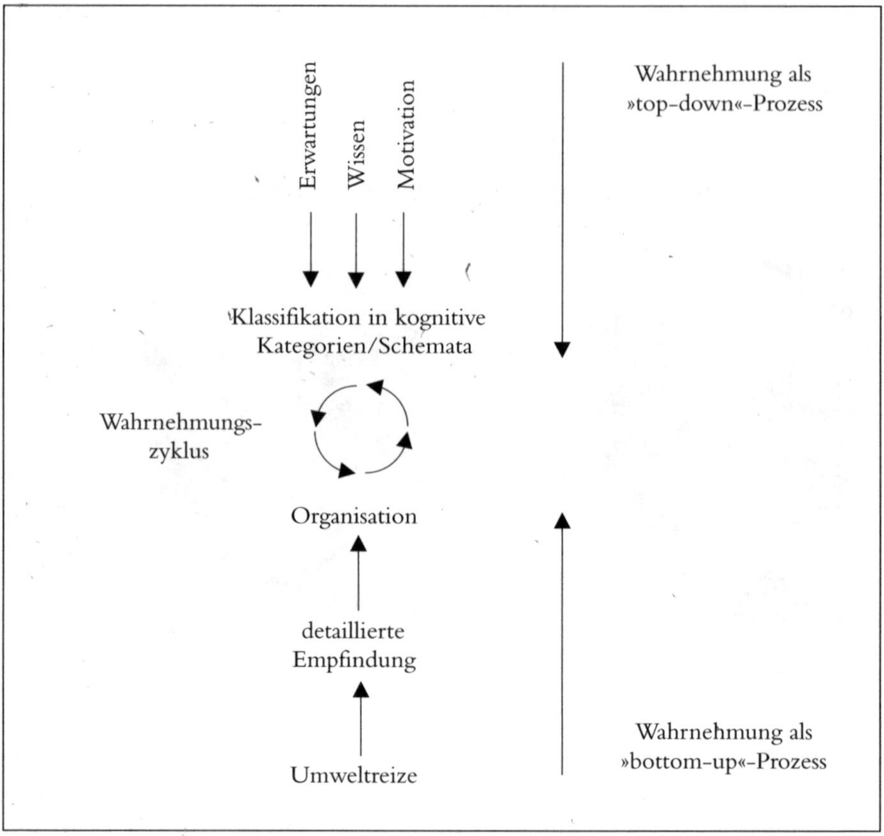


**Abb. 11:** Wirkmechanismen der Wahrnehmung (nach Fischer/Wiswede 2002, S. 183)

Gewöhnlich werden unsere Wahrnehmungserlebnisse durch das Wissen um die Reize mitgestaltet. Das Wissen über die Gegenstände der Welt ist im Langzeit-Speicher in Form sogenannter *Schemata* organisiert. Schemata sind »allgemeine Wissensstrukturen, die die wichtigsten Merkmale eines Gegenstandsbereiches wiedergeben, auf den sie sich beziehen und gleichzeitig angeben, welche Beziehungen zwischen diesen Merkmalen bestehen« (Schwarz 1993, S. 273; vgl. zum folgenden Nerdinger 2001a). Zum Beispiel stellt das Schema »Auto« die Repräsentation des Wissens über dieses Produkt dar: Von den verschiedenen Teilen, die ein Auto umfasst, über seine Funktionen bis hin zu den Wirkungen, etwa die Erfahrung der Ungebundenheit oder der laufenden Kosten. Von der Erinnerung an ein konkretes Auto unterscheidet sich das Auto-Schema durch seine höhere Abstraktheit. Die Erinnerung an das eigene Auto ist durch einen ganz konkreten Wagen einer bestimmten Marke mit allen dazu gehörenden Merkmalen wie Farbe, Eigenarten der Geräusche und des Geruchs etc. gekennzeichnet. Dagegen verfügen Schemata über »Leerstellen«, die bei der Aktivierung des Schemas jeweils durch konkrete Merkmale ausgefüllt werden. Im Auto-Beispiel sind solche Leerstellen die Größe, Farbe, Beschleunigung, Unterhaltskosten und anderes mehr. Außerdem enthält ein Schema auch die Beziehungen zwischen den Leerstellen, z.B. dass die PS-Zahl oder die Sicherheit eines Autos mit dem Preis und den Kosten zusammenhängen. Wird ein Schema aktiviert – wenn man ein Auto sieht oder etwas darüber hört –, findet eine Verarbeitung aller eingehenden Informationen im Rahmen des Schemas statt.

Das in Schemata gespeicherte Wissen wird auf der Basis direkter Erfahrung, der Beobachtung anderer Personen oder über die verschiedenen Formen der Kommunikation erworben. Solche Wissensstrukturen bilden sowohl die Voraussetzung als auch das Ergebnis der Anpassung an die Umwelt. Entwicklungspsychologisch wird der Erwerb von Schemata als ein Prozess von Assimilation und Akkomodation beschrieben (Piaget 1975). Säuglinge verfügen über einfache Handlungsschemata wie z.B. ein Greifschema oder ein Saugschema – sowie sie einen Reiz in der Innenfläche der Hand verspüren, versuchen sie das Objekt zu greifen; werden sie im Mundbereich stimuliert, beginnen sie zu saugen. Im Prozess der *Assimilation* nimmt der Säugling Informationen aus der Umwelt auf und verändert sie, damit sie in bestehende Schemata passen. Assimilation bedeutet demnach Anpassung des Wahrgenommenen an das bestehende Schema, *Akkomodation* bezeichnet die Anpassung des Schemas an die Umwelt. Durch diesen Prozess wird das Schema so verändert, dass es der neuen Information angemessen ist und zu anderen Schemata nicht in Widerspruch steht. Im Laufe der Entwicklung werden Schemata immer differenzierter mit der Folge der stetigen Verfestigung, d.h. der Prozess der Akkomodation nimmt ab und entwickelte Schemata werden häufig auch dann noch aufrechterhalten, wenn sie in Widerspruch zur objektiven Wirklichkeit stehen. Diesen Prozess verdeutlicht die folgende Darstellung.

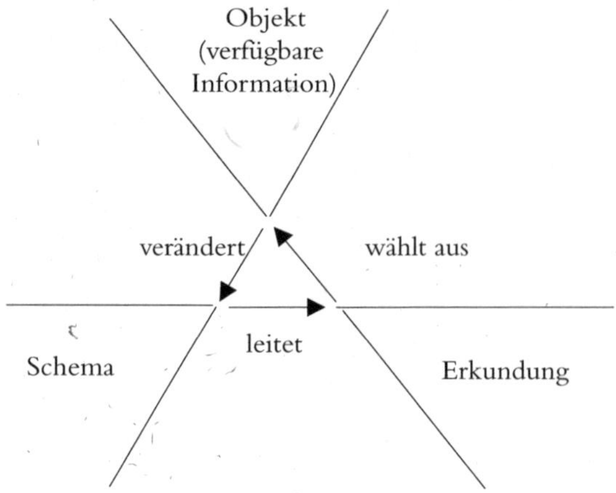


**Abb. 12:** Der Zyklus der Wahrnehmung (nach Neisser 1979, S. 27)

Schemata steuern gezielt die Erkundung der Welt und erklären damit die Selektivität der Wahrnehmung. Das bedeutet, es werden bevorzugt solche Informationen aufgenommen, die zum bereits bestehenden Wissen über die Welt passen. Der Wahrnehmungsprozess kann mit einer absichtslosen Orientierung (Erkundung), dem Erkennen eines bestimmten Objekts (z.B. eine andere Person) oder einem Schema beginnen, wobei eine schemageleitete Wahrnehmung eine gezielte Suche nach Informationen bedeutet. In diesem Zyklus werden auch die Prozesse der Akkomodation – das wahrgenommene Objekt verändert das Schema – und der Assimilation deutlich: Durch die schemageleitete Wahrnehmung wird das Objekt auf die schemarelevanten Merkmale reduziert und dabei so verändert, dass es sich in die bestehenden Wissensstrukturen einfügt.

Das meiste Wissen des Menschen ist in Schemata organisiert, es scheint sich dabei um ein Grundprinzip der menschlichen Informationsspeicherung zu handeln. Das muss biologische Ursachen haben. Schemata erfüllen verschiedene wichtige Funktionen, die dem Menschen eine bessere Anpassung an die Umwelt ermöglichen (vgl. Schwarz 1993):

- Sie dienen dem Verstehen der Realität, indem sie es ermöglichen, konkrete Erlebnisse in bestehende Wissensstrukturen einzuordnen: Durch den Vergleich eines wahrgenommenen Objekts mit dem gespeicherten

»Auto-Schema« erkennen wir sofort, worum es sich handelt. Gleichzeitig werden wir dadurch auf neuartige Lösungen aufmerksam, z.B. die ungewohnte Form eines Heckspoilers oder die extreme Länge eines Autos.

- Schemata ermöglichen es, Ereignisse zu antizipieren, d.h. sie gedanklich vorweg zu nehmen. Damit reduzieren sie die Unsicherheit im Umgang mit der Welt. Aufgrund unseres Auto-Schemas wissen wir auch um die Gefahren, die mit dem Autofahren verbunden sind und können uns darauf einstellen.
- Schemata verbessern die Erinnerung an Ereignisse: Wenn wir uns an ein konkretes Auto erinnern wollen, stellt das Schema die dafür notwendigen Leerstellen bereit, anhand derer wir die notwendige Information rekonstruieren können.
- Schemata steuern Verhalten: Wird ein neues Auto inspiziert, lenkt das Auto-Schema die Wahrnehmung auf besonders wichtige Aspekte – Bremse testen, Größe des Kofferraums überprüfen, Beschleunigungswerte abfragen usw.

In der Psychologie werden mehrere Arten von Schemata unterschieden (Schwarz, 1993), wobei für das Verhalten in Organisationen die sogenannten Personenschemata, das geordnete Wissen über andere Menschen, besonders wichtig sind.

### 3.1.3 Personenschemata

Das Wissen über andere Menschen wird auf verschiedene Weise organisiert. Unter den *Personenschemata* lassen sich solche unterscheiden, die sich auf das Wissen um die eigene Person (Selbstschema) beziehen, auf konkrete andere Personen (beispielsweise den eigenen Vorgesetzten), und Schemata von Personengruppen oder Typen (Schwarz 1993). Für das Verhalten in Organisationen sind die beiden letztgenannten Formen von besonderem Interesse.

Schemata, die sich auf konkrete andere Personen beziehen, werden auch als *Prototypen* bezeichnet. Ein Prototyp ist ein vorgestellter Idealtyp oder auch ein bekannter Mensch, der bestimmte Eigenschaften in ganz besonderer Weise verkörpert. Hat z.B. ein Vorgesetzter einmal einen Mitarbeiter erlebt, der durch sein hohes Engagement und sein sozial geschicktes Verhalten im Unternehmen einen rasanten Aufstieg durchlaufen hat, kann dieser Mitarbeiter für den Vorgesetzten zum »typischen Aufsteiger« werden. Der Vorgesetzte verfügt in diesem Fall über einen Prototypen des Aufsteigers. Wenn er neue Mitarbeiter/innen einstellt und deren Leistung beurteilen soll (Nerdinger 2001b), so wird er sie im Sinne einer Top-Down-Wahrnehmung mit dem Prototypen vergleichen. Sind die Neulinge dem Prototypen in wichtigen Merkmalen ähnlich, schließt der Vorgesetzte automatisch auch auf solche Eigenschaften, die er von dem Prototypen kennt – auch wenn er sie bei den neuen Mitarbeiter/innen gar nicht beobachtet hat. Zum Beispiel könnte der Prototyp sehr entscheidungsfreudig und verantwortungsbewusst gewesen sein. Nimmt der Vorgesetzte nun an seinem neuen Mitarbeiter Entscheidungsfreude war, wird er diesem auch Verantwortungsbewusstsein zuschreiben, obwohl er möglicherweise noch gar nicht beobachten konnte, ob der neue Mitarbeiter tatsächlich Verantwortung für seine Entscheidungen übernimmt.

Nicht für alle typischen Verhaltensweisen verfügen Menschen über Prototypen. Erinnert das Verhalten des neuen Mitarbeiters an keinen Prototyp, werden im Vorgesetzten wahrscheinlich allgemeine Vorstellungen darüber aktiviert, welche Eigenschaften Menschen haben. Diese allgemeinen Vorstellungen bezeichnet man als *implizite Persönlichkeitstheorien*. Wissenschaftliche Theorien beschreiben, welche Eigenschaften bestimmte Persönlichkeiten charakterisieren. Solche Theorien werden für die kritische Überprüfung durch Kolleginnen und Kollegen veröffentlicht, sie werden also explizit gemacht. Daneben haben aber auch alle Menschen – gewissermaßen für den Alltagsgebrauch – Vorstellungen gebildet, welche Persönlichkeitseigenschaften zusammen gehören. Diese Vorstellungen werden eher selten bekannt gemacht, sie wirken also implizit.

Zu den impliziten Persönlichkeitstheorien zählen im Arbeitsleben vor allem die Vorstellungen darüber, welche Haltung Mitarbeiter/innen gegenüber der Arbeit einnehmen. Der Management-Theoretiker McGregor (1970; vgl. Ulich 2001) hat die im Management am weitesten verbreiteten impliziten Theorien über Mitarbeiter/innen untersucht und konnte im wesentlichen zwei ermitteln, die er als Theorie X bzw. Theorie Y bezeichnet. Nach der Theorie X hat der Mensch eine angeborene Abneigung gegen die Arbeit und versucht, ihr aus dem Wege zu gehen, wo er nur kann. Deshalb muss er zur Arbeit gezwungen werden: Der Vorgesetzte muss ihn in der Arbeit lenken, genau kontrollieren und mit Strafen für Fehlverhalten bedrohen. Das kommt den Menschen – so die Theorie X – sogar entgegen, da sie sich gerne vor der Verantwortung drücken und vor allem eines wollen: Sicherheit.

Die Theorie X ist im Grunde genommen ein Bündel von Vorurteilen über das Arbeitsverhalten von Mitarbeiter/innen. Wie kommt es dann, dass so viele Manager von einer solchen impliziten Theorie überzeugt sind und auch eine Vielzahl von Beispielen für das Verhalten ihrer Mitarbeiter/innen nennen können, die diese Theorie belegen? Zum einen wirkt sie wie ein Schema, d.h. Informationen, die der Theorie entsprechen, werden bevorzugt wahrgenommen. Andere Informationen, die nicht zum Schema passen, werden dagegen leicht übersehen. Zum anderen bestimmen solche Theorien aber auch das Verhalten der Vorgesetzten gegenüber den Mitarbeiter/innen. Wer überzeugt ist, dass Menschen sich verhalten, wie es die Theorie X beschreibt, der wird seine Mitarbeiter/innen auch mit strengen Vorschriften und regelmäßigen Kontrollen führen. In der Folge verhalten sich diese eher passiv, vermeiden jede Initiative und scheuen die Übernahme von Verantwortung. Das wiederum bestätigt die Theorie X des Vorgesetzten. Diesen Teufelskreis veranschaulicht die folgende Darstellung.

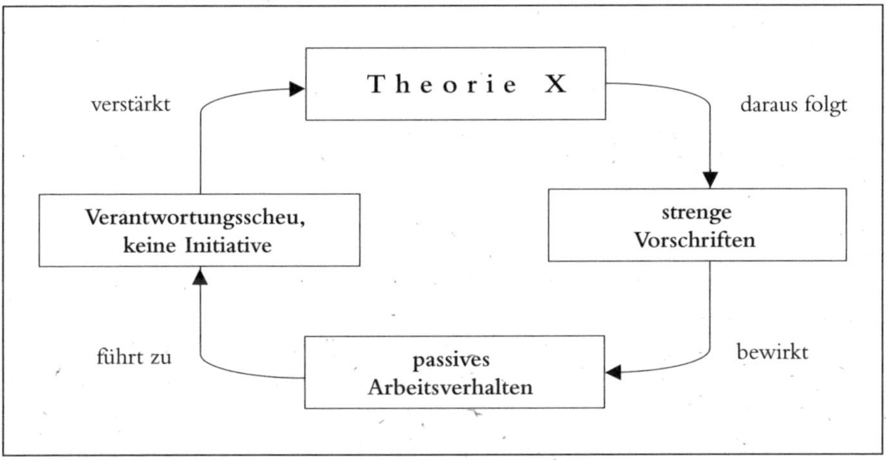


**Abb. 13:** Der Teufelskreis der Theorie X (nach Ulich 2001, S. 434)

Die Erwartungen, wie sich Mitarbeiter/innen verhalten, bestimmen das Verhalten des Vorgesetzten. Durch sein Verhalten ruft er aber erst die Reaktionen hervor, die er erwartet. Dieser Teufelskreis wird daher auch als eine *sich selbst erfüllende Prophezeiung* bezeichnet. Im Falle anderer Erwartungen, die als Theorie Y bezeichnet werden, kann sich aber auch eine ganz andere Entwicklung einstellen. Nach der Theorie Y sehen Menschen

- in der Arbeit ein wichtiges Feld, um sich selbst zu verwirklichen;
- kontrollieren sich selbst und entwickeln Initiative, wenn sie sich mit den Zielen der Unternehmen identifizieren;
- sind von Natur aus einfallsreich, kreativ und übernehmen Verantwortung, gewöhnlich werden sie aber durch die Organisation daran gehindert (von Rosenstiel 2000).

Diese implizite Theorie führt zu einem ganz anderen Verhalten des Vorgesetzten und in der Folge werden sich die Mitarbeiter/innen wie von der Theorie Y prophezeit verhalten:

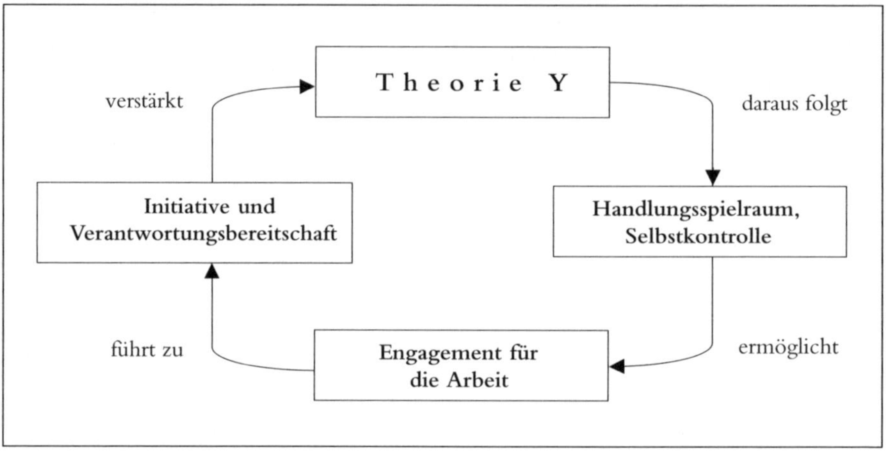


**Abb. 14:** Die positiven Auswirkungen der Theorie Y (nach Ulich 2001, S. 435)

Selbstverständlich sind das sehr holzschnittartig gezeichnete implizite Persönlichkeitstheorien und auch die vermuteten Folgen treten natürlich nicht automatisch in dieser krassen Form ein (zu differenzierteren Ergebnissen vgl. Frei/Udris 1990). Sie können aber idealtypisch die Funktion und Wirkung von Personenschemata in Organisationen verdeutlichen. Da Verhalten in Organisationen immer auch durch andere Menschen beeinflusst wird, kommt der schemageleiteten Wahrnehmung anderer Menschen entscheidende Bedeutung für die Funktionsfähigkeit der Organisation zu. Das sei an einem besonders wichtigen Beispiel verdeutlicht, dem Einstellungsgespräch.

### 3.1.4 Die Wirkung von Personenschemata im Einstellungsgespräch

Zur Auswahl geeigneter Mitarbeiter/innen werden in Organisationen verschiedene Methoden eingesetzt (Schuler 1996, 1999), praktisch immer findet auch ein – letztlich entscheidendes – Einstellungsgespräch statt. In dieser Situation begegnen sich der Bewerber bzw. die Bewerberin und die Vertreter der Organisation persönlich. Das Ergebnis des Gesprächs – Einstellung oder Ablehnung – hängt in hohem Maße von der Personenwahrnehmung ab, wie folgendes Beispiel verdeutlicht.

**Personenwahrnehmung im Einstellungsgespräch**

Word, Zanna und Cooper (1974) haben untersucht, ob schwarze Bewerber in einem Einstellungsgespräch von weißen Personalchefs anders behandelt werden als weiße Bewerber. Zuerst wurden Videoaufnahmen von Einstellungsgesprächen mit schwarzen und weißen Bewerbern analysiert. Dabei zeigte sich u.a., dass weiße Personalchefs gegenüber schwarzen Bewerbern einen größeren Abstand in der Sitzposition einnahmen, weniger vollständige Sätze sprachen und die Einstellungsgespräche im Durchschnitt sehr viel kürzer waren. Im zweiten Teil der Untersuchung mussten die Interviewer Einstellungsgespräche mit weißen Bewerbern führen. Dabei sollten sie sich gegenüber der Hälfte der Bewerber so verhalten, wie es vorher für das Verhalten gegenüber schwarzen Bewerbern festgestellt wurde. Bei der anderen Hälfte sollten sie ihr »normales« Verhalten zeigen.

Die Einstellungsgespräche wurden gefilmt, wobei nur das Verhalten der Bewerber aufgenommen wurde. Anschließend sahen sich unabhängige Beurteiler die Filme an und schätzten das Verhalten der Bewerber ein. Obwohl alle Bewerber weißer Hautfarbe waren, ergaben sich deutliche Unterschiede zwischen den beiden Gruppen: Bewerber, die im Gespräch »normal« behandelt wurden, wurden von den unabhängigen Beobachtern deutlich positiver eingeschätzt und hatten die besseren Chancen, eingestellt zu werden.

In diesem Experiment zeigt sich die Wirkung der schematischen Personenwahrnehmung sehr deutlich. Die Hautfarbe des Bewerbers löst bei den Personalchefs eine implizite Persönlichkeitstheorie über schwarze bzw.

weiße Menschen aus, die wiederum das Verhalten gegenüber dem jeweiligen Bewerber bestimmt. Im Sinne einer sich selbst erfüllenden Prophezeiung verändert sich daraufhin das Verhalten der Bewerber und bestätigt die Theorien der Einstellenden – diese fällen dann »guten Gewissens« eine entsprechende Entscheidung. Solche und viele weitere Effekte der Wahrnehmung führen dazu, dass das Einstellungsgespräch eine sehr problematische Methode der Personalauswahl darstellt. Mit dem Einstellungsgespräch sollen Mitarbeiter/innen gefunden werden, die in der Lage sind, die Anforderungen, die bei der Arbeit an sie gestellt werden, erfolgreich zu bewältigen. Die Vorhersagen der beruflichen Leistung, die aufgrund eines gewöhnlichen Einstellungsgesprächs getroffen werden, sagen aber sehr wenig über den späteren beruflichen Erfolg aus (Schuler, 2002).

Wie ist dann zu erklären, dass gerade Personalverantwortliche, die viel Erfahrung mit Einstellungsgesprächen haben, diese Methode sehr schätzen? Der Grund liegt darin, dass einige Fehler bei der Einstellungsentscheidung prinzipiell nicht erkennbar sind, besonders die Ablehnung geeigneter Bewerber. Ein fiktives Beispiel kann das verdeutlichen (Schuler 2002). Zwei gleichartige Arbeitsplätze sollen besetzt werden. 80% der Bewerber sind dafür geeignet, d.h. sie sind fähig, die Anforderungen an diesen Arbeitsplätzen zu bewältigen. Bei zehn Bewerbern wären also nur zwei eindeutig nicht geeignet. Angenommen, mit allen zehn Bewerbern wird ein Einstellungsgespräch geführt und anschließend werden sie nach dem Eindruck in eine Rangreihe vom »Besten« zum »Schlechtesten« gebracht (A-K). Eingestellt werden aber alle zehn Bewerber. Nach drei Jahren beurteilen die jeweiligen Vorgesetzten den Berufserfolg und die Mitarbeiter/innen werden hinsichtlich ihrer Leistung wieder in eine Rangreihe gebracht (H-I). Nebenstehendes Bild könnte sich dabei ergeben (Abb. 15).

A und B haben im Einstellungsgespräch den besten Eindruck gemacht und wurden daraufhin eingestellt. Der berufliche Erfolg zeigt nun, dass damit nur der dritt- bzw. siebtbeste Bewerber eingestellt wurden, die beiden besten Bewerber (H und F) wurden dagegen abgelehnt. Die Einschätzung der Leistungsfähigkeit nach dem Einstellungsgespräch war demnach denkbar schlecht. Trotzdem wird der Personalverantwortliche mit seiner Entscheidung sehr zufrieden sein: Beide eingestellten Bewerber erfüllen die Anforderungen und A ist – wie vorhergesagt – besser als B. Dass die beiden Besten abgelehnt wurden, das wird der Personalverantwortliche in der Realität nie erfahren!

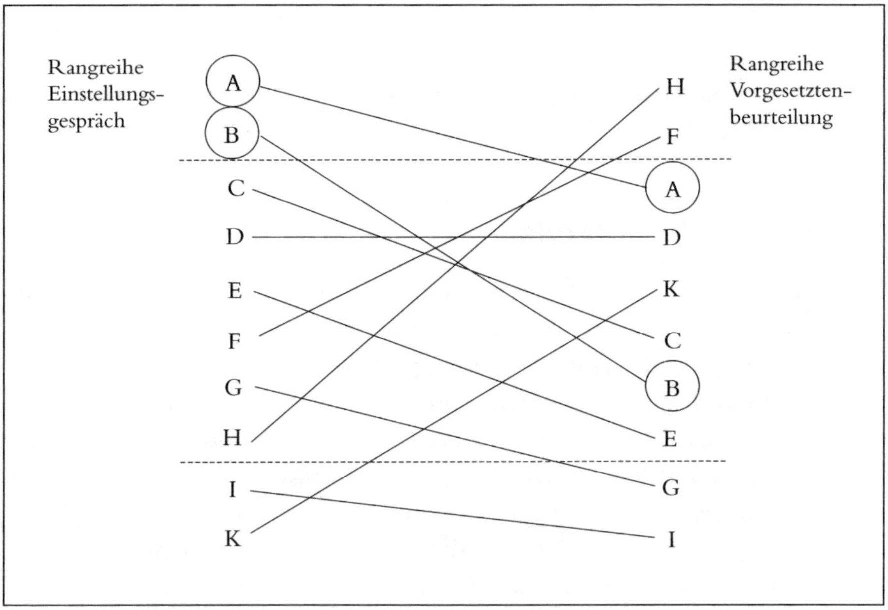


**Abb. 15:** Vergleich von vorhergesagter Eignung und tatsächlichem beruflichem Erfolg (fiktives Beispiel nach Schuler 2002, S. 122)

Das herkömmliche Einstellungsgespräch, in dem man sich aufgrund mehr oder weniger unsystematischer Fragen und Beobachtungen einen Eindruck vom Bewerber verschafft, ist wenig geeignet, um solche Mitarbeiter/innen auszuwählen, die den Anforderungen am besten gerecht werden. Trotzdem ist es natürlich ein unverzichtbarer Teil der Einstellungsprozedur, da sich der Bewerber ein Bild vom Unternehmen machen kann. Die Qualität des Einstellungsgesprächs zur Vorhersage beruflicher Leistung kann zudem erheblich verbessert werden, wenn es auf einer gründlichen Analyse der Anforderungen einer Tätigkeit beruht (vgl. Dunckel 1999; Frieling 1999; Ulich 2001) und einige standardisierte Teile umfasst. In diesem Fall spricht man auch von einem multimodalen Interview (Schuler 1992, 2002).

## 3.1.5 Das multimodale Interview

Das *multimodale Interview* besteht aus acht Komponenten, wobei sich freie Gesprächsteile mit standardisierten Teilen ablösen. Die standardisierten Teile dienen der Beurteilung, ob der Bewerber für die Position geeignet ist. Die freien Teile sichern den sowohl von den Bewerbern als auch den

Einstellenden geschätzten Gesprächscharakter und ermöglichen es, wichtige Informationen über das Unternehmen und die Aufgabe zu vermitteln. Der grundlegende Aufbau des multimodalen Interviews sieht so aus (Schuler 1992; 2002; Schuler/Marcus 2001):

**Multimodales Interview**

1. *Gesprächsbeginn.* In einer kurzen, informellen Unterhaltung wird versucht, eine angenehme und offene Atmosphäre herzustellen. Außerdem wird der Ablauf des Gesprächs skizziert.
2. *Selbstvorstellung des Bewerbers.* Der Bewerber spricht einige Minuten über seinen beruflichen und privaten Hintergrund, seine aktuelle Situation und seine Erwartungen an die Zukunft.
3. *Berufsorientierung und Organisationswahl.* Einige standardisierte Fragen zur Berufswahl, den beruflichen Interessen, zu Gründen für die Wahl des Unternehmens, unter Umständen auch zum Fachwissen.
4. *Freier Gesprächsteil.* Fragen zu Punkt zwei und drei, die unklar geblieben sind.
5. *Biographiebezogene Fragen.* Wenn beruflicher Erfolg mit bestimmten biographischen Merkmalen einhergeht, werden dazu standardisierte Fragen gestellt.
6. *Realistische Tätigkeitsinformationen.* Der Interviewer beschreibt die Tätigkeit realistisch und ausgewogen.
7. *Situative Fragen.* Der Bewerber soll sein Verhalten in einigen typischen Situationen der zu besetzenden Position beschreiben.
8. *Gesprächsabschluss.* Der Bewerber hat Gelegenheit, Fragen zu stellen, das weitere Vorgehen wird besprochen und unter Umständen auch schon Vereinbarungen getroffen.

Den standardisierten Teilen dieses Interviews kommt besondere Bedeutung zu: Sie ermöglichen es, die unkontrollierbaren Einflüsse der Personenwahrnehmung auf die Entscheidung auszuschalten bzw. ihre negative Wirkung zu verringern.

*Selbstvorstellung des Bewerbers:* Dabei können verschiedene Aspekte, die für die Arbeit wichtig sind, gut beobachtet werden – wird z.B. mit Bewerber/innen für eine Position mit Kundenkontakt gesprochen, zählen das sprachliche Ausdrucksvermögen, die Sicherheit in der Formulierung eigener Ansprüche, Hinweise auf die Bedeutung sozialer Kontakte und anderes mehr. Entscheidend ist, dass die Personalverantwortlichen anforderungsbezogen beurteilen: Sie sollen nur solche Verhaltensweisen einstufen, die sich in einer vorher durchgeführten Analyse der speziellen Anforderungen der Tätigkeit als wichtig erwiesen haben (vgl. dazu Dunckel 1999; Frieling 1999; Ulich 2001). Diese Anforderungen werden schriftlich festgelegt, der Beurteiler beobachtet die Bewerber daraufhin und stuft seine Beobachtungen z.B. auf einer Skala von »1 = trifft vollständig zu« bis »5 = trifft überhaupt nicht zu« ein.

*Berufsorientierung und Organisationswahl:* Auch diese Fragen sind im multimodalen Interview anforderungsbezogen formuliert – es interessieren nur solche Aspekte, die Aufschluss über die Eignung der Bewerber/innen geben. Bereits die Wahl des Berufs und ihre Begründung lassen erkennen, was den Bewerbern und Bewerberinnen in ihrer beruflichen Arbeit wichtig ist. Die Fragen zur Wahl der Organisation ermöglichen Rückschlüsse auf ihre Motivation. Wünschen sie sich eine Position im Unternehmen, weil es gute Bezahlung und hervorragende Aufstiegsmöglichkeiten bietet oder für hohe Qualität der Produkte und seine Marktorientierung bekannt ist? Die Antworten auf die Fragen müssen auf vorbereiteten Skalen eingestuft werden, damit die Eignung der Bewerber vergleichbar ist.

*Biographiebezogene Fragen:* Diese Fragen basieren auf dem wichtigen Grundsatz: »Künftiges Verhalten kann am besten durch früheres Verhalten vorhergesagt werden«. Wer z.B. schon häufig in Konflikt mit anderen Menschen gekommen ist, der wird das auch künftig häufiger erleben. Auch biographiebezogene Fragen müssen aus den Anforderungen der Tätigkeit abgeleitet und standardisierte Antwortmöglichkeiten vorgegeben werden (vgl. Schuler/Marcus 2001).

*Realistische Tätigkeitsinformationen:* Im ersten Jahr nach der Einstellung kündigen Mitarbeiter/innen von sich aus am häufigsten. Der wichtigste Grund dafür sind unrealistische Erwartungen an die Tätigkeit und das Unternehmen (Wanous 1992). Solche überzogenen Erwartungen werden nicht zuletzt im Einstellungsgespräch erzeugt, wenn die Verantwortlichen das Unternehmen, die Möglichkeiten für die Mitarbeiter/innen und die künftige Tätigkeit in den schönsten Farben ausmalen. Die Enttäuschung über die Realität ist dann umso größer. Das kann vermieden werden, indem die

Bewerber/innen in diesem Punkt des Gesprächs nicht nur positive Informationen über das Unternehmen erhalten, sondern auch auf Probleme und Schwierigkeiten eingestimmt werden. Später werden sie nicht so leicht enttäuscht und können mit auftretenden Schwierigkeiten besser umgehen.

*Situative Fragen:* Solche Fragen sind ähnlich aufgebaut wie biographische Fragen, im Gegensatz zu diesen fragen sie aber danach, was die Bewerber/innen in einer bestimmten Situation tun *würden*. Situative Fragen sind also zukunftsgerichtet. Dahinter steht die Annahme, dass man aus Absichten und Zielen der Bewerber/innen auf ihr künftiges Verhalten schließen kann. Ein Beispiel für eine situative Frage sieht so aus (Schuler/Diemand 1991):

»Ein Kunde kommt zu Ihnen und beklagt sich über die falsche Beratung eines Kollegen, der gerade nicht anwesend ist. Wie verhalten Sie sich?«

4 ____ 3 ____ 2 ____ 1 ____ 0

| | | |
|---|---|---|
| Ich bitte den Kunden, mir den Fall genau zu erklären, weise auf den richtigen Sachverhalt hin und beruhige den Kunden, verspreche, eventuelle Schäden sofort zu beheben. | Ich nehme die Reklamation an, weise aber darauf hin, dass ich erst nach Rücksprache mit meinem Kollegen etwas unternehmen kann. | Ich erkläre dem Kunden, dass ich nicht zuständig bin und sage ihm, dass er wiederkommen soll, wenn der betreffende Kollege wieder da ist. |

**Abb. 16:** Beispiel für eine situative Frage (nach Schuler/Diemand 1991, S. 92)

Ein sorgfältig entwickeltes multimodales Interview, das auf einer wissenschaftlichen Analyse der Anforderungen beruht (vgl. Dunckel 1999; Frieling 1999; Ulich 2001), kann die Qualität der Einstellungsentscheidungen erheblich verbessern. Dazu müssen die Anwender in der Handhabung der standardisierten Fragen und im Ablauf des Interviews intensiv geschult werden. Auf diese Weise lässt sich der problematische Einfluss der Personenwahrnehmung auf die Auswahlentscheidung zumindest teilweise ausschalten.

# 3.2 Denken

## 3.2.1 Denkpsychologische Grundüberlegungen

Wahrnehmung und Denken sind eng verknüpft. Beides sind Aspekte der Informationsverarbeitung, die auch als *kognitive* Prozesse bezeichnet werden. Das menschliche Denken tritt in einer ungeheuren Vielfalt der Formen auf (vgl. Lüer/Spada 1990; Johnson-Laird 1996), die sich zwischen einem völlig ungeordneten Ablauf der Gedanken und hoch strukturierten logischen Schlüssen verorten lassen. Auf der einen Seite findet sich ein freier Fluss der Gedanken, wobei ein Gedanke den nächsten anstößt. Dieses Phänomen – von dem bedeutenden Psychologen William James (1890) als *Bewusstseinsstrom* (stream of consciousness) bezeichnet, hat der Schriftsteller James Joyce in dem Roman »Ulysses« als inneren Monolog seiner Heldin Molli Bloom gestaltet:

»... ich hab ja Gedichte immer gemocht wie ich ein Mädchen war zuerst dachte ich auch er wäre ein Dichter wie Lord Byron ja Pustekuchen kein Quäntchen davon in seiner Naturanlage ich dachte er wäre ganz anders möchte wohl wissen ob er noch zu jung ist er muss so um die Moment 88 hab ich geheiratet 88 ja und gestern ist Milli 15 geworden 89 wie alt war er denn damals bei Dillon 5 oder 6 so um 88 also ist er 20 oder noch mehr da bin ich nicht zu alt für ihn wenn er 23 oder 24 ist hoffentlich ist er bloß keiner von diesen blasierten Universitätsstudenten aber nein dann hätt' er sich nicht in die alte Küche gesetzt mit ihm und Epps Kakao getrunken und geredet er hat natürlich so getan wie wenn er alles versteht womöglich hat er ihm noch erzählt er wäre mal auf dem Trinity College gewesen also zum Professor werden ist er ja eigentlich noch sehr jung ich hoffe bloß er ist nicht so ein Professor wie Goodwin war der war Spezialprofessor für John Jameson die schreiben doch alle über irgendeine Frau in ihren Gedichten ...«

In diesem Beispiel löst jeweils ein Gedanke eine Assoziation aus, die zu einem nächsten Gedanken führt, der eine Erinnerung auslöst, die mit einer Idee verbunden ist usw. Nicht umsonst spielt diese Szene nachts, die Heldin liegt im Bett und ist kurz davor, einzuschlafen. Das Denken erfolgt in dieser Situation unabhängig vom Willen und wird nicht bewusst gesteuert. Ganz anders stellt sich das Denken dar, wenn logische Schlüsse folgender Art gefordert sind:

Kein Wilddieb ist Seemann.
Alle Bayern sind Wilddiebe.
Kein Bayer ist Seemann.

In diesem – zur Ehre der Bayern sei es gesagt – fiktiven Fall, in dem ein sogenannter deduktiver Schluss gefordert wird, prüft man zuerst die beiden allgemeinen Sätze, die *Prämissen*. Daraus wird ein logischer Schluss, eine *Konklusion*, gezogen. Im Gegensatz zum Bewusstseinsstrom ist das Denken in diesem Fall zielbezogen und deterministisch – aus den beiden Prämissen folgt zwangsläufig ein bestimmtes Ergebnis.

Zwischen diesen beiden Extremen entfaltet sich das menschliche Denken in vielen Abstufungen. Die enorme Vielfalt und Unterschiedlichkeit der Denkformen macht es ausgesprochen schwierig, das Feld zu strukturieren. Immerhin kann man einige Grundmerkmale des Denkens benennen (vgl. Franke/Kühlmann 1990):

1. *Vergegenwärtigung:* Durch Denkvorgänge lassen sich Vergangenes, Zukünftiges oder Mögliches innerlich repräsentieren. Damit kann sich der Mensch vom aktuell Wahrgenommenen lösen und erweitert die Möglichkeiten der Erkenntnis enorm.

2. *Probehandeln:* Nach Freud (1911) ist Denken Probehandeln bei vermindertem Risiko – beim Denken kann ein falsch eingeschlagener Weg korrigiert werden, das Handeln dagegen ist kaum revidierbar. In Gedanken können Situationen vorgestellt werden, man kann Strategien der Veränderung entwerfen und sich die möglichen Konsequenzen in Gedanken »ausmalen«. Sind Hindernisse auf dem Weg zum Ziel zu überwinden, vermeidet Denken ein mühseliges und unter Umständen kostenträchtiges Ausprobieren.

3. *Ordnungsleistung:* Denken bringt Ordnung in die Welt. Durch das Denken werden Unterscheidungen getroffen, Zusammengehöriges wird zusammengefasst, Sachverhalte auf neue Weise verknüpft, Widersprüche entdeckt und Schlüsse über die Realität gezogen.

Aus den so charakterisierten Denkformen werden im Folgenden lediglich exemplarisch einige, für das Verhalten in Organisationen besonders wichtige Formen kurz skizziert: Erklären, Urteilen und Entscheiden.

## 3.2.2 Erklären: Die Attribution von Ursachen

Menschen haben ein überwältigendes Bedürfnis, die Geschehnisse in der Umwelt zu erklären – vor allem das Verhalten anderer Menschen und die Ergebnisse des eigenen Verhaltens müssen erklärt werden, um die Handlungsfähigkeit zu erhalten (Heider 1958; Meyer/Försterling 1993; vgl. Nerdinger 1995). Lobt ein Vorgesetzter seinen Mitarbeiter, fragt sich dieser möglicherweise: Will er nur, dass ich mehr arbeite? Habe ich das Lob verdient? Stellt ein Mitarbeiter fest, dass er seine Ziele nicht erreicht, sucht er nach Erklärungen für das Scheitern: Habe ich mich zu wenig eingesetzt? Hatte ich nicht genügend Unterstützung? Waren die Ziele aufgrund der wirtschaftlichen Situation unrealistisch hoch angesetzt? Menschen konstruieren Erklärungen, indem sie Sachverhalten bestimmte Ursachen zuschreiben. Eine Zuschreibung wird allgemein als *Attribution* bezeichnet, eine Zuschreibung von Ursachen als *Kausalattribution* (Meyer/Försterling 1993). Kausalattributionen haben zentrale Bedeutung für das Verhalten in Organisationen.

Der österreichische Psychologe Fritz Heider (1958), auf den die Attributionsforschung zurückgeht, hat darauf hingewiesen, dass sich die Ergebnisse von Handlungen prinzipiell durch zwei Klassen von Ursachen erklären lassen – Faktoren, die in der Person und solche, die in der Umwelt liegen. Die Zuschreibung von Ursachen auf Faktoren in der Person wird als *internale* Attribution, die Zuschreibung auf Faktoren der Umwelt als *externale* Attribution bezeichnet. Erklärt z.B. ein Verkäufer den erfolgreichen Abschluss von Verkaufsverhandlungen mit seiner Begabung oder seinem großen Einsatz, attribuiert er internal. Führt er das Ergebnis auf die Großzügigkeit seines Verhandlungspartners, die günstige ökonomische Situation oder auf zufällige Umstände zurück, attribuiert er external. Die Unterscheidung in internal und external bezieht sich auf den *Ort der Verursachung* – die Person oder die Umwelt -, daher wird sie auch als die Lokationsdimension der Kausalattribution bezeichnet. Diese Unterscheidung wird allerdings der Realität des Erklärens noch nicht gerecht. Weiner (1994) hat festgestellt, dass sich Ursachen auch danach unterscheiden lassen, ob sie *zeitlich stabil* oder *variabel* sind. Durch Kombination der Dimensionen Lokation (internal/external) und Stabilität (stabil/variabel) ergibt sich für die Erklärung von Leistungen folgende Vierfeldertafel:

| Stabilität | Ort | |
|---|---|---|
| | internal | external |
| stabil | Fähigkeit | Aufgabenschwierigkeit |
| variabel | Anstrengung | Zufall |

**Abb. 17:** Klassifikationsschema für Ursachen von Erfolg und Misserfolg (nach Weiner 1994)

Sowohl Begabung als auch Anstrengung sind Ursachen für Erfolg oder Misserfolg, die in der Person liegen. Während aber die Begabung allgemein als ein stabiles Merkmal der Persönlichkeit angesehen wird, verändert sich die Anstrengung in Abhängigkeit von vielen Faktoren, z.B. dem Interesse an der Aufgabe oder der wahrgenommenen Unterstützung durch andere. Ähnliches trifft für die Unterscheidung externaler Ursachen zu. Während eine bestimmte Aufgabe – im betrieblichen Bereich z.B. das Management eines Projektes – einen bestimmten, weitgehend unveränderlichen Schwierigkeitsgrad hat, ist Glück oder Pech offensichtlich zufälliger Natur. Zum Beispiel kann der Erfolg des Projekts damit erklärt werden, dass man »zur richtigen Zeit am richtigen Ort das Richtige gemacht hat«, d.h. man hatte Glück.

## Die Erklärung der Leistung im Verkauf

Johnston und Kim (1994) sind der Frage nachgegangen, wie Verkäufer ihre Leistung erklären. Zu diesem Zweck haben sie 163 Verkäufer mit verschiedenen Außendienst-Tätigkeiten gebeten, über kurz zurück liegende Erfolge und Misserfolge in ihrer Arbeit zu erzählen. Die Antworten wurden zunächst danach gruppiert, ob darin Kausalattributionen vorkommen oder nicht (rein deskriptive Aussagen, z.B. »die Kundenbedürfnisse wurden nicht befriedigt« wurden nicht ausgewertet). Als Misserfolg eingestufte Situationen führen bei den Verkäufern häufiger zu Kausalattributionen (90.8% im Vergleich zu 64.4% bei Erfolgen). Menschen neigen vor allem zu Kausalattributionen, wenn sie von Situationen überrascht werden oder ihre Überzeugungen bzw. Erwartungen bedroht sehen. Das ist bei Misserfolgen der Fall, daher müssen sie unbedingt erklärt werden.

Im nächsten Schritt wurden die Aussagen nach dem Ort der Verursachung und der Stabilität gruppiert und nach ihrer Häufigkeit verglichen.

| | Erfolg | | Misserfolg | |
|---|---|---|---|---|
| Attribution | N | % | N | % |
| Internal/stabil | 43 | 41.3 | 11 | 7.4 |
| External/stabil | 41 | 39.4 | 58 | 39.2 |
| Internal/variabel | 11 | 10.6 | 22 | 14.9 |
| External/variabel | 10 | 8.7 | 57 | 38.5 |
| Σ | 105 | 100 | 148 | 100 |

**Abb. 18:** Kausalattributionen von Verkaufsergebnissen (nach Johnston/Kim 1994, S. 72)

Der gravierendste Unterschied zwischen der Erklärung von Erfolgen und Misserfolgen betrifft die Dimension des Ortes der Verursachung: Internale Attributionen werden überwiegend in Erfolgssituationen vorgenommen, externale dagegen nach Misserfolgen. Diese systematische Verzerrung der Ursachenzuschreibung dient in erster Linie dem Schutz des Selbstwertgefühls nach Misserfolgen. Zur Erklärung von Misserfolgen wurden auch sehr viel mehr unterschiedliche Gründe angeführt als für Erfolge. Am häufigsten nannten die Verkäufer externalstabile Ursachen wie mangelhafte Produkte, schwierige Kunden oder nicht wettbewerbsfähige Preise. Offensichtlich haben Verkäufer mit der Kategorisierung der Ursachen von Misserfolgen größere Probleme als bei Erfolgen. Da Verkäufer diese Ursachen nicht beeinflussen können und die Ursachen relativ stabil sind, können sie dadurch künftigen Misserfolgen vorab den selbstwertbedrohenden Charakter nehmen.

Menschen erklären ihre Misserfolge bevorzugt durch Merkmale der Situation (external), Erfolge jedoch eher durch die eigene Person (internal). Diese Verzerrung hat wichtige psychologische Gründe, sie stützt das Selbstwertgefühl und sichert damit die Handlungsfähigkeit in künftigen, vergleichbaren Situationen. Allerdings kann diese Tendenz auch dazu führen, dass aus Misserfolgen nicht mehr gelernt wird. In Organisationen ist es daher eine wichtige Aufgabe der Führung, bei den Mitarbeiter/innen realistische Erklärungen von Misserfolgen zu fördern, damit Fehler künftig vermieden werden. Gleichzeitig sollte man aber auch das Selbstwertgefühl der Mitarbeiter/innen beachten (zur Wirkung von Attributionen bei der Personalführung vgl. Weibler 2001, S. 142ff.; Nerdinger 2001c).

### 3.2.3 Urteilen: Die Ökonomie der Heuristik

Die verschiedenen Informationen, die über andere Personen oder über Objekte aufgenommen werden, fasst man in der Regel unwillkürlich zu einem Gesamturteil zusammen, das wiederum das Verhalten gegenüber diesen Menschen oder Objekten bestimmt. Gewöhnlich wird angenommen, dass dabei alle Informationen berücksichtigt, gegeneinander abgewogen und schließlich zu einem Urteil verdichtet werden. Obwohl so ein Vorgehen nicht ausgeschlossen ist, bildet es eher selten die Grundlage menschlicher Urteile – ein solches Vorgehen ist schlicht zu aufwändig. Stattdessen fällen Menschen ihre Urteile gewöhnlich anhand sogenannter *Heuristiken* (Kahnemann/Slovic/Tversky 1982; Ajzen 1996; Jungermann/Pfister/Fischer 1998), d.h. sie verwenden »Daumenregeln«: Die wiederholte Erfahrung, wie die Dinge sind, wird zu einer Regel verdichtet, die in Situationen, in denen man über wenige oder unsichere Informationen verfügt, ein rasches Urteil ermöglichen. Eine solche Daumenregel besagt z.B. »teuer ist gut« (Cialdini 2002). Es entspricht einer häufig gemachten Erfahrung, dass gute Produkte auch teurer sind. Daher ist der Preis ein wichtiger Indikator für die Qualität von Produkten. In Situationen, in denen wenig Informationen über Produkte zur Verfügung stehen, der Aufwand sie zu suchen nicht lohnt oder man einfach nicht genug weiß, um die Qualität zu beurteilen, ermöglicht diese Heuristik ein rasches Urteil über das Produkt. Die wichtigsten Heuristiken, die bei der Urteilsbildung wirksam werden, sind folgende (Kahnemann et al. 1982; vgl. Jungermann et al. S. 166ff.):

- *Repräsentativität:* Die subjektive Wahrscheinlichkeit für ein Ereignis ist um so größer, je repräsentativer das Ereignis für die Population ist, aus der es kommt. Wie groß ist z.B. die Wahrscheinlichkeit, dass folgender Mensch ein Ingenieur bzw. ein Jurist ist (Kahnemann/Tversky 1973)?
  »Jakob ist ein 45-jähriger Mann. Er ist verheiratet und hat vier Kinder. Er ist im allgemeinen konservativ, sorgfältig und ehrgeizig. Er inter-

essiert sich nicht für politische und soziale Themen und verbringt den größten Teil seiner Freizeit mit seinen Hobbies. Dazu zählen Tischlerei, Segeln und mathematische Rätsel.«
Die meisten Menschen halten Jakob für einen Ingenieur. Dies ändert sich auch nicht, wenn man ihnen vorher sagt, dass Jakob zufällig aus einer Gruppe von Personen gewählt wurde, von denen 70% Juristen und 30% Ingenieure sind. Die objektive statistische Information wird nicht genutzt, vielmehr folgt das Urteil allein den stereotypen Vorstellungen über Ingenieure. Jakob ist repräsentativ für die Vorstellungen über diese Berufsgruppe, darum sind sich auch die meisten Menschen in diesem Fall ihrer Sache sehr sicher.

- *Verfügbarkeit:* Je leichter man sich an ein Ereignis oder eine Kategorie erinnert, desto häufiger und wahrscheinlicher scheint dieses Ereignis oder diese Kategorie zu sein. Der Grad der Zugänglichkeit oder Verfügbarkeit von Informationen im Gedächtnis entscheidet also über das Urteil. So ist z.B. in Deutschland die Meinung weit verbreitet, dass die Dienstleistungen sehr schlecht sind – der Begriff »Service-Wüste« ist geradezu ein Schlagwort zur Beschreibung dieses Zustandes geworden (vgl. Nerdinger 1999). Das Urteil über die Qualität deutscher Dienstleistungen wird meistens durch anschauliche Erlebnisse mit Dienstleistern verdeutlicht, z.B. der Unhöflichkeit eines Zugschaffners oder der Bequemlichkeit einer Verkäuferin. Die Erzählung solcher Vorfälle löst bei den Zuhörern in der Regel Zustimmung aus, da die meisten schon vergleichbare Erfahrungen gemacht haben. In diesen Fällen wird die Verfügbarkeitsheuristik wirksam: Die Mehrzahl aller Begegnungen mit Dienstleistern verläuft so, wie es sein soll. Daher werden diese Ereignisse auch nicht im Gedächtnis abgespeichert. Über die wenigen negativen Erlebnisse ärgert man sich dagegen sehr intensiv. Aufgrund der emotionalen Aufladung werden sie besser behalten und sind – wenn Urteile über Dienstleistungen gefordert werden – besser verfügbar. Eine Aussage über die Qualität *aller* Dienstleistungen ist so natürlich nicht möglich.

- *Verankerung und Anpassung:* Bittet man Personen um eine rasche Antwort auf die Frage: Was ist das Produkt der Zahlen 1, 2, 3, 4, 5, 6, 7, 8, 9 und 10, so erhält man im Durchschnitt die Schätzung 150. Fragt man aber umgekehrt: Was ist das Produkt von 10, 9, 8, 7, 6, 5, 4, 3, 2 und 1, so liegt die durchschnittliche Schätzung bei 900 (Jungermann et al. 1998)! Der Startwert 1 bzw. 10 bildet jeweils einen Anker, von dem aus noch wenige Multiplikationen vorgenommen werden, der Rest wird extrapoliert (angepasst). Diese Heuristik wird besonders dann eingesetzt, wenn wenig Information zur Verfügung steht – das Wenige wird dann zum Anker, von dem aus geschätzt wird.

### Die Vorhersage von Kursverläufen

Kiell und Stephan (1997; Stephan 1999) haben Devisenhändler eines weltweit operierenden Brokerhauses gebeten, kurz- und mittelfristige Prognosen für den Dow-Jones-Aktienindex, den Wechselkurs des englischen Pfund und den Goldpreis abzugeben. Die kurzfristigen Prognosen umfassten 6 Wochen, die mittelfristigen 6 Monate. Als Ankerwerte wurden vorgegeben: 6.600 vs. 8000 Punkte für den Dow Jones, für das englische Pfund 2,60 vs. 3,00 DM und für den Goldpreis – eine Feinunze Gold – 310$ vs. 370$. Die Befragten sollten zuerst grob schätzen, ob der Kurs näher am ersten oder am zweiten Wert liegen wird. Anschließend sollten sie eine genaue Schätzung abgeben. Alle Prognosen – abgesehen von der mittelfristigen Vorhersage des Wechselkurses des englischen Pfund – waren deutlich von den Ankerwerten beeinflusst: Legt man den Befragten also zunächst eine grobe Schätzung nahe, so wird ihre Prognose in Richtung auf diese Schätzungen verzerrt.

Heuristiken ermöglichen eine rasche und ökonomische Urteilsbildung. Sie haben aber den Nachteil, dass sie in manchen Situationen zu einer Verzerrung, einem sogenannten *Bias* führen. Entgegen der gängigen Vorstellung vertrauen gerade Manager gerne auf ihre »Intuitionen«, und das heißt häufig nichts anderes als auf ihre Heuristiken. Bei erfahrenen Managern ermöglichen aus Erfahrungswerten gebildete Heuristiken eine rasche Urteilsbildung, die bei ihren Aufgaben sehr wichtig ist. Dabei besteht aber immer die Gefahr von Fehlurteilen, die bei Managern häufig gravierende Folgen haben. Das wird besonders deutlich bei ihrer wichtigsten Aufgabe – unter Bedingungen hoher Unsicherheit schnelle Entscheidungen zu fällen.

### 3.2.4 Entscheiden: Die Prospect-Theorie

Welchen Beruf soll man ergreifen, wohin in den Urlaub fahren, soll man ein Auto kaufen – das ganze Leben kann als Abfolge von Entscheidungen verstanden werden. Da solche Entscheidungen oft schwerwiegende Konsequenzen haben, über deren Eintreten man sich zudem häufig nicht sicher ist, können manche Entscheidungen zur Qual werden. Bei aller Mannigfaltigkeit der Entscheidungssituationen finden sich eine Reihe von Gemeinsamkeiten, die alle teilen (Franke/Kühlmann 1990; Jungermann et al. 1998):

- Eine Person beabsichtigt eine gegebene Situation zu ändern, d.h. sie in eine andere Situation zu transformieren. Dabei ist die Zielsituation häufig nicht exakt definiert – man weiß lediglich, dass es besser, interessanter oder zufriedenstellender werden soll.
- Eine Entscheidung erfordert immer mindestens zwei Optionen, d.h. Wahlmöglichkeiten.
- Die Konsequenzen der Optionen werden vor der Entscheidung festgestellt und bewertet. Gleichzeitig wird die Wahrscheinlichkeit abgeschätzt, dass sich die Konsequenzen tatsächlich einstellen.
- Der Entscheidung liegt eine Regel zugrunde, die angibt, wie man wählen soll (z.B. »Wähle die Möglichkeit mit den am besten bewerteten Konsequenzen«).

In Organisationen müssen ständig Entscheidungen getroffen werden, wobei viele für deren Fortbestand von großer Bedeutung sind. Daher ist die Frage des richtigen Entscheidens zu einem Grundpfeiler der Organisationsforschung und speziell der Betriebswirtschaftslehre geworden. Die sogenannte *präskriptive* Entscheidungstheorie, an der sich die Betriebswirtschaft orientiert, macht Aussagen darüber, welche Optionen eine Person wählen sollte, wenn man von bestimmten Postulaten rationalen Verhaltens ausgeht (vgl. z.B. Eisenführ/Weber 2002). Zu diesem Zweck werden Ziele, Optionen, Umweltbedingungen, Ergebnisse und deren Wahrscheinlichkeiten sowie deren Nutzen ermittelt und anhand von Regeln der Entscheidungslogik verknüpft, wobei gewöhnlich ein Ziel der Nutzenmaximierung angenommen wird. Demgegenüber beschreibt die *deskriptive* Entscheidungstheorie das tatsächliche Entscheidungsverhalten von Menschen – auch in ihrer Rolle als Mitarbeiter/innen von Organisationen.

Das reale Entscheidungsverhalten von Menschen weicht in wichtigen Aspekten von dem rationalen, in der präskriptiven Entscheidungstheorie geforderten Verhalten ab. Eine rationale Entscheidung orientiert sich am subjektiv erwarteten Nutzen (Subjectively Expected Utility, SEU-Modell; Savage 1954; vgl. Jungermann et al. 1998). Demnach muss zu jeder Option einer Entscheidung der subjektiv erwartete Nutzen nach folgender Formel berechnet werden:

$$SEU_j = \sum_{i=1}^{n} P_{i/j}\, U_j$$

$SEU_j$ = Subjektiv erwarteter Nutzen der Option j
$n$ = Anzahl der denkbaren Ergebnisse bei Wahl der Möglichkeit j;
$P_{i/j}$ = Subjektive Wahrscheinlichkeit, dass bei Wahl von j das Ergebnis i eintritt;
$U_j$ = Subjektiver Nutzen des Ergebnisses j

Der subjektiv erwartete Nutzen einer Option j ($SEU_j$) ergibt sich, wenn der subjektiv eingeschätzte Nutzen jedes ihrer Ergebnisse $U_j$ mit seiner Eintrittswahrscheinlichkeit multipliziert und die Produkte aufaddiert werden. Die Entscheidung zwischen verschiedenen Optionen wird nach folgender Regel gefällt: Wähle die Option mit dem höchsten subjektiv erwarteten Nutzen (Gewinnmaximierung).

Davon weichen reale Entscheidungen in verschiedenen Punkten ab. Kahnemann und Tversky (1979) haben ein Modell entwickelt, das dem realen Verhalten besser entspricht – die *Prospect-Theorie* (»prospects« sind risikoreiche Konsequenzen; vgl. zum Folgenden auch Ajzen 1996; Jungermann et al. 1998; Wiswede 2000, S. 74ff.). Demnach umfasst der Prozess der Entscheidung zwischen zwei unsicheren Optionen zwei Phasen: Zuerst wird das gegebene Problem editiert – es wird nach bestimmten Regeln aufgenommen, umgeformt und mental repräsentiert. In der zweiten Phase werden die editierten Optionen bewertet, d.h. es wird für jede Option ein subjektiver Wert bestimmt und eine Option gewählt. In dieser zweiten Phase weicht das reale Entscheidungsverhalten stark von dem rational geforderten ab. Im SEU-Modell wird angenommen, dass alle Wahrscheinlichkeiten $P_{i/j}$ proportional sind, d.h. eine kleine Eintrittswahrscheinlichkeit sollte das gleiche Gewicht haben wie eine große. Kleine Wahrscheinlichkeiten haben aber bei realen Entscheidungen häufig ein unproportional großes Gewicht: So ist z.B. die Wahrscheinlichkeit eines Einbruchs in die eigene Wohnung extrem gering. Bei der Entscheidung über den Abschluss einer Hausratversicherung erhält diese Möglichkeit aber ein sehr großes Gewicht (von solchen Fehleinschätzungen leben schließlich Versicherungen).

Weiter fordert das SEU-Modell, dass der subjektive Nutzen proportional ist, d.h. der Wert eines Gewinnes von z.B. 100 Euro ist in der absoluten Größe gleich dem Wert des Verlustes von 100 Euro. Auch das entspricht nicht der psychologischen Realität. In der ersten Phase der Entscheidung werden die Konsequenzen einer Option stets in Bezug auf einen Referenzpunkt editiert. Wenn z.B. ein Student in der Prüfung im Fach Wirtschaftsinformatik die 4 erwartet und die 3 erhält, wird er vermutlich hoch erfreut sein; wenn er dagegen im Fach Wirtschaftspsychologie die 1 erwartet und die 3 erhält, wird er enttäuscht (oder empört) sein. Die Note drei hat also je nach Referenzpunkt einen ganz unterschiedlichen subjektiven Wert. Konsequenzen, die oberhalb des Referenzpunktes liegen, werden als Gewinne erlebt, liegen sie unter dem Referenzpunkt, so werden sie als Verluste erlebt. Die Prospect-Theorie sagt nun, dass Verluste für Menschen schwerer wiegen als vergleichbare Gewinne. Daraus ergibt sich nachfolgende Bewertungsfunktion (Abb. 19).

Der obere Teil der Funktion erklärt, warum Menschen bei Gewinnchancen eher risikoscheu sind. Angenommen, man steht vor der Wahl zwischen einem sicheren Gewinn von 80 Euro und der Chance, mit einer Wahrscheinlichkeit von 85% 100 Euro zu gewinnen (d.h. umgekehrt besteht eine Wahrscheinlichkeit von 15%, leer auszugehen). In diesem Fall wählen fast alle Menschen den sicheren Gewinn, nach dem SEU-Modell müsste aber die zweite Möglichkeit gewählt werden (.85 x 100 Euro = 85 Euro; 85 Euro > 80 Euro; nach dem Prinzip der Gewinnmaximierung muss also die zweite Möglichkeit gewählt werden; Wiswede 2000). Umgekehrt zeigt der untere Teil der Funktion, dass Menschen bei Verlusten risikogeneigter sind, und zwar immer dann, wenn sie zwischen einem sicheren Verlust und einem möglichen, noch größeren Verlust wählen müssen. Zum Beispiel lassen Laien – sogenannte Kleinanleger – an der Börse häufiger Verluste laufen: Hat eine Aktie stark an Wert verloren, widerstrebt es dem ungeübten Anleger, den Verlust zu realisieren und er setzt eher auf die riskante Möglichkeit, dass sich der Kurs wieder erholen wird.

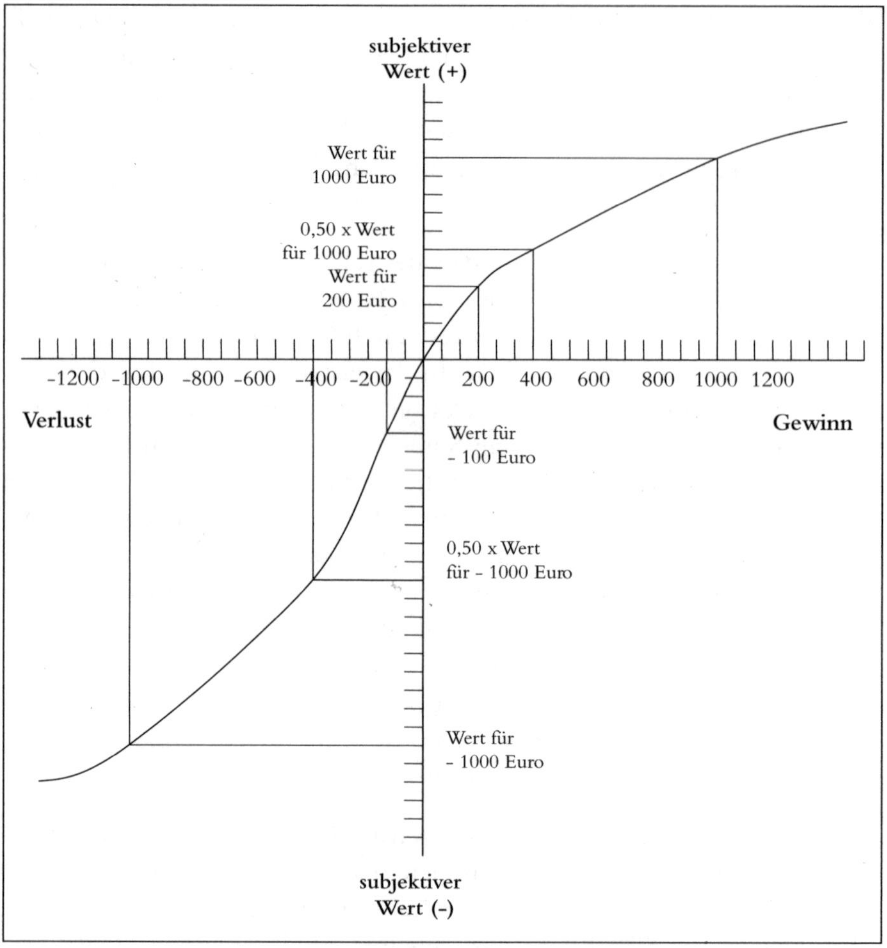


**Abb. 19:** Bewertungsfunktion für Entscheidungen zwischen Gewinnchancen und Verlustrisiken (nach Wiswede 2000, S. 74)

Bei realen Entscheidungen in Organisationen kann die unterschiedliche Gewichtung von Gewinn und Verlust dazu führen, dass dem Unternehmen Schaden zugefügt wird: Swalm (1966; zit. nach Wiswede 2000, S. 76) hat gezeigt, dass Manager nicht immer den Gewinn für das Unternehmen maximieren, da ihnen häufig die Vermeidung von Risiken wichtiger ist. So würden z.B. Manager, die über ein Gesamtbudget von 300 000 $ verfügen, kein Projekt durchführen, bei dem die Firma eine 50%ige Chance hätte, 300 000 $ zu gewinnen bei einer 50%igen Wahrscheinlichkeit, 60 000 $ zu verlieren. Das Risiko, bei einer Fehlentscheidung die eigene Position in

Gefahr zu bringen, wiegt für Manager unverhältnismäßig schwerer als die Möglichkeit, erhebliche Gewinne für die Firma zu erwirtschaften!

Die Prospect-Theorie kann darüber hinaus noch weitere wichtige Merkmale menschlicher Entscheidungen erklären. Diese hängen mit der ersten Phase der Entscheidung zusammen, in der das Problem editiert wird. Dabei wird das *Framing* relevant. Framing meint wörtlich »Rahmung«. Da diese Übersetzung aber den wesentlichen Gehalt des Begriffs nicht richtig wiedergibt, wird allgemein der englische Fachbegriff verwendet. Framing bezieht sich auf die Art, in der die Komponenten des Entscheidungsproblems mental repräsentiert werden. Das hat große Auswirkungen auf die nachfolgende Entscheidung. Das Wissen und die Erfahrung des Entscheiders, aber auch die Präsentation des Problems beeinflussen das Framing. So kommen Menschen zu anderen Ergebnissen in Abhängigkeit davon, ob ihnen ein Entscheidungsproblem in einzelne Teile zerlegt oder kombiniert als zusammenhängendes Problem vorgelegt wird (vgl. Jungermann et al. 1998).

## Die Präsentation von Entscheidungsproblemen

Tversky und Kahnemann (1981) haben 150 Personen folgendes Problem vorgelegt:
»Nehmen Sie an, dass Sie vor den folgenden beiden Entscheidungen stehen. Prüfen Sie beide Probleme und sagen Sie dann, welche der beiden Optionen Sie bevorzugen:

Entscheidung 1: Wählen Sie zwischen
a) einem sicheren Gewinn von 240 $ und
b) einer 25%igen Wahrscheinlichkeit, 1000 $ zu gewinnen (bzw. einer 75%igen Wahrscheinlichkeit, nichts zu gewinnen)

Entscheidung 2: Wählen Sie zwischen
c) einem sicheren Verlust von 750 $ und
d) einer 75%igen Wahrscheinlichkeit, 1000 $ zu verlieren (bzw. einer 25%igen Wahrscheinlichkeit, nichts zu verlieren)«

Bei Entscheidung 1 wählten 84 % die Option a, bei Entscheidung 2 wählten 87 % die Option d – im ersten Fall wird der sichere Gewinn gewählt, im zweiten Fall das Risiko, da es um Verluste geht. 73 % wählten die Kombination der Optionen a im ersten und d im zweiten Fall, nur 3 % die Kombination von b und c.

Einer anderen Gruppe wurden folgende Optionen vorgelegt:

Wählen Sie zwischen

e) einer 25%igen Wahrscheinlichkeit, 240 $ zu gewinnen und einer 75%igen Wahrscheinlichkeit, 760 $ zu verlieren; und

f) einer 25%gen Wahrscheinlichkeit, 250 $ zu gewinnen und einer 75%igen Wahrscheinlichkeit, 750 $ zu verlieren.

Natürlich haben alle Personen Option f gewählt, die in jeder Hinsicht günstiger ist. Nun kann man aber nach dem SEU-Modell leicht berechnen, dass die Option f in der zweiten Untersuchung genau der Kombination von b und c in der ersten Untersuchung entspricht (vgl. dazu Jungermann et al. 1998, S. 224). Die Kombination der Optionen a und d der ersten Untersuchung entspricht völlig der Option e in der zweiten Untersuchung. Daraus folgt, dass die Personen bei getrennter Vorlage der Optionen zu völlig anderen Entscheidungen kommen als bei der Kombination der Optionen: Im ersten Fall haben nur 3 % die Kombination b und c gewählt, im zweiten Fall dagegen alle Personen die rechnerisch völlig identische Option f.

Framing hat auch große Bedeutung für das Verhalten in Organisationen (Bazerman 1997). In Organisationen werden viele Entscheidungen von verschiedenen Personen oder Abteilungen getroffen. Letztlich sollten alle dem gleichen Unternehmensziel dienen, in der Kombination der Einzelentscheidungen kann aber dem Unternehmensziel zuwider gehandelt werden. So fallen z.B. die Entscheidungen im Vertriebsbereich einer Bank vor allem unter dem Aspekt der Umsatzsteigerung. Die nachgelagerte Kreditabteilung entscheidet dagegen in erster Linie unter dem Aspekt, mögliche Verluste zu vermeiden. Im Gesamtinteresse der Bank müssten die Entscheidungen jeweils als gemeinsames bzw. kombiniertes Entscheidungsproblem wie in den Fällen e und f der geschilderten Untersuchung von Tversky und Kahnemann (1981) behandelt werden. Da sie aber getrennt getroffen werden, besteht vor allem bei Konkurrenz zwischen den Abteilungen die Gefahr, dass sie den für das Unternehmen optimalen Ergebnissen widersprechen.

# 3.3 Lernen

Lernen ist zum einen eine psychische Grundfunktion, denn ohne die Fähigkeit zu Lernen wäre kein Überleben möglich. Zum anderen wird Lernen aber häufig mit der Tätigkeit von Schülern und Studenten »abgetan«. Nach dieser Ansicht beginnt erst nach dem Lernen in der Schule oder der Universität das »richtige Leben« im Beruf. Diese Auffassung ist heute nicht mehr akzeptabel. In Gesellschaften, in denen das Wissen der Menschen die wichtigste Ressource ist, wird Lernen zur lebenslänglichen Aufgabe (Sonntag 1996).

## 3.3.1 Der verhaltenswissenschaftliche Lernbegriff

Umgangssprachlich wird mit dem Begriff »Lernen« gewöhnlich die kognitive Aktivität verbunden, die zu einem Zuwachs an Wissen oder an Fertigkeiten führt (vgl. Selg 1996). Verhaltenswissenschaftlich wird der Begriff weiter gefasst, ausdrücklich zählen dazu auch Verschlechterungen von Fertigkeiten und Änderungen im emotionalen Bereich. Zum Beispiel kann ein Mensch nach einem Unfall eine extreme Furcht vor dem Autofahren entwickeln, was zu einer Verschlechterung der Fertigkeiten in diesem Bereich führt. Diese Verschlechterung ist aber auf einen Lernprozess zurückzuführen. Durch den Unfall hat die betreffende Person gelernt, das Gefühl der Angst mit dem Autofahren zu verbinden. Das deutet darauf hin, dass ein solches gelerntes Verhalten auch wieder *ver*lernt werden kann. Dabei kann eine sogenannte Verhaltenstherapie helfen (vgl. Reinecker 1993).

Lernen wird in der Wissenschaft als ein Sammelbegriff verwendet, der alle Formen des Aufbaus oder der Veränderung von Verhaltens- und Erlebensmöglichkeiten umfasst, soweit diese auf Erfahrungen, d.h. auf Übung oder Beobachtung zurückgehen. Damit sind alle Veränderungen des Erlebens und Verhaltens, die auf biologische Reifungs-, Wachstums- und Alterungsvorgänge zurückzuführen sind, aus dem Begriff »Lernen« ausgeschlossen. Änderungen, die nach der Einnahme von Medikamenten oder Alkohol auftreten, zählen genauso wenig dazu wie solche, die durch körperliche oder psychische Belastungen bewirkt werden. Besonders wichtig an der Definition ist aber, dass damit weniger das in der Schule oder im Studium praktizierte Lernen von Wissen gemeint ist, sondern *Verhal-*

*tens*änderungen im weitesten Sinne, die auf Erfahrungen zurückgehen. Das verdeutlichen die für das Verhalten in Organisationen grundlegenden Lernprozesse des operanten Konditionierens und des Lernens am Modell.

## 3.3.2 Operante Konditionierung: Direktes Lernen am Erfolg

»Ein kleines Kind greift auf eine heiße Herdplatte und verbrennt sich dabei die Finger. Es wird dies vermutlich nicht wieder tun. Nachdem sich der Schmerz gelegt hat und die Tränen getrocknet sind, ist es aber wieder guter Laune und plappert vor sich hin, dies und das, einmal auch »papapa«. Letzteres gefällt dem Vater, er hält im Lesen der Zeitung inne, wendet sich dem Kind zu, streichelt seinen Kopf und sagt nicht ohne Stolz: »Papa!« Vermutlich wird das Kind bald wieder »papapa« sagen, und später mit noch angenehmeren Konsequenzen »Papa!« (Spada et al. 1990, S. 325). Dieses Beispiel verdeutlicht das grundlegende Prinzip der operanten Konditionierung: Wenn auf ein Verhalten eine positive (angenehme) Konsequenz folgt, wird es künftig in ähnlichen Situationen mit größerer Wahrscheinlichkeit wieder gezeigt. Wenn auf ein Verhalten eine negative (unangenehme) Konsequenz folgt, wird es künftig in ähnlichen Situationen mit geringerer Wahrscheinlichkeit auftreten. Führt also ein Verhalten zum Erfolg, wird es gelernt, führt es zu Misserfolg, wird es verlernt. Operante Konditionierung wird deshalb auch als Lernen am Erfolg bezeichnet.

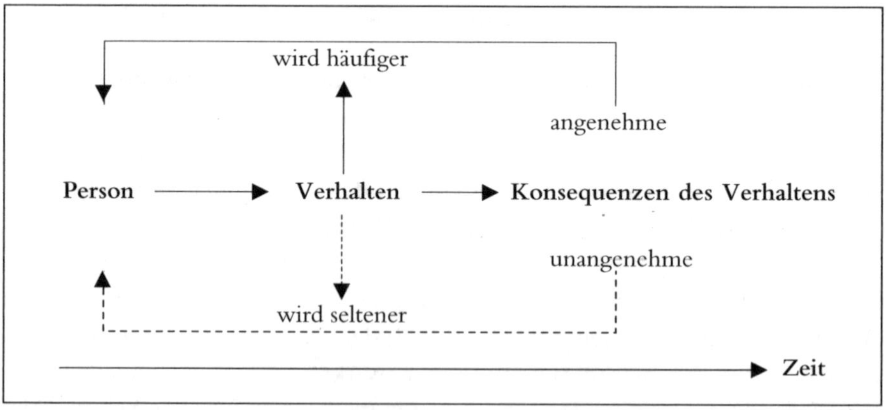


**Abb. 20:** Das Prinzip der operanten Konditionierung (nach Neumann 2000, S. 123)

Die grundlegenden Mechanismen dieses Lernprinzips hat der Psychologe Skinner umfassend ausgearbeitet (vgl. Holland/Skinner 1971). Skinner unterscheidet zwischen respondentem und operantem Verhalten. *Respondentes Verhalten* stellt eine rein passive Reaktion auf einen Reiz dar: Wenn z.B. ein Lufthauch an das Augenlid dringt, wird es automatisch geschlossen. Der Lidschluss, der zwangsläufig durch den Reiz »Lufthauch« ausgelöst wird, ist demnach ein Beispiel für respondentes Verhalten. Tritt nun mehrmals unmittelbar vor dem Reiz ein anderer Reiz auf, der bislang keine Reaktion auslöste, so kann allein durch das mehrmalige gemeinsame Auftreten der vormals neutrale Reiz dieselbe Reaktion auslösen. Erklingt also z.B. mehrmals kurz bevor ein Lufthauch das Auge erreicht ein Glockenton, so kann schließlich der Glockenton den Lidschluss auch ohne Lufthauch auslösen. Das Lernen einer solchen neuen Verbindung eines vormals neutralen Reizes und einer bislang an einen anderen Reiz gebundene Reaktion wird als *Konditionierung* bezeichnet (im Unterschied zum hier interessierenden Lernprozess wird in diesem Fall auch von *klassischer* Konditionierung gesprochen; Spada et al. 1990). Skinner untersuchte das Lernen in einer zweiten Klasse des Verhaltens, die er als operantes Verhalten bezeichnet. *Operantes Verhalten* wird spontan gezeigt. Es wird nicht durch Reize in der Umwelt ausgelöst, wirkt aber auf die Umwelt ein und ruft dort bestimmte Folgen hervor. Wenn diese Folgen positiv sind, wird das Verhalten wieder gezeigt. In diesem Fall hat also ein Lernprozess stattgefunden, da künftig in vergleichbaren Situationen dasselbe Verhalten gezeigt wird. Sind die Konsequenzen dagegen negativ – wie im Beispiel des Kindes, das die Herdplatte berührt – wird das Verhalten künftig nicht mehr gezeigt. Diese Prozesse bezeichnet man als *operante Konditionierung*.

Voraussetzung für operante Konditionierung ist die rasche Aufeinanderfolge von Verhalten und einer Konsequenz, die als *Kontingenz* – d.h. Abhängigkeit, Bedingtheit – bezeichnet wird. So ist z.B. eine Jubiläumsfeier im Betrieb für den Jubilar eine angenehme Konsequenz seiner Betriebszugehörigkeit. Da sie aber gewöhnlich erst nach vielen Arbeitsjahren stattfindet, besteht keine Kontingenz zu einem bestimmten Verhalten – deshalb findet auch kein Lernprozess statt. Eine positive Konsequenz, die kontingent auf ein Verhalten folgt, wird als Belohnung oder *Verstärkung* bezeichnet, da sie die Auftretenswahrscheinlichkeit des Verhaltens erhöht, d.h. verstärkt. Entsprechend wird eine negative Konsequenz als *Bestrafung* bezeichnet – folgt eine Bestrafung kontingent nach einem Verhalten, senkt sie die Auftretenswahrscheinlichkeit des Verhaltens.

Ein Problem bei der Anwendung dieser Gesetzmäßigkeiten entsteht durch die Frage, was als Belohnung und was als Bestrafung wirkt. Ist es ein Mensch z.B. gewöhnt, dass auf ein bestimmtes Verhalten eine Belohnung folgt und diese bleibt plötzlich aus, so wirkt das wie eine (milde) Form der Bestrafung. Wird dagegen erwartet, dass ein Verhalten zur Bestrafung führt und diese bleibt aus, so wirkt das wie eine Form der Belohnung. Diesen Fall bezeichnet man als *negative Verstärkung,* die Belohnung eines erwünschten Verhaltens dagegen als *positive Verstärkung.*

| | **Darbietung des Verstärkers nach Reaktion** | **Entzug des Verstärkers nach Reaktion** |
|---|---|---|
| **positiver Verstärker** | positive Verstärkung | Bestrafung |
| **negativer Verstärker** | Bestrafung | negative Verstärkung |

**Abb. 21:** Mögliche Reaktions-Konsequenz-Kombinationen (nach Holland/Skinner 1971, S. 245)

Diese Prinzipien des Lernens werden in Organisationen dazu genutzt, dass die Mitarbeiter/innen erwünschtes Verhalten zeigen bzw. unerwünschtes unterlassen. In Organisationen sollen die Mitarbeiter/innen u.a. möglichst viel leisten und sich nicht illoyal verhalten. Ein Vorgesetzter sollte also immer, wenn ein Mitarbeiter gute Leistung zeigt, diesen möglichst unmittelbar dafür belohnen, z.B. durch Lob und Anerkennung. Erlebt er dagegen ein illoyales Verhalten – möglicherweise erzählt der Mitarbeiter anderen Kollegen etwas über ein Gespräch, über dessen Inhalt Vertraulichkeit vereinbart wurde – so wird er dieses Verhalten bestrafen, durch Kritik, Entzug eines Privilegs oder die Androhung der Entlassung.

Viele Führungskräfte verfahren aber nach der Regel (Nerdinger 2001c): »Wenn ich nichts sage, ist das genug Anerkennung«. Sie sparen also bei guten Leistungen ihrer Mitarbeiter/innen mit Anerkennung. Zeigen die Mitarbeiter/innen schlechte Leistungen, nehmen sie sich die Zeit zu einem ausführlichen Kritikgespräch, in dem sie – wie in vielen Führungstrainings gelernt – ausführlich und konstruktiv das Verhalten analysieren und Wege der Verbesserung aufzeigen. Mitarbeiter/innen lernen daraus Folgendes: Macht man seine Arbeit gut, wird man ignoriert. Will man erreichen, dass der Vorgesetzte Zuwendung und Interesse zeigt, so muss man ab und zu Fehler machen. Gute Leistungen, für die sich die Mitarbeiter/innen eine Belohnung erwarten, haben keine Konsequenzen. Das wirkt wie der Entzug einer Belohnung und ist damit eine Form der Bestrafung – die Mitarbeiter/innen lernen, dass sich Leistung nicht lohnt und werden künftig weniger leisten. Auf schwache Leistungen dagegen folgt keine Bestrafung, was allein schon wie eine Form der Belohnung wirkt. Damit tragen solche Vorgesetzte dazu bei, dass erwünschtes Verhalten verlernt, unerwünschtes dagegen verstärkt wird.

Anerkennung ist zwar eine sehr wichtige, aber nur eine von vielen Formen der Belohnung, die in Unternehmen für erwünschtes Verhalten eingesetzt werden. Weitere zeigt die folgende Darstellung:

| **Naturalien** | **Anerkennung** | **Finanzielle Belohnung** | **Belohnende Gestaltung der Arbeitsbedingungen** | **Belohnende Gestaltung des Arbeitsinhaltes** |
|---|---|---|---|---|
| freies Mittagessen | Anstecknadel | Gehaltserhöhung | bessere Büroausstattung | Übertragen umfassender Aufgaben |
| Geschenkkorb | Pokale | Prämien | Firmenwagen | Entscheidungsspielraum |
| Familienessen auf Rechnung des Unternehmens | Urkunden | Aktien | eigene Handbibliothek | Arbeitsplatzwechsel |
| Firmenpicknick | Firmenwagen | Gutscheine | Zeitschriftenabonnements | variationsreiche Tätigkeiten |
| | Lob | verbilligte Einkaufsmöglichkeiten | Wandschmuck | Fortbildungsangebote |
| | Erwähnung in der Betriebszeitung | Urlaubsreisen | Einzelbüro | Führungsaufgaben |
| | | Gewinnbeteiligung | Zusatzurlaub | |

**Abb. 22:** Häufig eingesetzte Belohnungsformen des Arbeitslebens (nach Franke/Kühlmann 1990, S. 133)

Beim Einsatz von Belohnungen und Bestrafungen sind einige Punkte zu beachten:

- Belohnungen und Bestrafungen haben unterschiedlich starke Lernwirkungen. Bestrafungen führen nur unter bestimmten Bedingungen dazu, dass ein Verhalten künftig unterlassen wird. So muss die Person andere Verhaltensmöglichkeiten sehen und die Bestrafung sollte regelmäßig und vor allem unmittelbar nach dem unerwünschten Verhalten erfolgen (vgl. Franke/Kühlmann 1990). Sind diese Bedingungen nicht erfüllt, wird das bestrafte Verhalten bestenfalls für kurze Zeit unterdrückt. Außerdem haben Bestrafungen auch unerwünschte Folgen, die manchmal der Absicht des Bestrafenden zuwider laufen: Bestrafungen können negative Gefühle wie Angst, Scham oder Wut auslösen, die letztlich eine Änderung des Verhaltens verhindern. Vor allem aber haben Bestrafungen bindende Wirkung: Wer für ein unerwünschtes Verhalten eine Strafe androht, muss konsequent sein und dieses Verhalten auch tatsächlich bestrafen. Bleibt die Bestrafung aus, so ist das eine Form der negativen Verstärkung, die unerwünschtes Verhalten belohnt. Daher ist Strafe ein unkluges Lernmittel, weil es zu ständiger Kontrolle und zu konsequenter Exekution von Strafen zwingt (Musahl 1999). Gewöhnlich ist es effizienter, erwünschtes Verhalten zu belohnen.
- Ein erwünschtes Verhalten muss immer wieder belohnt werden, sonst wird es allmählich verlernt. Den Prozess des Verlernens bezeichnet man als *Extinktion*. Das bedeutet nicht, dass nach jedem erwünschten Verhalten immer eine Belohnung folgen muss. Keine Sekretärin braucht nach jedem fehlerfreien Brief eine Lobeshymne, im Gegenteil kann ein solches Vorgehen sogar negative Konsequenzen haben. Gewöhnlich ist es am günstigsten, das erwünschte Verhalten zunächst häufiger und dann in längeren Abständen zu belohnen.
- Belohnungen müssen nicht direkt erlebt werden. Sie entfalten auch ihre Wirkung, wenn man beobachtet, wie ein anderer Mensch für ein Verhalten belohnt wird. In diesem Fall erfolgt ein *indirektes* Lernen am Erfolg, das als Modelllernen bezeichnet wird.

Operante Konditionierung ist ein Lernprozess, der überall im Alltagsleben zu beobachten ist, auch in Organisationen der Wirtschaft. Damit kann aber nur erreicht werden, dass Verhaltensweisen in bestimmten Situationen immer wieder gezeigt, andere dagegen allmählich verlernt werden. Wie aber völlig neuartige und vor allem komplexe Verhaltensweisen erlernt werden, lässt sich damit nicht erklären. Dafür liefert das Modelllernen eine Erklärung.

### 3.3.3 Modelllernen: Indirektes Lernen am Erfolg

Menschen, zum Teil auch Tiere können allein durch die Beobachtung des Verhaltens anderer, die in diesem Fall als *Modell* bezeichnet werden, neues Verhalten lernen (vgl. Bandura 1979; Halisch 1990). Zum ersten Mal intensiver untersucht wurde diese Lernform anhand der Frage, ob aggressives Verhalten durch Beobachtung des Verhaltens anderer gelernt wird.

#### Modelllernen aggressiven Verhaltens

Hicks (1965) führte Kindern im durchschnittlichen Alter von fünf Jahren einen Film mit aggressivem Inhalt vor. Die Filmhelden (Modelle) zeigten Aggressionen, die den Kindern unbekannt waren. So schlug z.B. das Modell mit einem Plastikhammer auf eine Puppe ein. Variiert wurden Alter und Geschlecht der Modelle: Im ersten Film war das Modell ein männlicher Erwachsener, im zweiten ein weiblicher Erwachsener, im dritten ein männliches und im vierten ein weibliches Kind (jeweils im Alter der Beobachter). Eine fünfte Gruppe sah einen Film ohne Aggressionen (Kontrollgruppe). Nach dem sie einen der Filme gesehen hatten, konnten die Kinder mit verschiedenen Dingen, u.a. einem Plastikhammer, spielen.
Während in der Kontrollgruppe keine Aggressionen auftraten, konnten in den anderen Gruppen sehr viele Aggressionen (im Schnitt 16) beobachtet werden, die den im Film gesehenen entsprachen. Die Jungen übertrafen dabei die Mädchen sehr deutlich. Am häufigsten wurde das Modell des männlichen Kindes imitiert. Nach einem halben Jahr wurden dieselben Kinder wieder in derselben Spielsituation beobachtet. Sie zeigten zwar deutlich weniger Aggressionen, die an das Verhalten des Modells erinnerten, im Schnitt waren es aber immer noch sechs bei einer Spieldauer von 20 Minuten. Am Modell gelerntes Verhalten wird also langfristig beibehalten.

Neue Verhaltensweisen können allein über die Beobachtung von Modellen gelernt werden. Dabei ist das Lernen nicht bloße Imitation des Verhaltens, obwohl sich in der Imitation der Einfluss des Modells häufig am deutlichsten zeigt. Zum Beispiel wird auch die Sprache weitgehend durch Lernen am Modell erworben. Trotzdem können sehr schnell über die Imitation hinausgehende, sinnvolle Sätze formuliert werden. Der Begriff »Modell« ist relativ weit zu verstehen – dazu zählen real anwesende, andere Menschen, aber auch Figuren im Film, in einem Buch oder einer Zeitung usw.

Bandura (1979) hat ein Phasenmodell formuliert, das die wesentlichen Schritte des Modelllernens beschreibt:

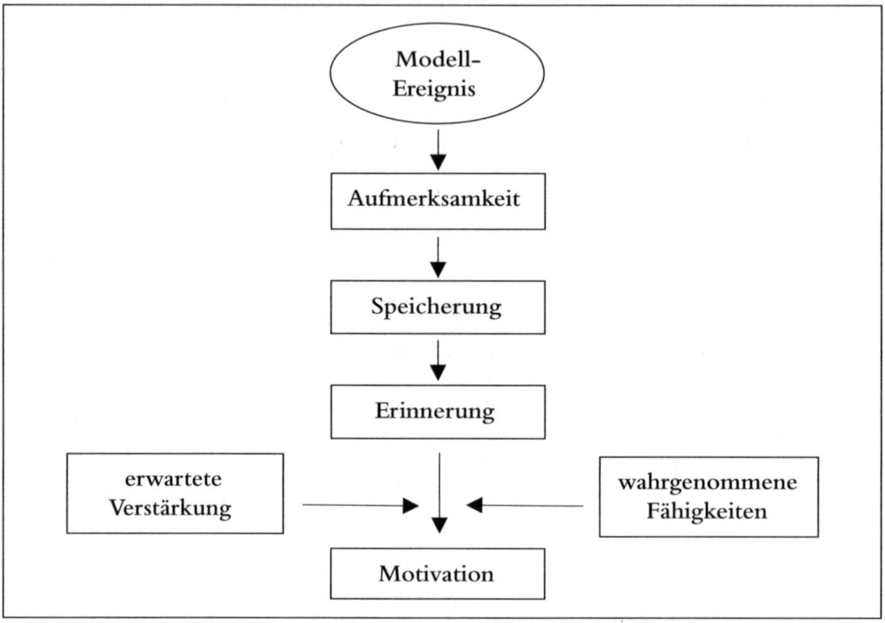


**Abb. 23:** Die Phasen des Modelllernens (nach Bandura 1979; vgl. Fischer/Wiswede 2002, S. 72)

1. *Aufmerksamkeit:* Damit es zum Lernen kommt, muss das Modell die Aufmerksamkeit des Beobachters gewinnen. Darauf haben verschiedene Merkmale Einfluss: Das Modell muss attraktiv, d.h. dem Beobachter sympathisch sein. Einfluss auf die Wahl des Modells hat aber auch seine Macht und die erlebte Ähnlichkeit mit dem Beobachter (darum hatte in dem erwähnten Experiment das Vorbild des männlichen Jungen den größten Einfluss; vgl. Hicks 1965). Das vom Mo-

dell gezeigte Verhalten muss relativ komplex und neuartig sein, sonst erregt es kein Interesse. Vor allem aber muss es funktionalen Wert haben, d.h. das Verhalten muss für den Beobachter nützlich oder brauchbar sein.

2. *Speicherung:* Wie gut und dauerhaft ein beobachtetes Verhalten gespeichert wird, hängt zum einen von der Art der Speicherung – der Organisation des Lernmaterials – ab, zum anderen von Wiederholungen. Diese können in der Vorstellung ablaufen, wenn man in Gedanken den Ablauf einer Handlung durchgeht, oder durch äußere Wiederholung in Form der Übung des Verhaltens. Am günstigsten für die Speicherung ist eine Verbindung von inneren und äußeren Wiederholungen.

3. *Verhalten:* Ob bzw. wie gut ein beobachtetes Verhalten nachgeahmt wird, hängt u.a. davon ab, ob dem Lernenden die durch das Verhalten geforderten Bewegungselemente geläufig sind – um einen geübten Ski-Fahrer zu imitieren, genügt nicht das bloße Beobachten, die z.B. beim »Wedeln« erforderlichen Bewegungen müssen geläufig sein.

4. *Motivation:* Der Wunsch, das Verhalten nachzuahmen, hängt vor allem von der erwarteten Verstärkung und den wahrgenommenen eigenen Fähigkeiten ab.

5. *Erwartete Verstärkung:* Das Verhalten wird eher imitiert, wenn das Modell für sein Verhalten belohnt wird – in diesem Fall spricht man von einer *stellvertretenden Verstärkung*. Daher wird Modelllernen auch als indirektes Lernen am Erfolg bezeichnet. Man lernt am Erfolg anderer Personen, die gewissermaßen stellvertretend für den Beobachter verstärkt werden. Günstig wirkt sich natürlich auch aus, wenn erwartet wird, dass die Umwelt die Imitation des Verhaltens belohnen wird. Aber auch sogenannte Selbstverstärkung wirkt darauf ein: Wenn der Beobachter positive Gefühle nach der erfolgreichen Bewältigung eines Verhaltens erwartet, ist er motiviert, das Verhalten nachzuahmen.

6. *Wahrgenommene Fähigkeiten:* Von ganz entscheidender Bedeutung ist, ob man sich das Verhalten auch zutraut. Dieses Erleben wird als *Selbstwirksamkeit* bezeichnet (Bandura 1991), das als aufgabenspezifisches Selbstvertrauen definiert wird. Wer sich zutraut, eine bestimmte Aufgabe erfolgreich zu bewältigen, der erlebt sich als selbstwirksam. In

der Folge ist er motivierter, das Verhalten zu zeigen und wird eher Erfolg haben.

Lernen am Modell prägt das Verhalten in Organisationen in vielfältiger Weise. Ganz besondere Bedeutung hat dieser Lernprozess im Rahmen der Aus- und Weiterbildung (Sonntag 1996) bzw. der Personalentwicklung (Neuberger 1994; Holling/Liepmann 1995). Angewendet wird es vor allem im Training neuer Verhaltensweisen, wie es in Führungstrainings und neuerdings auch bei der Entwicklung von Kompetenzen von Auszubildenden praktiziert wird.

### 3.3.4 Modelllernen im betrieblichen Verhaltenstraining

Die Anwendung des Modelllernens im Rahmen von Verhaltenstrainings wird auch als *Verhaltensmodellierung* (Tannebaum/Yukl 1992) bezeichnet. Gewöhnlich geht man dabei in folgenden Schritten vor (vgl. Sonntag/Stegmaier 2001):

- Einführung in den Problembereich;
- Entwicklung von Lernpunkten, d.h. Lernzielen, die in Form von Verhaltensweisen oder -prinzipien formuliert werden; besonders günstig für den Trainingserfolg ist es, wenn die Teilnehmer selbst diese Lernpunkte formulieren;
- Filmdarbietung des Verhaltensmodells, z.B. eines Vorgesetzten, der eine im Film dargestellte Situation entsprechend den vorgegebenen Lernpunkten erfolgreich bewältigt;
- Diskussion in der Gruppe der Teilnehmer über den Film und die Ursachen für den Erfolg der Modellperson;
- Übung der zu erlernenden Verhaltensweisen, z.B. in einem Rollenspiel, in dem vergleichbare Situationen zu meistern sind;
- Rückmeldung über das Verhalten im Rollenspiel durch den Trainer und durch die anderen Teilnehmer, die das Spiel beobachtet haben.

Das Vorgehen sei an einem Beispiel verdeutlicht (vgl. Sonntag/Stegmaier 2001, S. 277ff.). In diesem Fall sollte die soziale Kompetenz von Auszubildenden aus dem gewerblich-technischen Bereich trainiert werden. Das Training zielte darauf, die Arbeit in Gruppen besser zu bewältigen. *Soziale Kompetenz* bezeichnet die Fähigkeit, Ziele und Pläne in der Zusammenarbeit mit anderen Menschen zu realisieren, wobei die speziellen Anforderungen der sozialen Situation beachtet werden (Greif 1994). Zur Vorbereitung des Trainings der sozialen Kompetenz wurden zunächst intensive Gespräche mit Meistern geführt, die Erfahrung in Gruppenarbeit hatten. Damit wollte man herausfinden, welche Aufgaben besondere Anforderungen an die soziale Kompetenz der Mitarbeiter/innen stellen. Die Meister nannten vor allem drei Aufgaben:

- Gruppendiskussionen,
- Konfliktbewältigung,
- Feedback, d.h. den Kollegen und Kolleginnen angemessen Rückmeldung geben.

Anschließend wurden für diese drei Bereiche Lernpunkte entwickelt, die positive und negative Verhaltensweisen beschreiben. Die Lernpunkte wurden als Regeln formuliert, wobei positive Regeln sozial kompetentes Verhalten beschreiben, negative Regeln sozial inkompetentes.

| Aufgabenbereiche | Lernpunkte (Beispiele) |
|---|---|
| Gruppendiskussion | – Andere aussprechen lassen<br>– Beim Thema bleiben<br>– Andere in das Gespräch einbeziehen |
| Konfliktbewältigung | – Konflikt abgrenzen gegen andere Probleme<br>– Mögliche Lösungen entwickeln<br>– Konsequenzen festhalten |
| Feedback | – Richtigen Zeitpunkt wählen<br>– Einzelne Kritikpunkte genau benennen<br>– Von sich selbst sprechen<br>– Konkrete Änderungsvorschläge machen |

**Abb. 24:** Lernpunkte für das Training ausgewählter Merkmale sozialer Kompetenz (nach Sonntag/Stegmaier 2001, S. 278)

Für jeden dieser Aufgabenbereiche wurden nun zwei Filme gedreht, in denen ein positives bzw. negatives Verhaltensmodell in den Gruppendiskussionen, bei der Konfliktbewältigung bzw. der Rückmeldung zu sehen sind. Im einen Fall bewältigt die Modellperson die Situation – z.B. einen Streit bei der Urlaubsplanung (Konfliktbewältigung) oder die Verteilung von Überstunden (Gruppendiskussion) -, in dem sie die in den Lernpunkten formulierten Verhaltensweisen zeigt. Im anderen Fall versagt die Person bei der Problemlösung, weil sie sich sozial inkompetent verhält.

Das Training bestand aus drei Teilen, wobei jeweils einer der Aufgabenbereiche nach folgendem Muster bearbeitet wurde:

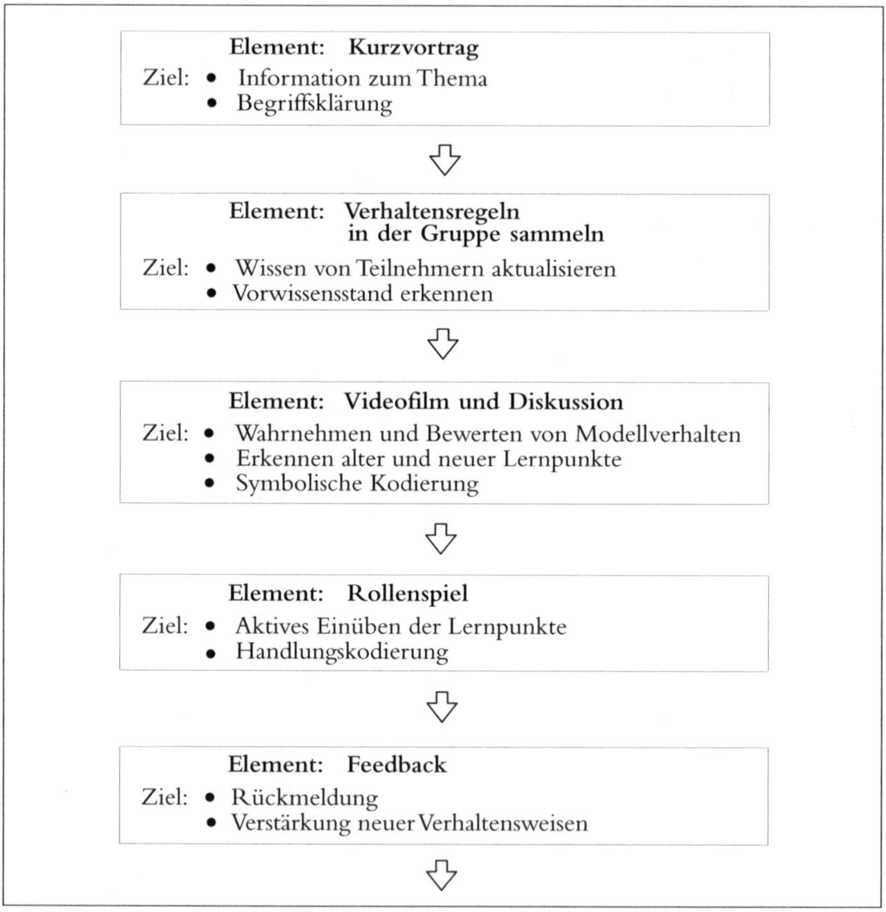


**Abb. 25:** Aufbau eines Trainings zur Vermittlung sozialer Kompetenz (nach Sonntag/Stegmaier 2001, S. 280)

1. *Kurzvortrag:* Der Trainer informiert kurz über das jeweilige Thema, klärt wichtige Begriffe und sensibilisiert für die Probleme.

2. *Verhaltensregeln sammeln:* Die Teilnehmer sammeln Beispiele sozial kompetenten bzw. inkompetenten Verhaltens in der jeweiligen Aufgabe und formulieren diese in Form von Regeln. Dadurch wird das Wissen der Teilnehmer über das Thema aktiviert und sie können aus der eigenen Erfahrung Verhaltensregeln erstellen, mit der Folge, dass sie sich stärker an das entsprechende Verhalten gebunden fühlen (vgl. Nerdinger 1995; Cialdini 2002).

3. *Film und Diskussion:* Die Teilnehmer sehen sich die Filme mit positivem und negativem Modellverhalten an. Anschließend diskutieren sie, welche Verhaltensweisen den vorher formulierten Regeln entsprachen und welche nicht. Für Verhalten, das keiner der Regeln entspricht, werden neue formuliert. Die Beobachtung des Films schärft die soziale Wahrnehmung, die anschließende Formulierung der Regeln führt zu einer Wiederholung des Gesehenen und erhöht die Wahrscheinlichkeit, dass positives Verhalten nachgeahmt wird.

4. *Rollenspiel und Feedback:* In Rollenspielen, die verschiedene soziale Aufgaben thematisieren, erproben die Teilnehmer die Verhaltensweisen, die den Lernpunkten entsprechen. Trainer und Teilnehmer geben Rückmeldung darüber, ob die einzelnen Lernpunkte erfolgreich umgesetzt wurden. Damit wird die Wirkung des Lernens am Modell zusätzlich erhöht.

Mit diesem Vorgehen kann – bei den entsprechenden Abwandlungen, die der jeweilige Themenbereich erfordert – neues Verhalten so eingeübt werden, dass es sich anschließend im betrieblichen Alltag erfolgreich einsetzen lässt. Verhaltensmodellierung als Anwendung des Modelllernens hat sich als eine der effektivsten Methoden zum Training von Verhalten in Organisationen erwiesen (Burke/Day 1986; Holling/Liepmann 1995).

# 3.4 Motivation

## 3.4.1 Grundlegende Konzepte: Motiv, Anreiz und Motivation

Motivation erklärt die Richtung, Intensität und Ausdauer des Verhaltens (Thomae 1965; Heckhausen 1989; Kleinbeck 1996; Kirchler/Rodler 2001; Nerdinger, 1995, 2001c). *Richtung* bezeichnet die Entscheidung für ein bestimmtes Verhalten: Warum entscheidet sich z.B. ein Bewerber, der zwei Stellenangebote hat, für das eine Angebot und lehnt das andere ab? *Intensität* betrifft die eingesetzte Energie: Warum setzt sich ein Mitarbeiter mit voller Kraft für seine Aufgabe ein, während ein anderer eher lustlos arbeitet? *Ausdauer* beschreibt die Hartnäckigkeit, mit der ein Ziel angesichts von Widerständen verfolgt wird: Warum lässt sich der eine Mitarbeiter durch kein Hindernis von seinem Weg abbringen, während ein anderer bei der ersten Schwierigkeit resigniert?

Die Antwort auf diese Fragen kann aus zwei Richtungen betrachtet werden, mit Blick auf die handelnde Person oder auf die Situation, in der sie handelt (Heckhausen 1989). Menschen verfolgen die unterschiedlichsten Ziele, wobei prinzipiell unendlich viele Formen und Ausprägungen solcher Ziele denkbar sind. Ziele des Handelns werden daher nach gemeinsamen Themen zusammengefasst und mit allgemeinen Begriffen wie z.B. »Leistung«, »Macht« oder »sozialer Anschluss« umschrieben. Solche Klassen von Zielen bilden inhaltlich zusammenhängende Beweggründe des Handelns, die man als *Motive* bezeichnet. Psychologisch betrachtet sind Motive Wertungsdispositionen, die für einzelne Menschen charakteristisch sind (Schneider/Schmalt 2000): Menschen lassen sich danach unterscheiden, wie sie zeitlich überdauernd bestimmte Merkmale von Situationen bewerten und darauf reagieren. Sie haben also eine Disposition, Situationen in ähnlicher Weise zu bewerten. Zum Beispiel erzielt ein Mitarbeiter, der dieselben Aufgaben hat wie seine Kollegen und Kolleginnen, deutlich bessere Leistungsergebnisse als diese: Er bleibt – wenn spezielle Probleme in der Arbeit auftreten – abends länger im Unternehmen und bringt spontan Vorschläge zur Verbesserung von Arbeitsabläufen. Von außen betrachtet hat der Mitarbeiter die Disposition, Leistungssituationen positiv zu bewerten. Dieses Verhalten wird sein Vorgesetzter wahrscheinlich als eine Eigenschaft seiner Person ansehen und sagen, der Mitarbeiter ist sehr leistungsmotiviert.

Diese Erklärung kann richtig sein, muss es aber nicht: Der Vorgesetzte erklärt das Verhalten allein über die Motive des Mitarbeiters und vernachlässigt die Merkmale der Situationen, in denen er das Verhalten beobachtet hat. Vielleicht verhält sich der Mitarbeiter nur dann auf die beschriebene Art, wenn er weiß, dass der Vorgesetzte ihn beobachtet und bleibt sonst eher unauffällig. Möglicherweise engagiert er sich auch nur für ganz bestimmte Aufgaben, die er interessant findet. Zur Erklärung von Verhalten muss also immer auch die Situation berücksichtigt werden, in der man es beobachtet. Situationen wirken auf die menschlichen Motive ein, regen sie an und lösen dadurch Verhalten aus. Zum Beispiel wird einem Mitarbeiter eine neue Aufgabe zugewiesen, die er als sehr herausfordernd erlebt. Diese Herausforderung regt sein Leistungsmotiv an – er möchte die Aufgabe möglichst gut erfüllen – und er entwickelt ein bislang nicht gekanntes Engagement.

Merkmale der Situation, die Motive anregen können, werden als *Anreize* bezeichnet. Situationen bieten die Gelegenheit, Wünsche und Ziele zu realisieren, sie können aber auch Bedrohliches signalisieren. Alles, was Situationen in diesem Sinne an Positivem oder Negativem verheißen, sind Anreize. Anreize fordern dazu auf, bestimmte Handlungen auszuführen und andere zu unterlassen. Deshalb müssen sie bei der Erklärung von Verhalten immer berücksichtigt werden. Im betrieblichen Alltag lässt sich z.B. beobachten, dass Mitarbeiter/innen nach der Ankündigung einer Prämienzahlung für vielversprechende Verbesserungsvorschläge verstärkt Ideen produzieren und ihren Vorgesetzten unterbreiten (Oberholzer-Gee/Bohnet 2000). Der Anreiz »Geldprämie« motiviert in diesem Fall zu dem entsprechenden Verhalten. Geld stellt in unserer Gesellschaft ein Mittel zur Erfüllung vielfältiger Wünsche dar und kann deshalb auf verschiedene Motive einwirken. Aber auch die Androhung der Entlassung für den Fall, dass Sicherheitsvorschriften in einem Betrieb nicht eingehalten werden, wirkt als Anreiz. Damit wird der Wunsch nach einem sicheren Arbeitsplatz – ein geradezu existenzielles Motiv – angeregt, was dazu führt, dass vorschriftswidriges Verhalten unterlassen wird.

*Motivation* ist also immer das Produkt aus individuellen Merkmalen von Menschen, ihren Motiven, und den Merkmalen einer aktuell wirksamen Situation, in der Anreize auf die Motive einwirken und sie aktivieren. »Motivation« beschreibt eine momentane Ausrichtung auf ein Handlungsziel und die vielfältigen Gedanken und Gefühle, die dabei auftreten (Heckhausen 1989).

### 3.4.2 Ziele der Motivation: Leistung und Zufriedenheit

In Unternehmen wird versucht, Mitarbeiter/innen durch Anreize gezielt zu motivieren. Damit soll in erster Linie die *Leistung* gesteigert werden. Was allerdings Leistung eigentlich meint, ist häufig unklar. Der Begriff wird in unterschiedlichen Bedeutungen verwendet (Campbell et al. 1993):

- Zum einen wird damit das Verhalten der Mitarbeiter und Mitarbeiterinnen beschrieben. *Leistungsverhalten* umfasst alle Aktivitäten eines Mitarbeiters bei der Erfüllung seiner Arbeitsaufgaben.
- Häufig meint man damit aber auch die Ergebnisse des Verhaltens, was auch als Effektivität bezeichnet wird. Effektivität wird gewöhnlich mit objektiven und allgemeinen Maßen wie Produktivität oder Umsatzzahlen erfasst.

Die Effektivität ist nicht nur auf die individuellen Beiträge der Mitarbeiter/innen zurückzuführen, sie wird auch durch Faktoren beeinflusst, die sie nicht kontrollieren können. Das sei am Beispiel des persönlichen Verkaufs verdeutlicht, der scheinbar geradezu ideal zur objektiven Erfassung der Effektivität ist (vgl. Nerdinger 2001a): Umsatz in einer festgelegten Periode, Anzahl der Verkäufe pro Zeiteinheit, Stornoquoten pro Quartal usw., im Verkauf kann alles mögliche objektiv gezählt und gemessen werden. Bei genauer Betrachtung lässt sich aber keines dieser Maße allein auf das Leistungsverhalten des Verkäufers zurückführen, da die Ergebnisse immer auch durch die Umwelt beeinflusst werden. Dazu zählen vor allem die Bedingungen am Markt, aber auch der Zuschnitt der Verkaufsgebiete und nicht zuletzt das Verhalten der Vorgesetzten gegenüber den einzelnen Verkäufern. Je mehr Einfluss diese Umweltfaktoren auf die Ergebnisse nehmen, desto schlechter kann aus objektiven Zahlen auf den persönlichen Anteil am Leistungsergebnis geschlossen werden. Objektive Maße haben zudem einen weiteren Nachteil: Wichtige Aspekte des Verhaltens von Mitarbeiter/innen werden damit nicht gemessen, bei Verkäufern sind das der Beitrag, den sie für ein positives Image der Organisation leisten oder ihre Bemühungen um die Qualität der Beziehung zu den Kunden.

Daher wird häufig das Leistungs*verhalten* als Leistung bezeichnet: In diesem Fall wird nur das berücksichtigt, was der einzelne Mitarbeiter kontrollieren kann und damit auch selbst verantworten muss. Das wird z.B. im Rahmen regelmäßiger Personalbeurteilungen versucht, wobei der Vorgesetzte das Leistungsverhalten der ihm unterstellten Mitarbeiter/innen auf verschiedenen Dimensionen einstuft (Becker 1998; Nerdinger 2001b). Wird eine solche Beurteilung mit einem Mitarbeitergespräch verbunden, in dem der Vorgesetzte seine Einschätzungen durch konkrete Beobachtungen belegt und mit der Sicht des Mitarbeiters abstimmt, fühlen sich die Mitarbeiter/innen fairer beurteilt. Allerdings führt auch die Beurteilung des Leistungsverhaltens zu keiner eindeutigen Aussage über die Leistung, da die Qualität der Beurteilungen von verschiedenen Bedingungen abhängig ist. Dazu zählt u.a. die Vertrautheit des Vorgesetzten mit seinen Mitarbeiter/innen: Solange Vorgesetzte ihre Mitarbeiter/innen wenig kennen, unterschätzen sie deren Produktivität. Sind sie dagegen mit ihnen sehr vertraut, neigen sie zur Überschätzung ihrer Leistung (Sundvik/Lindeman 1998).

Im Leistungsergebnis verdichtet sich das Arbeitsverhalten, das über einen gewissen Zeitraum in bestimmten Aufgaben und Situationen gezeigt wird. Leistungsverhalten und -ergebnisse sind aber nicht nur von der individuellen Motivation abhängig, sondern auch von den Fähigkeiten und Fertigkeiten und vor allem von der Arbeitssituation: Dazu zählt die zur Verfügung stehende Technologie, die Unterstützung durch Vorgesetzte und Kollegen und vieles mehr. Somit ist zwar die Leistung das wichtigste Ziel der Motivation von Mitarbeiter/innen, Motivation ist aber nur *ein* Weg zur Erhöhung der Leistung. Außerdem ist zu beachten: Motivation sollte nicht nur der Leistung und damit letztendlich den betrieblichen Zielen dienen, sondern auch den Mitarbeiter/innen (Neuberger 1974; von Rosenstiel 1999a). Durch Motivation kann die *Zufriedenheit* mit der Arbeit gesteigert werden. Die Forderung, Arbeitszufriedenheit anzustreben, hat zum einen ethische Gründe, da Arbeitszufriedenheit sich günstig auf das körperliche und psychische Wohlbefinden auswirkt. Zum anderen gibt es aber auch »harte« betriebswirtschaftliche Gründe: Arbeitszufriedenheit *kann* die Fluktuation und die Fehlzeiten verringern, zudem wirkt Arbeitszufriedenheit häufig positiv auf die Qualität der Arbeit (Weinert 1998). Schließlich ist Arbeitszufriedenheit nicht nur ein Ziel der Motivation, sie wirkt unter Umständen auch motivierend.

Arbeitszufriedenheit umfasst verschiedene Aspekte (vgl. Nerdinger 1995):

- die emotionale Reaktion auf die Arbeit,
- die Meinung über die Arbeit und
- die Bereitschaft, sich in der Arbeit zu engagieren.

Arbeit hat viele Facetten, dazu zählen

- die Aufgabe,
- äußere Arbeitsbedingungen,
- Beziehungen zu Vorgesetzten und Kollegen,
- Aufstiegschancen,
- Bezahlung,
- Sozialleistungen
- Sicherheit des Arbeitsplatzes
- Möglichkeiten der Aus- und Weiterbildung
- innerbetriebliche Information und Kommunikation
- Organisation und Verwaltung

und anderes mehr. Die Zufriedenheit mit den verschiedenen Facetten der Arbeit kann bei einer Person durchaus unterschiedlich ausfallen. Zum Beispiel kann man mit seiner Tätigkeit sehr zufrieden und gleichzeitig mit der Bezahlung und der Unternehmenspolitik äußerst unzufrieden sein (Nerdinger 2001c).

Führt man allerdings Untersuchungen von Mitarbeiter/innen in Unternehmen durch, bei denen sie gefragt werden, wie zufrieden sie mit ihrer Arbeit sind, so bezeichnen sich gewöhnlich mehr als 80 % als zufrieden oder sehr zufrieden (Six/Kleinbeck 1989). Angesichts der durchaus kritikwürdigen Qualität mancher Arbeitsplätze ist das äußerst erstaunlich. Wie sind solche Ergebnisse zu erklären (Semmer/Udris 1995)? Zum einen lässt sich eine so allgemeine Frage nur schwer beantworten: Ebenso wie auf die Frage »wie geht's?« nichts anderes als die Antwort »gut« zu erwarten ist, so bekommt man auf eine allgemeine Frage nach der Zufriedenheit mit der Arbeit häufig nur eine unverbindliche Antwort. Es finden sich aber noch andere Gründe: Menschen passen sich an die jeweils verrichtete Tätigkeit an. Gewöhnlich stellen Mitarbeiter/innen gewisse Ansprüche an eine Arbeit – sie soll interessant und herausfordernd sein, ein sicheres Einkommen garantieren, Entwicklungschancen bieten und anderes mehr. Die Gesamtheit dieser Ansprüche werden als *Anspruchsniveau* bezeichnet (Bruggemann/Großkurth/Ulich 1975). Das Anspruchsniveau verändert sich aber mit den Erfahrungen, die im Unternehmen gemacht werden. Daher können hinter der Antwort, »Ich bin zufrieden mit meiner Arbeit« unterschiedliche Prozesse stehen. Das veranschaulicht die folgende Abbildung.

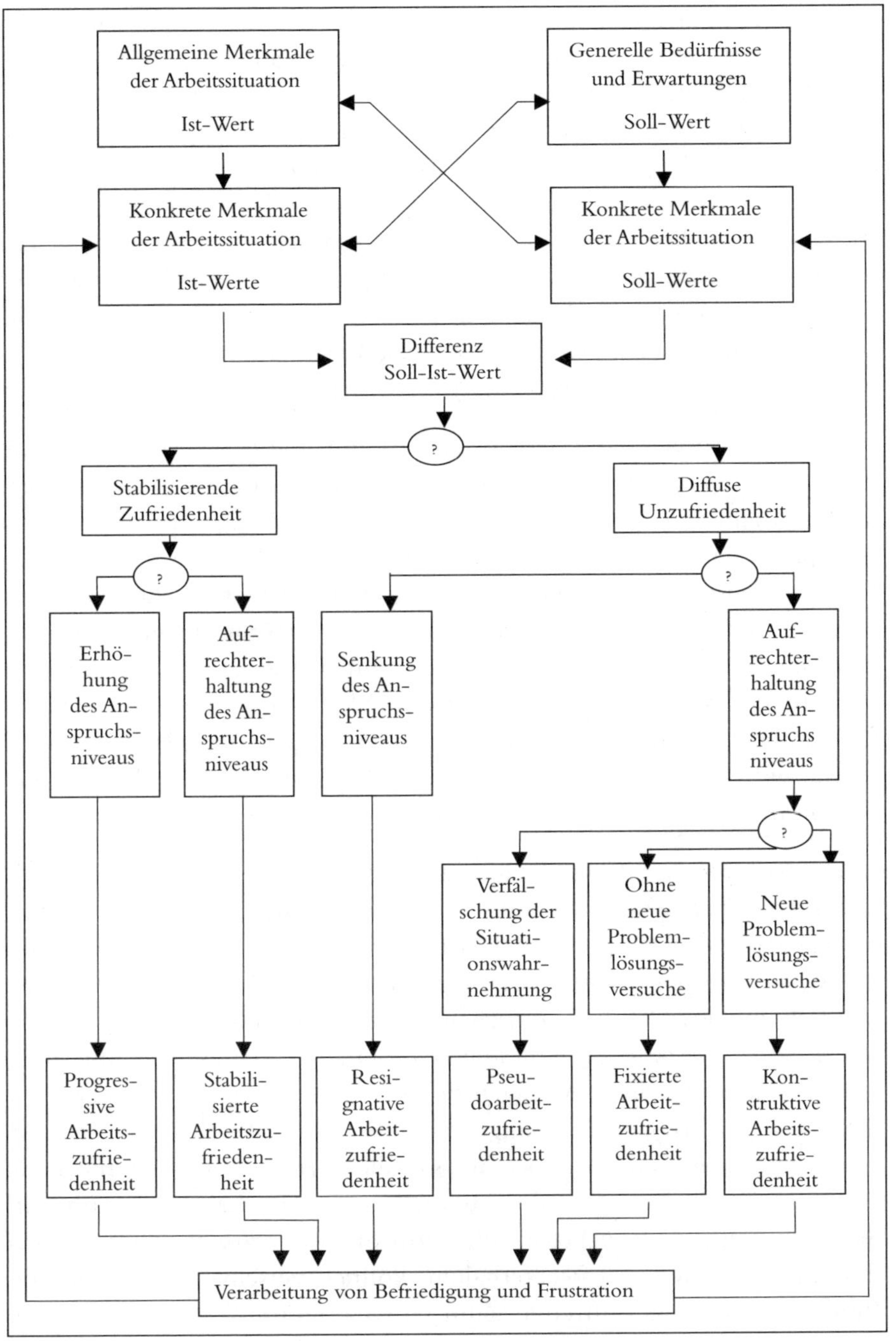


**Abb. 26:** Entwicklung von Arbeitszufriedenheit (nach Bruggemann et al. 1975, S. 134f.)

Tritt z.B. ein Hochschulabsolvent eine neue Arbeitsstelle an, so hat er ganz bestimmte Wünsche und Erwartungen an diese Stelle. Diese bilden sein Anspruchsniveau. Seine Erwartungen vergleicht er mit den Erfahrungen im Unternehmen: Das Anspruchsniveau, das einen Soll-Wert bildet, wird mit der wahrgenommenen Situation im Unternehmen (Ist-Wert) verglichen. Als erstes, vorläufiges Ergebnis dieses Vergleichs können sich zwei Zustände einstellen: Unterscheiden sich Anspruch und Wirklichkeit nur gering, so tritt *stabilisierende Zufriedenheit* ein, sind dagegen die Unterschiede sehr groß, so entwickelt sich eine *diffuse Unzufriedenheit:* Der neue Mitarbeiter ist unzufrieden, weiß aber nicht so recht, was er nun machen soll.

Das Anspruchsniveau entscheidet über die weitere Entwicklung. Zunächst zur Situation, in der stabilisierende Zufriedenheit erlebt wird: Genügt dem Neuling nach einer gewissen Zeit das Erreichte nicht mehr, so wird er seine Ansprüche erhöhen. Er erlebt *progressive Zufriedenheit*, die als eine Art »schöpferischer Unruhe« zu verstehen ist. In diesem Fall bescheidet sich der Hochschulabsolvent aus dem Beispiel nicht mit dem Erreichten, sondern versucht, seine Situation zu verbessern – beispielsweise indem er sich um eine verantwortungsvollere Aufgabe bemüht. Findet er sich aber mit dem Vorgefundenen ab, so stellt sich *stabilisierte Arbeitszufriedenheit* ein: Die Situation im Unternehmen erfüllt die eigenen Ansprüche und das Anspruchsniveau wird nicht erhöht. Nur in diesem Fall entspricht die Aussage »Ich bin mit meiner Arbeit zufrieden« auch dem, was der Mitarbeiter erlebt.

Erlebt der Neuling diffuse Unzufriedenheit – er fühlt sich nicht recht wohl in der Arbeit, ohne sagen zu können, was ihm denn genau fehlt –, entscheidet ebenfalls sein Anspruchsniveau über die weitere Entwicklung. Senkt der Mitarbeiter seine Ansprüche, verringert sich der Unterschied zwischen Wunsch und Wirklichkeit, zwischen Soll und Ist. Folge ist die sogenannte *resignative Arbeitszufriedenheit.* Dieser Zustand lässt sich sehr häufig in der Arbeitswelt beobachten: Aussagen der Art »man muss zufrieden sein mit dem, was man erreicht hat« deuten darauf hin, dass Mitarbeiter/innen resigniert-zufrieden sind. Sie haben den Glauben verloren, dass sich noch einmal etwas ändern könnte und richten sich in der ungeliebten Situation ein: Sie senken ihre Ansprüche, bis diese zur Situation passen. Wird dagegen das Anspruchsniveau aufrechterhalten, können verschiedene Formen der Problembearbeitung auftreten. Zum einen die *Pseudo-Arbeitszufriedenheit.* Dieser Zustand entsteht aus einer Veränderung des Ist-Wertes, der Wahrnehmung der Situation. Lässt sich die Arbeit scheinbar nicht ändern, redet man sie schön. Zum Beispiel entdecken manche Betroffene in einer eintönigen, monotonen Tätigkeit ganz erstaunliche Herausforderungen. Andere sehen nur noch die positiven Dinge in der Arbeit und ignorieren alles unangenehme.

Während diese Prozesse zu unterschiedlichen Formen der Zufriedenheit führen, münden die beiden letzten Entwicklungen in Formen der Unzufriedenheit. Versucht der Mitarbeiter, die Situation zu verändern, so entwickelt sich eine *konstruktive Unzufriedenheit.* Wer nicht an der Arbeit verzweifelt, seine Ansprüche nicht ändert und stattdessen um Änderungen in der Arbeit kämpft, der trägt letztlich zum Wandel im Unternehmen bei. Nicht jede Unzufriedenheit ist also negativ zu bewerten. Wird die damit verbundene Energie in konstruktive Bahnen gelenkt, kann sie zur schöpferischen Kraft werden. Wer aber in dieser Situation keine Versuche unternimmt, die Situation zu verändern, bei dem bildet sich *fixierte Unzufriedenheit* aus. Fixiert-unzufriedene Mitarbeiter/innen kündigen, sobald sie eine bessere Position in Aussicht haben.

Hinter ein- und derselben Aussage – »Ich bin mit meiner Arbeit (un-) zufrieden« – können sich also die verschiedensten Prozesse verbergen, mit ganz unterschiedlichen Folgen für das Verhalten und die Leistung der Mitarbeiter/innen. Während z.B. fixiert Unzufriedene für schlechte Stimmung unter den Kollegen und Kolleginnen sorgen und ihre Leistung nur noch auf das unbedingt Notwendige beschränken, tragen konstruktiv unzufriedene Mitarbeiter/innen zu notwendigen Veränderungen im Unternehmen bei (zur Weiterentwicklung dieses Modells vgl. auch Büssing 1991; Büssing et al. 1999).

### 3.4.3 Die Hierarchie der Motive: Das Modell von Maslow

Menschlichem Handeln kann eine Vielzahl von Motiven zugrunde liegen. Durch situative Anreize wird gewöhnlich immer mehr als nur ein Motiv angeregt. Ein mittlerweile klassischer Versuch, die Vielzahl menschlicher Motive zu ordnen, stammt von Abraham Maslow (1981). Menschliches Handeln wird nach Maslow durch zwei Arten von Motiven bestimmt: Defizit- und Wachstumsmotiven. *Defizitmotive* gehorchen dem Prinzip der *Homöostase,* d.h. sie werden allein bei Mangelzuständen oder Störungen aktiviert. Der Begriff »Homöostase« entstammt der Physiologie und ist ein Sammelbegriff für alle regulativen Mechanismen im Organismus, die relativ konstante physiologische Bedingungen garantieren. Steigt z.B. die menschliche Körpertemperatur über die normalen 37° an, setzen im Organismus automatisch Prozesse ein, um das alte Niveau wieder herzustellen. In Anschluss an diese körperlichen Mechanismen kann Motivation als Zustand des fehlenden Gleichgewichts des Organismus, der zur Wiederherstellung des Gleichgewichts führt, erklärt werden.

Maslow unterscheidet vier Klassen von homöostatisch regulierten Defizitmotiven (vgl. auch Heckhausen 1989; Nerdinger 1995):

1. *Physiologische Motive*: Hunger, Durst, Sexualität etc., d.h. organisch bedingte Motive – aufgrund ihrer körpernahen Wirkung werden sie auch als Bedürfnisse bezeichnet.

2. *Sicherheitsmotive*: Sicherheit und Schutz vor Schmerz, Furcht, Angst und Ungeordnetheit; Motiv nach schützender Abhängigkeit, nach Ordnung, Gesetzlichkeit und Verhaltensregelung.

3. *Soziale Bindung*: Wunsch nach Liebe, Zärtlichkeit, Geborgenheit, sozialem Anschluss oder auch nach Identifikation mit wertvollen Menschen.

4. *Selbstachtungs- oder Ich-Motive*: Wunsch nach Leistung, Geltung, Prestige und Zustimmung durch andere.

Die Befriedigung der Defizitmotive verhindert Krankheit, führt aber nicht zu psychologischer Gesundheit. Diese Aufgabe erfüllen die *Wachstumsmotive*. Damit beschreibt Maslow das menschliche Verlangen nach *Selbstverwirklichung*, die Tendenz, das zu aktualisieren, was man an Möglichkeiten besitzt. Die fünf Motivklassen ordnet Maslow in einer Hierarchie an: Demnach müssen immer zuerst die Motive der jeweils »niederen« Klasse befriedigt sein, bevor eine »höhere« Motivklasse aktiviert wird und das Handeln bestimmen kann. Fundamental sind die physiologischen Motive. Erst wenn sie befriedigt sind, werden die Sicherheitsmotive aktiviert. Sind diese befriedigt, treten die sozialen Motive in den Vordergrund, nach ihrer Befriedigung dominieren die Ich-Motive. Sind alle Defizitmotive hinlänglich befriedigt, so wird der Mensch durch die Wachstumsmotive – den Wunsch nach Selbstverwirklichung – vorangetrieben. Dadurch ergibt sich eine Anordnung, die als »Motiv-Pyramide« berühmt wurde:

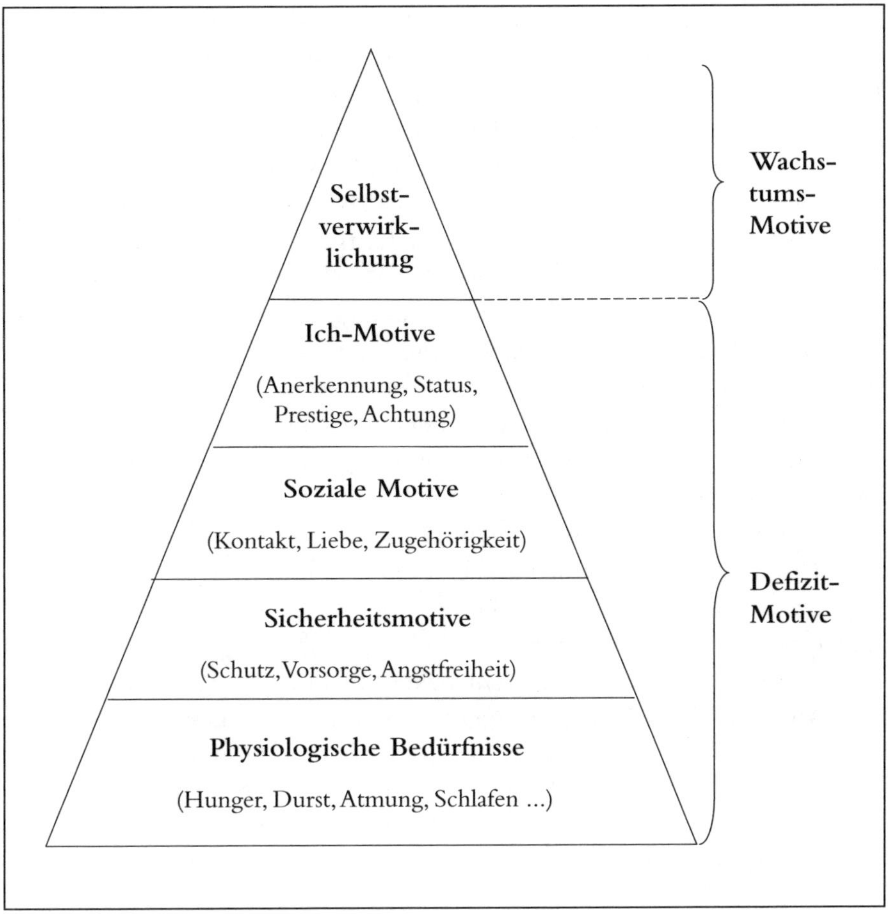


**Abb. 27:** Die Hierarchie der Motive (nach Maslow 1981)

Maslows Hauptinteresse gilt den Wachstumsmotiven, d.h. dem Streben nach Selbstverwirklichung, in dem er den Ausdruck psychologischer Gesundheit erkennt. Er versteht solches Streben ähnlich wie die Defizitmotive als angeborene Neigung des Menschen. Streben nach Selbstverwirklichung unterscheidet sich allerdings in seiner stetig fortschreitenden Natur von den Defizitmotiven. Letztlich ist Selbstverwirklichung kein Zustand des Gleichgewichts, sondern ein ständig weiter drängender Prozess, der nur in gelegentlichen Erlebnissen einer Übereinstimmung zwischen den individuellen Anlagen und dem konkreten Verhalten seinen Ausdruck findet. Wachstumsmotive folgen demnach nicht dem Prinzip der Homöostase, sie sind prinzipiell nicht abschließend zu befriedigen.

Genau diese Qualität der Selbstverwirklichung macht ihre empirische Erfassung aber auch praktisch unmöglich. An diesem Punkt setzt auch die Kritik empirisch forschender Psychologen an, die in Maslows Konzeption ein philosophisches Gedankengebäude ohne empirischen Gehalt erblicken. Neben der Willkürlichkeit der gewählten Motivklassen verweisen sie immer wieder auf die Vielzahl gescheiterter Versuche der empirischen Überprüfung (Neuberger 1974). Trotz dieser Kritik hat sich aber vor allem im Wirtschaftsleben das Konzept von Maslow als sehr fruchtbar erwiesen. Maslow bietet ein philosophisch-anthropologisches Modell, das gerade im Bereich der Wirtschaft eine doppelte Funktion erfüllt. Zum einen organisiert es den nahezu unüberschaubaren Problemkreis der menschlichen Motive in eingängiger Weise und zum anderen sensibilisiert es dafür, dass mit motivationalen Fragen immer auch (philosophische) Fragen der Wertung verknüpft sind. Die Motivierung von Mitarbeiter/innen im Dienste der Unternehmensziele wird vor diesem Hintergrund um die Frage erweitert, wonach die Mitarbeiter/innen streben und inwieweit sich das in Organisationen berücksichtigen lässt. Die konkrete Frage, wie sich Mitarbeiter/innen motivieren lassen, kann das Modell dagegen nicht beantworten, da es die Anreize, die auf Motive einwirken, nicht systematisch berücksichtigt. An dieser Frage setzt eine andere Theorie an, die gewissermaßen die Ergänzung zu Maslow darstellt, da sie die in der Motivhierarchie ignorierten situativen Anreize, die zur Befriedigung von Motiven führen, untersucht: Die Zwei-Faktoren-Theorie der Arbeitszufriedenheit von Herzberg, Mausner und Snyderman (1959).

### 3.4.4 Betriebliche Anreize: Das Modell von Herzberg

In einer wegweisenden Studie – nach dem Ort ihrer Entstehung als Pittsburgh-Studie bezeichnet – haben Herzberg und seine Mitarbeiter (Herzberg et al. 1959; Herzberg 1968) untersucht, welche Anreize in der Organisation wirken und was ihre Konsequenzen sind (vgl. dazu auch Neuberger 1974; Nerdinger 1995).

## Die Pittsburg-Studie

Herzberg und seine Mitarbeiter befragten in der sogenannten Pittsburgh-Studie 203 Ingenieure und Buchhalter mit der Methode der kritischen Ereignisse (Flanagan 1954) zu Aspekten ihrer Berufserfahrung nach folgendem Schema:

»Denken Sie an eine Zeit, zu der Sie bei Ihrer jetzigen Arbeit oder einer anderen Arbeit, die Sie je hatten, außergewöhnlich zufrieden (bzw. außergewöhnlich unzufrieden) waren. Erzählen Sie mir, was sich ereignet hat!«

Mit dieser Methode werden sehr positive bzw. negative Erlebnisse in einer halbstandardisierten Befragung erhoben. Die Aussagen der Befragten müssen daher in einem zweiten Schritt nach einem bestimmten Inhaltsschlüssel kategorisiert werden. Herzberg und seine Mitarbeiter (1959) haben zu diesem Zweck 16 Kategorien entwickelt, die sich folgendermaßen über die positiven und negativen Erlebnisse verteilen:

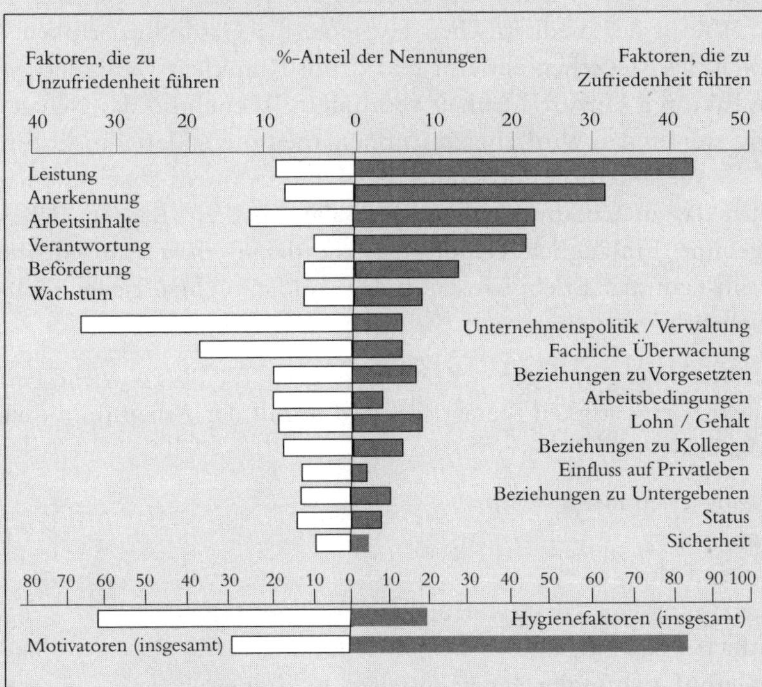


**Abb. 28:** Die Ergebnisse der Pittsburgh-Studie (nach Schulte-Zurhausen 2002, S. 20)

In dieser Anordnung entdecken die Autoren zwei verschiedene Kategorienklassen: Die Kontent- und die Kontextfaktoren. Die Kontextfaktoren thematisieren Erlebnisse, die mit dem Arbeitsumfeld verbunden, d.h. der Arbeit *extrinsisch* – außerhalb der Tätigkeit liegend – sind.

Dazu zählen
- das Gehalt,
- Statuszuweisungen,
- die Beziehung zu Untergebenen, Kollegen und Vorgesetzten,
- Führung durch den Vorgesetzten,
- Unternehmenspolitik und -verwaltung,
- die konkreten Arbeitsbedingungen,
- persönliche, mit dem Beruf verbundene Bedingungen und
- die Sicherheit des Arbeitsplatzes.

Da die Kontextfaktoren überwiegend in negativen, mit Unzufriedenheit verbundenen Situationen genannt wurden, bezeichnen die Autoren sie auch als *Hygienefaktoren*. Darin liegt bereits der wesentliche Gedanke des Modells: Wie in der medizinischen Hygiene, die Gesundheitsrisiken aus der Umwelt des Menschen entfernt und damit Krankheit verhindert, sollen diese Faktoren Unzufriedenheit verhindern. Wenn also das Gehalt als zu niedrig empfunden wird, die Zusammenarbeit mit anderen nicht funktioniert, die Organisation und Politik des Unternehmens abgelehnt wird, dann führt das zu Unzufriedenheit. Sind aber all diese Aspekte der Arbeitsumgebung hinlänglich erfüllt, entsteht daraus *nicht* Zufriedenheit, sondern ein neutraler Erlebniszustand, der als Nicht-Unzufriedenheit bezeichnet wird.

Zufriedenheit erzeugen dagegen Kontentfaktoren, die überwiegend *intrinsische* Aspekte der Tätigkeit thematisieren, d.h. mit der Arbeit unmittelbar verknüpfte Faktoren:

- Leistungserlebnisse,
- Anerkennung,
- Arbeitsinhalt,
- Übertragung von Verantwortung,
- beruflicher Aufstieg und
- das Gefühl, sich in der Arbeit entfalten zu können.

Da diese Faktoren überwiegend im Zusammenhang mit Erlebnissen außerordentlicher Zufriedenheit genannt werden, vermuten die Autoren, dass sie Annäherungsverhalten im Individuum auslösen. Motivation bedeutet aber allgemein Annäherung, weshalb sie die Kontentfaktoren auch als *Motivatoren* bezeichnen. Damit kann die Grundstruktur der Zwei-Faktoren-Theorie als Koordinatensystem dargestellt werden.

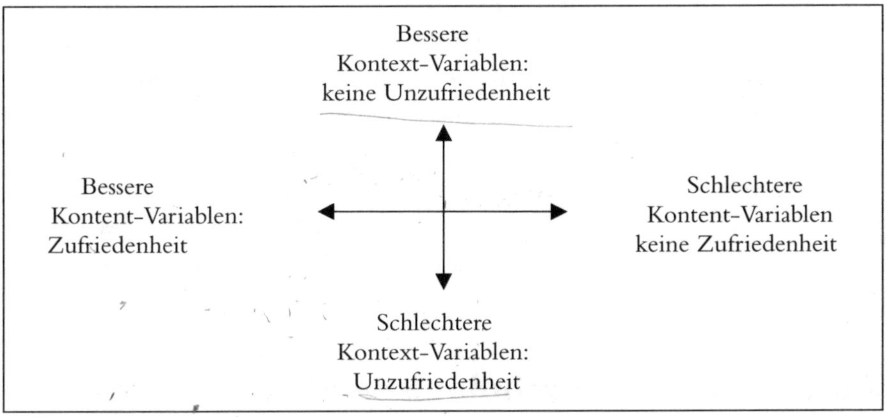


**Abb. 29**: Die Zwei-Faktoren-Theorie der Arbeitszufriedenheit (nach von Rosenstiel 2000, S. 73)

Dieses Modell wurde vielfach untersucht, wobei es sich nur unter bestimmten Bedingungen bestätigen ließ. Die Ergebnisse der Pittsburgh-Studie können nur mit der Methode der kritischen Ereignisse nachgewiesen werden und das auch nur, wenn das gleiche Kategorienschema wie von Herzberg verwendet wird. Gerade dieses Schema erweist sich aber als problematisch. So sind einige Hygienefaktoren doppeldeutig – z.B. kann Gehalt oder Status subjektiv auch als Anerkennung interpretiert werden und wäre dann ein Motivator. Außerdem ist das Modell nur gültig, wenn alle Aussagen der Befragten zusammengezählt werden, d.h. *alle Motivatoren zusammen* werden häufiger in Zusammenhang mit positiven, *alle Hygienefaktoren zusammen* häufiger mit negativen Situationen genannt.

Trotz dieser Begrenzungen hat das Modell von Herzberg eine große Bedeutung für die Motivation. Es widerspricht den in der Praxis weit verbreiteten Vorstellungen, wonach die Mitarbeiter/innen allein durch ökonomische, speziell finanzielle Anreize zur Arbeit motiviert werden. Wer sie langfristig motivieren will, muss ihnen vielmehr Leistungserlebnisse vermitteln, ihre Leistungen ausdrücklich anerkennen, ihnen Verantwortung übertragen – möglichst zusammen mit beruflichem Aufstieg – und die Arbeit so gestalten, dass sie inhaltlich interessant und motivierend ist.

# 3.5 Emotion

Dass Menschen auch Gefühle haben und diese sehr stark auf das Verhalten wirken, wird von den meisten Wissenschaften, die sich mit Organisationen beschäftigen, in der Regel diskret verschwiegen. Stattdessen wird gerade in der Volks- und der Betriebswirtschaft gern ein Bild vom Menschen entworfen, der mit dem Betreten der Organisation seine Gefühle – bildlich gesprochen – am Eingang abgibt und sein Verhalten nur noch durch rein zweck-rationale Kalküle steuert. Erst in den letzten Jahren ist diese bemerkenswert verkürzte Sichtweise auf den Menschen im Rückzug, seitdem werden die Emotionen in Organisationen zu einem zunehmend wichtigeren Forschungsgegenstand (Pekrun/Frese 1992; Temme/Tränkle 1996; Ashkenasy/Härtel/Zerbe 2000; Payne/Cooper 2001).

## 3.5.1 Emotionspsychologische Grundlagen

Obwohl es sich bei den *Emotionen* sicherlich um ein zentrales Forschungsfeld der Verhaltenswissenschaften – speziell der Psychologie – handelt, besteht bislang keine Übereinstimmung, was dieser Begriff genau bezeichnet (vgl. zum Folgenden Ulich/Mayring 1992; Lewis/Haviland 1993; Scherer 1996; Nerdinger 2001a). In einem sehr eingeschränkten Sinn versteht man darunter innere Erregungsvorgänge, die als angenehm oder unangenehm erlebt werden (vgl. Kroeber-Riel/Weinberg 1999). Mit dieser Definition lassen sich Emotionen von den verwandten Konzepten »Affekt« und »Stimmung« abgrenzen: *Affekte* sind kurzzeitige, sehr starke Emotionen, *Stimmungen* dagegen länger dauernde Tönungen des Erlebens, die gewissermaßen den atmosphärischen Hintergrund des Erlebens bilden.

Die inhaltliche Umschreibung von Emotionen steht vor dem Problem der extremen Differenziertheit menschlichen emotionalen Erlebens. Diesem Problem begegnet die Forschung, indem entweder nach grundlegenden Dimensionen gesucht wird, aus deren Mischung sich die einzelnen Emotionen zusammensetzen, oder aber aufgrund theoretischer Überlegungen sogenannte Basisemotionen postuliert werden. Als grundlegende Dimensionen werden seit Wundt (1905)

- *Bewertung:* angenehm – unangenehm
- *Erregung:* erregend – beruhigend
- *Stärke:* stark – schwach

angesehen. Die Suche nach Basisemotionen geht dagegen von evolutionsbiologischen Überlegungen aus, die sich bis auf Darwin (1872/2000) zurückführen lassen. In diesen Ansätzen werden Emotionen als phylogenetisch, d.h. stammesgeschichtlich entstandene Anpassungsmechanismen interpretiert, die zum Überleben der Art beigetragen haben. So gelangt Plutchik (1980) zu acht Basisemotionen, die zusammen mit den auslösenden Reizen und den zugehörigen Handlungstendenzen in Abbildung 30 verdeutlicht sind:

| Reiz → | Kognition → | Gefühl → | Verhalten → | Effekt |
|---|---|---|---|---|
| Bedrohung | »Gefahr« | Furcht/Schrecken | Weglaufen | Schutz |
| Hindernis | »Feind« | Ärger/Zorn | Schlagen | Zerstörung |
| Potenzieller Gefährte | »Besitz« | Freude | Werben/Paaren | Fortpflanzung |
| Verlust einer geschätzten Person | »Isolation« | Trauer/Kummer | nach Hilfe suchen | Reintegration |
| Gruppenmitglied | »Freund« | Vertrauen | sich Bekümmern | Sozialer Anschluss |
| Scheußlicher Gegenstand | »Gift« | Ekel/Abscheu | Erbrechen/ Wegstoßen | Zurückweisung |
| Neuartige Umwelt | »Was ist hier los?« | Neugier | Erforschen/ Auskundschaften | Exploration |
| Neuartiger Gegenstand | »Was ist das?« | Überraschung | Anhalten/ Aufmerken | Orientierung |

**Abb. 30:** Die Entstehung von Gefühlen aus evolutionsbiologischer Sicht (in Anlehnung an Plutchik 1980, S. 16)

Über die genaue Anzahl solcher Basisemotionen besteht allerdings ebenso wenig Einigkeit unter den Forschern wie über den Weg, auf dem sich daraus Mischformen ergeben sollen (vgl. Scherer 1990).

Bei der Beschreibung von Emotionen lassen sich verschiedene Merkmale unterscheiden, wobei zumindest über drei dieser Merkmale weitgehende

Einigkeit besteht. Diese werden daher auch als »Emotions-Trias« bezeichnet (Scherer 1996): Demnach umfassen Emotionen

- physiologische Prozesse,
- das bewusst erlebte Gefühl und
- den Gefühlsausdruck, der sich als nonverbales Verhalten darstellt.

Emotionen sind »leib-seelische« Vorgänge, d.h. physiologische und psychische Prozesse sind untrennbar verbunden. So ist die Emotion »Angst« gewöhnlich gekennzeichnet durch einen hohen Anteil des sogenannten Stresshormons »Adrenalin« im Blut, durch eingeschränkte Blutzufuhr zur Haut, aufgerissene Augen, große Muskelspannung, erhöhten Puls und einen schnellen Atemrhythmus (Ulich/Mayring 1992). Allerdings können nicht für alle Emotionen eindeutige Muster *physiologischer Prozesse* identifiziert werden, sodass eine eindeutige Beschreibung der verschiedenen Qualitäten von Emotionen auf der Basis der physiologischen Reaktionen nicht möglich ist.

Die Qualitäten des Erlebens werden als *Gefühle* bezeichnet. Obwohl – oder weil – die Sprache über eine unüberschaubare Zahl von Begriffen zur Beschreibung von Gefühlen verfügt, ist eine wissenschaftlich-präzise Kennzeichnung der Gefühle äußerst schwierig. Einige Merkmale lassen sich so umschreiben (vgl. Ulich/Mayring 1992, S. 55ff.):

- Die leib-seelische Zuständlichkeit der Person steht im Zentrum des Bewusstseins, nicht ein Gedanke, eine Meinung oder eine Willensanstrengung.
- Fühlen bedeutet Berührtsein, Involviertsein: Im Gefühl kommt die Stellung des Menschen zu »etwas« – zur Welt, zu Gegenständen oder Personen – zum Ausdruck.
- Gefühle werden eher als »Widerfahrnis« erlebt, d.h. der Fühlende erfährt sich als passiv; Gefühle erscheinen häufig als unwillkürlich oder spontan auftretend.
- Gefühle sind keine Mittel, sondern selbst Zwecke (die Frage »*wozu* freue ich mich?« ist sinnlos).

Zwar lassen sich diese Merkmale im eigenen Erleben häufig nachvollziehen, eine eindeutige Bestimmung der Gefühle und ihrer Qualitäten ist auf diesem Wege allerdings nicht möglich. Sehr viel präziser lässt sich dagegen das dritte Merkmal von Emotionen erfassen, der *Gefühlsausdruck*. Darunter werden die Reaktionen in Mimik, Gestik, Stimme und anderen körperlichen Formen verstanden, die eine Emotion begleiten. Für das menschliche Ausdrucksverhalten ist die Mimik besonders wichtig. Starkes Interesse hat in der Forschung die Frage gefunden, ob einzelne Emotionen mit einem eindeutig erkennbaren Gesichtsausdruck einher gehen und ob solche Gesichtsausdrücke interkulturell vergleichbar sind. In diesem Fall kann man auf die Wirkung angeborener neuronaler Programme schließen. Beide Fragen lassen sich bejahen (vgl. Scherer/Wallbott 1990).

Typische mimische Ausdrucksmuster zentraler Emotionen hat bereits Charles Darwin in seinem bahnbrechenden Werk »The expression of the emotions in man and animals« (1872/2000) beschrieben:

- *Freude/Glück:* der Mund ist geöffnet, die Mundwinkel nach hinten und oben gezogen; die Oberlippe ist etwas angehoben, unter und neben den Augen zeigen sich Fältchen.
- *Trauer/Verzweiflung:* die Mundwinkel sind gesenkt, die inneren Enden der Augenbrauen angehoben.
- *Furcht/Angst:* weit geöffneter Mund und aufgerissene Augen, zusammengezogene Pupillen.
- *Ärger/Wut:* senkrechte Falten auf der Stirn, zurückgezogene Lippen oder zusammengepresste Lippen und Zähne.
- *Abscheu:* Naserümpfen, leichtes Heben der Nase, senkrechte Falten auf der Stirn und geöffneter Mund (anschauliche Beispiele dafür finden sich z.B. bei Flammer 1997).

Die Erfassung der Emotionen über die Beobachtung des Ausdrucks steht allerdings vor dem Problem, dass dieser Ausdruck in vielen Situationen der sozialen Kontrolle unterliegt – beispielsweise wird der Ausdruck von Wut oder Furcht gewöhnlich unterdrückt.

Neben diesen zentralen Merkmalen von Emotionen wird immer wieder die Frage diskutiert, welche Rolle die Kognitionen im Prozess der Emotion einnehmen. Nach Meinung vieler Forscher kommt ihnen wesentliche Bedeutung bei der Einschätzung der emotionsauslösenden Situation zu. Die Kognitionen erklären, warum ein und derselbe Reiz unterschiedliche Emotionen und daraus folgende Handlungstendenzen auslöst: So kann z.B.

ein Einwand, den ein Vorgesetzter bei der Präsentation von Ergebnissen durch seine Mitarbeiter/innen vorbringt, bei einigen Unsicherheit und Verlegenheit auslösen, andere erleben dagegen Ärger und werden zu intensiver Überzeugungsarbeit angespornt. Im einen Fall wird der Einwand als Bedrohung, im anderen als Herausforderung interpretiert. Arnold (1960) hat herausgefunden, dass bei jeder Reizaufnahme eine sehr rasche, nichtbewusste Einschätzung des Reizes erfolgt, die eine entsprechende Emotion und zugehörige Handlungstendenzen auslöst. Lazarus (1991, 1999; Lazarus/Folkman 1984) hat darauf aufbauend eine Theorie der Emotionen entwickelt, die auch in der Lage ist, Stress am Arbeitsplatz zu erklären.

## 3.5.2 Die Entwicklung von Emotionen: Das Modell von Lazarus

Lazarus hat in verschiedenen Experimenten gezeigt, dass die Bewertung der Situation Einfluss auf die erlebten Gefühle hat (vgl. Lazarus/Folkman 1984; Lazarus et al. 1965).

**Der Einfluss der Gedanken auf die Emotion**

Studenten wurde ein Film über die Arbeit in einem Sägewerk gezeigt, wobei es aufgrund der Unvorsichtigkeit der Arbeiter zu gravierenden Unfällen (Verlust von Gliedmaßen) kommt. Es wurden drei verschiedene Texte vor dem Film gezeigt:

1. Im ersten Fall wurde betont, dass es sich um Spielszenen handelt und keiner der Schauspieler wirklich verletzt wird (Verleugnung);
2. Im zweiten Text wurden die Zuschauer aufgefordert, genau auf die psychologischen und soziologischen Aspekte der Situation zu achten (Intellektualisierung);
3. Im dritten Text wurde lediglich angekündigt, dass ein Film über Arbeitsunfälle gezeigt wird (Kontrollgruppe).

Je ein Drittel der Studenten sah den Film mit einem der verschiedenen Texte. Dabei wurde über verschiedene Maße die physiologische Reaktion als Teil der erlebten Emotion gemessen (u.a. Herzschlag und Hautwiderstand). Die erlebte Erregung war in der Kontrollgruppe am höchsten, unter der Bedingung der Intellektualisierung am geringsten. Die Gruppe, in der die Realität des Dargestellten verleugnet wurde, lag dazwischen. In Abhängigkeit von der Einschätzung des Gesehenen stellen sich demnach unterschiedlich starke Emotionen ein (Lazarus et al. 1965).

Aufbauend auf solche Befunde hat Lazarus ein Modell der Entstehung von Emotionen entwickelt, in dem drei wesentliche Prozesse unterschieden werden: Primäre Bewertung (primary appraisal), sekundäre Bewertung (secondary appraisal) und Neubewertung (reappraisal):

**A) Primäre Bewertung (Primary Appraisal) des Wohlbefindens**

Ein gegebenes Ereignis/eine Situation betrachten als:

- Irrelevant
- Günstig/Positiv
- Stressend → Schädigung/Verlust; → Bedrohung; → Herausforderung

**B) Sekundäre Bewertung (Secondary Appraisal)**

Bezogen auf

- Bewältigungsfähigkeiten (Coping Resources)
- Bewältigungsmöglichkeiten (Coping Options)

**C) Neubewertung (Reappraisal)**

Rückkopplung: Informationen über eigene Reaktionen und über die Umwelt anschließende Reflexion

**Abb. 31:** Modell der Entwicklung von Emotionen (Lazarus/Folkman 1984, nach Udris/Frese 1988, S. 431)

In der *primären Bewertung* wird eine Situation als für die Person irrelevant, angenehm/positiv oder stressend eingeschätzt:

- Wird die Situation als *irrelevant* bewertet, so hat sie scheinbar keine Bedeutung für die Person und ihr Wohlergehen und löst auch keine bestimmten Gefühle aus.

- Erscheint die gegenwärtige oder auch eine zu erwartende Situation als wünschenswert, so wird sie als *angenehm/positiv* bewertet. Die Folge sind positive Emotionen, die je nach der Einschätzung der Situation unterschiedliche Qualität annehmen. Signalisiert z.B. die Situation, dass man ein Ziel erreicht hat, so wird sich Stolz einstellen. Handelt es sich um eine Herausforderung, die man sich zutraut – z.B. eine neue, interessante Aufgabe wird zugewiesen – so können sich Neugier, Hoffnung oder Freude einstellen. Die Entwicklung positiver Emotionen wird allerdings in diesem Modell vernachlässigt, Lazarus interessiert sich vor allem für den dritten Fall.

- Die Situation wird als *stressend* eingestuft, wenn die wahrgenommenen Anforderungen im Verhältnis zur Einschätzung der eigenen Person in einem Missverhältnis stehen (Edwards/Caplan/van Harrison 2001). Das kann der Fall sein, wenn eine Diskrepanz zu den eigenen Fähigkeiten und Fertigkeiten besteht – z.B. wird ein technisch völlig unbegabter Mensch zu einem EDV-Kurs geschickt. Oder aber die Situation passt nicht zu den Wünschen der Person, beispielsweise wird einem beruflich sehr ehrgeizigen Menschen die erhoffte Beförderung verweigert. Solche Situationen können als Schädigung oder Verlust erlebt werden, typische Gefühle sind dann Trauer, Niedergeschlagenheit, aber auch Ärger und Wut. Dagegen wird darin eine Herausforderung gesehen, wenn die Person angesichts eines künftigen Missverhältnisses die Chance erkennt, durch eigene Anstrengung nicht nur der Schädigung vorzubeugen, sondern sie auch mit Gewinn für die eigene Person zu bewältigen. Lässt die Situation erst in der Zukunft eine Beeinträchtigung erwarten und sieht man zunächst keinen Weg, das Missverhältnis abzubauen, so stellt sich das Gefühl der Bedrohung ein.

Das Gefühl der Bedrohung hat Lazarus am intensivsten untersucht: Fühlt man sich durch eine Situation bedroht, prüft man seine Möglichkeiten und Fähigkeiten zur Bewältigung der Situation. Das wird als *sekundäre Bewertung* bezeichnet. Der Begriff ist etwas unglücklich gewählt, da diese Form der Bewertung nicht notwendig nach der »primären« erfolgt. Vielmehr beeinflussen sich beide Formen wechselseitig, denn eine Situation, die man gut bewältigen kann, wird erst gar nicht bedrohlich erscheinen. Je nachdem, wie die sekundäre Bewertung ausfällt, wird man unterschiedlich auf die Situation einwirken. Dieses Verhalten, das bereits eine Reaktion auf den erlebten Stress darstellt, wird als *Coping* bezeichnet. Die wesentlichen Reaktionen lassen sich so darstellen:

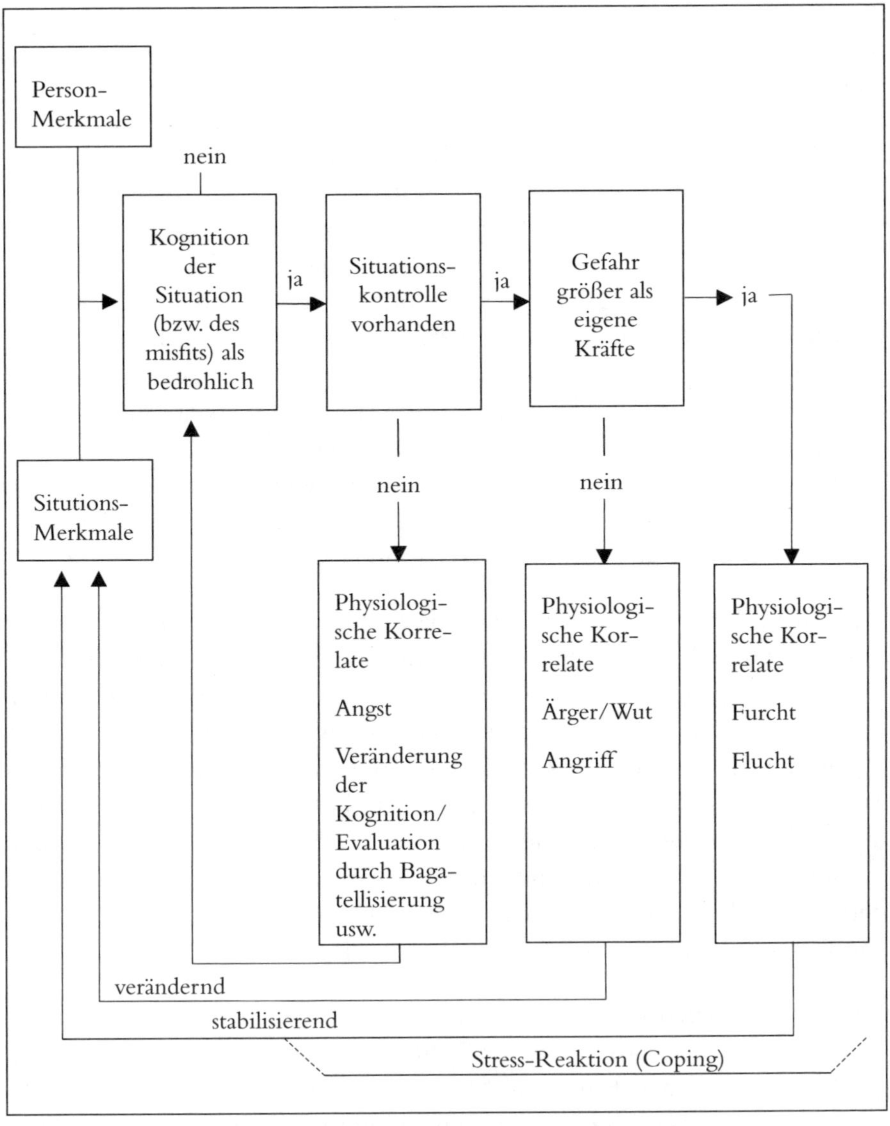


**Abb. 32:** Reaktionen auf eine als bedrohlich eingeschätzte Situation (nach Gebert/von Rosenstiel 2002, S. 125)

Coping kann auf drei Ebenen wirksam werden, die den Merkmalen der Emotionen entsprechen: Der physiologischen Ebene – vor allem wird das sogenannte Stresshormon »Adrenalin« ausgeschüttet, das den Körper auf größere Leistungsfähigkeit einstellt; der motorischen Ebene im Sinne von

Angriffs- oder Fluchtverhalten – das entspricht dem Handlungsimpuls, der häufig mit Emotionen verbunden ist (Scherer 1996) – und der Einwirkung auf die Gefühle, z.B. durch die Steuerung der Gedanken.

Bei der sekundären Bewertung werden zunächst die Bewältigungsmöglichkeiten geprüft – kann man die Situation so verändern, dass sie besser zur Person passt? Das ist die Frage nach der Situationskontrolle. Kann man die Situation nicht kontrollieren, erlebt man Angst. In der Folge neigen manche Menschen dazu, die Situation »schön zu reden«, sie zu bagatellisieren. Erfahren die Mitarbeiter/innen, dass ihr Unternehmen in ernsten wirtschaftlichen Schwierigkeiten steckt, so werden das die meisten als bedrohliche Situation erleben. Sehen sie keine Möglichkeit, durch eigenes Verhalten den Konkurs und die drohende Arbeitslosigkeit abzuwenden, erleben sie Angst und manche werden sich einreden, dass es »schon nicht so schlimm werden wird«. Das kann die Angst kurzfristig reduzieren, auf Dauer bleibt aber die bedrohliche Situation bestehen.

Sieht man dagegen Möglichkeiten, die Situation zu kontrollieren, werden im nächsten Schritt die eigenen Fähigkeiten geprüft (»ist die Gefahr größer als die eigenen Kräfte?«). Die Mitarbeiter/innen im Beispielfall könnten also den Eindruck haben, dass sich der Konkurs durch Mehrarbeit, Verbesserung der Qualität der Arbeit und Lohnverzicht abwenden lässt. Sehen sie sich dazu in der Lage, kommt es zu dem bekannten Effekt des »Ärmel-Hochkrempelns« – der erlebte Ärger über die Situation führt zur Mobilisierung ungeahnter Kräfte und einem Angriffsverhalten. Dadurch wird die Situation, d.h. die wirtschaftliche Lage des Unternehmens, verändert – hoffentlich mit der Folge, dass die Ursachen der Bedrohung beseitigt werden.

Erscheint dagegen die Gefahr größer als die eigenen Kräfte – kann das Unternehmen nach Meinung der Mitarbeiter/innen auch durch noch so großen persönlichen Einsatz nicht gerettet werden – erlebt man Furcht. In der Folge neigen Menschen zu Fluchtreaktionen, entweder real oder in Gedanken. Eine reale Fluchtreaktion stellt im Beispiel die Kündigung dar. In Gedanken kann man fliehen, indem alle kritischen Hinweise der Situation ignoriert und die bedrohlichen Gedanken »verdrängt« werden. Häufig schließt sich nach Lazarus (Lazarus/Folkman 1984) an diese Prozesse der Bewältigung noch eine dritte Phase an, in der die Ergebnisse des eigenen Handelns, die Auswirkungen auf die Situation *neu bewertet* werden. Durch solche Rückkopplungen können auch Lernprozesse erklärt werden

– wer mit einer bestimmten Bewältigungsstrategie gute Erfahrungen gemacht hat, wird sie künftig in bedrohlichen Situationen wieder einsetzen. Da Fluchtreaktionen das Gefühl der Furcht verringern, können sie im Sinne einer negativen Verstärkung – die Wegnahme eines unangenehmen Reizes wird wie eine Belohnung erlebt (s.u. 3.2.2) – das Fluchtverhalten belohnen. So lernen manche Menschen, vor Bedrohungen davon zu laufen.

Das Modell von Lazarus erklärt, wie Emotionen, speziell negative, in Organisationen entstehen. Daher eignet es sich auch, um Stress in Organisationen zu erklären.

### 3.5.3 Negative Emotionen: Stress in Organisationen

Als *Stress* wird ein unangenehmer Spannungszustand bezeichnet, der entsteht, wenn eine subjektiv bedeutsame Situation als sehr bedrohlich eingeschätzt wird (Greif 1991; vgl. auch Richter/Hacker 1998; Zapf/Dormann 2001; Cooper/Dewe/O'Driscoll 2001). In Anlehnung an das Modell von Lazarus (Lazarus/Folkman 1984) lässt sich das Stressgeschehen folgendermaßen abbilden:

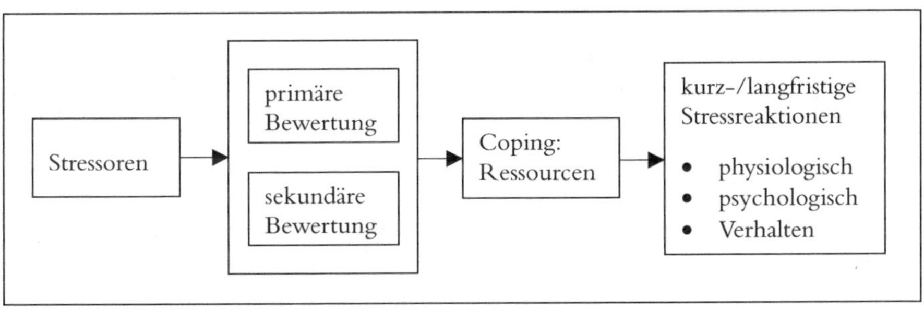


**Abb. 33:** Stressoren, Bewertungen und Stressreaktionen

*Stressoren*, häufig auch als Belastungen bezeichnet, sind Ereignisse, die mit größerer Wahrscheinlichkeit Stress auslösen können (Greif 1991). Da nicht alle Menschen auf dieselbe Situation gleich reagieren, sind Stressoren nur im statistischen Sinne in der Lage, Stress auszulösen: Manche Menschen reagieren auf Zeitdruck mit intensiv-unangenehmen Spannungszuständen, andere fühlen sich durch Zeitdruck herausgefordert und werden zu ihren besten Leistungen beflügelt. Unter dieser Einschränkung lassen sich eine Reihe von Stressoren ermitteln (Zapf/Dormann 2001):

- *Physische Stressoren*, dazu zählen Lärm, Hitze, unangenehme Gerüche, regelmäßiges Tragen schwerer Lasten etc.
- *Kognitive Stressoren*, die aus der Arbeitsaufgabe oder der Arbeitssituation entstehen können. Zu den Stressoren der Arbeitsaufgabe zählen der Zeitdruck, Konzentrationsanforderungen oder die Unsicherheit darüber, welche Ergebnisse man erzielen soll; zur Arbeitssituation zählen Probleme der Abstimmung zwischen Abteilungen oder ständige Unterbrechungen.
- *Soziale Stressoren* entstehen aus der Zusammenarbeit mit anderen Menschen, besonders problematisch ist das sogenannte Mobbing (Neuberger 1999): Dabei versuchen Kollegen oder Vorgesetzte, einen Mitarbeiter systematisch »fertig zu machen«.
- *Emotionale Stressoren* entstehen vor allem aus der Anforderung zur Emotionsarbeit. Alle Tätigkeiten, die im direkten Kontakt mit Kunden durchgeführt werden, fordern, dass sich die Mitarbeiter/innen gegenüber den Kunden in einer angemessenen Weise verhalten. Das heißt, sie sollen gegenüber den Kunden bestimmte Gefühle zeigen, auch wenn sie diese nicht erleben. Die Herstellung eines solchen Gefühlsausdrucks bezeichnet man als *Emotionsarbeit* (Hochschild 1990; vgl. Rastetter 1999). Emotionsarbeit bedeutet, einen Gefühlsausdruck herzustellen und zu zeigen, der in Einklang mit den Erwartungen und Vorschriften steht. Das kann subjektiv sehr belastend sein und zu Stress führen (Nerdinger 2001d).

Treten solche Stressoren in der Arbeitssituation auf und werden sie als bedrohlich eingeschätzt, überprüft der Betroffene im Rahmen der sekundären Bewertung seine Bewältigungsmöglichkeiten und -fähigkeiten. Entscheidend ist die Frage, welche *Ressourcen* zur Verfügung stehen. Dabei lassen sich interne und externe Ressourcen unterscheiden (Zapf/Dormann 2001): *Interne Ressourcen* sind solche Merkmale der Person, die sie einsetzen kann, um Stress zu bewältigen. Dazu zählen z.B. Fähigkeiten zur Problemlösung und berufliche Qualifikationen, die besonders wichtig sind, wenn die Arbeitsaufgabe zur Quelle des Stresses wird. Zur Bewältigung sozialer Belastungen sind dagegen soziale Kompetenzen wichtig (Greif

1994), d.h. Fähigkeiten für den Umgang mit anderen Menschen. *Externe Ressourcen* sind Möglichkeiten zur Bewältigung von Stress, die durch die Arbeitssituation gegeben sind. Die wichtigsten Möglichkeiten sind die soziale Unterstützung und der Handlungsspielraum.

- *Soziale Unterstützung* können Kollegen, Vorgesetzte, Mitarbeiter/innen, Ehepartner und Freunde in verschiedensten Formen geben (Frese/Semmer 1991): Sie können direkte Hilfe leisten, wenn z.B. in der zur Verfügung stehenden Zeit eine Aufgabe allein nicht mehr zu bewältigen ist; sie können Informationen geben, beispielsweise wichtige Hinweise, wie sich eine Aufgabe schneller erledigen lässt; emotionale Unterstützung wird erlebt, wenn andere zuhören, Verständnis zeigen, trösten oder beruhigen; schließlich kann soziale Unterstützung auch bewertungsbezogen erfolgen, z.B. wenn ein anderer die Entscheidungen bestätigt und damit den »Gestressten« in seiner Entscheidung bestärkt.
- Mit *Handlungsspielraum* wird in der Arbeitspsychologie der Grad der Autonomie bezeichnet, über den ein Mitarbeiter verfügt. Dazu zählen zum einen, wie viele verschiedene Tätigkeiten man selbstständig ausführen darf, zum anderen die Möglichkeiten, im Rahmen der Tätigkeit eigenverantwortlich Entscheidungen zu treffen.

Die internen und vor allem die externen Ressourcen sind bei der Stressbewältigung in Organisationen so wichtig, da sich die Stressoren häufig nicht verändern lassen: Zum Beispiel ist einer der wichtigsten Stressoren in einem Call Center der ständige Zeitdruck, unter dem man die Gespräche führen muss. Dieser kann aber aus betriebswirtschaftlichen Gründen gewöhnlich nicht reduziert werden. In diesem Fall ist es sinnvoll, zur Stressreduktion den Handlungsspielraum der Mitarbeiter/innen zu erhöhen und die soziale Unterstützung durch den Vorgesetzten und die Kollegen zu verbessern (Metz/Rothe/Degener 2001). Damit lassen sich die Folgen des Stresses zumindest abmildern. Die wichtigsten Stressfolgen zeigt die folgende Darstellung (Abb. 34)

Hervorzuheben sind zum einen die kurzfristigen physiologischen Reaktionen: erhöhte Herzfrequenz, Blutdrucksteigerung und Adrenalinausschüttung. Hans Selye (1974), der auch als »Vater der Stressforschung« bezeichnet wird, hat diese Reaktionen zum ersten mal beschrieben und als »Allgemeines Anpassungssyndrom« bezeichnet. Es handelt sich hier um ei-

<table>
<tr><th colspan="2"></th><th>kurzfristige aktuelle Reaktionen</th><th>mittel- bis langfristige chronische Reaktionen</th></tr>
<tr><td colspan="2">physiologisch, somatisch</td><td>• erhöhte Herzfrequenz<br>• Blutdrucksteigerung<br>• Adrenalinausschüttung (»Stresshormon«)</td><td>• allgemeine psychosomatische Beschwerden und Erkrankungen</td></tr>
<tr><td colspan="2">psychisch (Erleben)</td><td>• Anspannung<br>• Frustration<br>• Ärger<br>• Ermüdungs-, Monotonie-, Sättigungsgefühle</td><td>• Unzufriedenheit, Resignation, Depression</td></tr>
<tr><td rowspan="2">verhaltensmäßig</td><td>individuell</td><td>• Leistungsschwankung<br>• Nachlassen der Konzentration<br>• Fehler<br>• schlechte sensumotorische Koordination</td><td>• vermehrter Nikotin-, Alkohol-, Tablettenkonsum<br>• Fehlzeiten (Krankheitstage)</td></tr>
<tr><td>sozial</td><td colspan="2">• Konflikte<br>• Streit<br>• Aggression gegen Andere<br>• Rückzug (Isolierung) innerhalb und außerhalb der Arbeit</td></tr>
</table>

**Abb. 34**: Kurz- und langfristige Stressfolgen (nach Udris/Frese 1988, S. 432)

nen biologisch-programmierten Mechanismus, mit dem Menschen auf alle Situationen reagieren, die erhöhte Leistungsfähigkeit erfordern. Insofern ist Stress ein völlig natürlicher Vorgang, der erst dann gefährlich für die Gesundheit wird, wenn dieser Zustand lange andauert und nicht angemessen bewältigt wird. Zum anderen sind die langfristigen Reaktionen zu beachten, vor allem der erhöhte Nikotin-, Alkohol- und Tablettenkonsum. Das sind Versuche, Stress zu bewältigen, die letztlich den Körper noch mehr schädigen.

Da durch die in Organisationen allgegenwärtige Gefahr des Stresses die Gesundheit der Mitarbeiter/innen bedroht ist, kommt der Verhinderung (Prävention) bzw. der Unterstützung bei der Bewältigung von Stress große Bedeutung zu. Dabei kann man entweder an der Organisation oder der

Person ansetzen (vgl. Bamberg/Ducki/Metz 1998). *Organisationsbezogene Maßnahmen* liegen zum einen in einer gesundheitsförderlichen Arbeitsgestaltung. Bei solchen Maßnahmen wird versucht, die Arbeit so zu gestalten, dass möglichst keine Stressoren auftreten. Zum Beispiel kann der Lärm gezielt reduziert werden oder die organisatorischen Abläufe werden so gestaltet, dass weniger Konflikte auftreten. Häufig ist es aber nicht möglich, Stressoren auszuschalten. In diesen Fällen wird versucht, Handlungsspielräume zu erhöhen und soziale Unterstützung zu erhöhen, damit die Mitarbeiter/innen mit dem unvermeidlichen Stress besser umgehen können.

Vor allem bei Führungskräften und Managern werden gewöhnlich *personbezogene Maßnahmen* zur Stressbewältigung gewählt. Zu diesem Zweck erlernen die Manager auf Seminaren wichtige Techniken zum Umgang mit Stress. Die meisten dieser Seminare umfassen im Kern drei Phasen (vgl. z.B. Meichenbaum 1991):

1. *Informationsphase:* Die Teilnehmer lernen Stresskonzepte kennen; anschließend erlernen sie, ihre Arbeitssituation in Bezug auf Stress zu analysieren; ihre Wahrnehmung wird für die persönlichen Reaktionen auf Stress sensibilisiert; die eingeschliffenen Bewältigungsformen werden kritisch hinterfragt.

2. *Lern- und Übungsphase:* Im nächsten Schritt werden Strategien der Stressbewältigung vermittelt und geübt, dazu zählen Entspannungstechniken und Maßnahmen der kognitiven Umstrukturierung, wodurch die Teilnehmer einen neuen Blickwinkel auf ihre Situation gewinnen.

3. *Anwendungs- und Nachtrainingsphase:* Mit Vorstellungsübungen und Rollenspielen werden die erlernten Techniken vertieft, dabei wird die Konfrontation mit Stressoren zunehmend schwieriger gestaltet.

Nach dem Besuch sorgfältig entwickelter und durchgeführter Stressmanagement-Trainings klagen die Teilnehmer weniger über Beschwerden und gehen insgesamt erfolgreicher mit ihrer Arbeitssituation um (Bamberg/Busch 1996).

## 3.6 Zusammenfassung

- Die wichtigsten intrapersonalen Bedingungen des Verhaltens sind zum einen die kognitiven Prozesse – Wahrnehmung, Denken und Lernen –, zum anderen die aktivierenden Prozesse der Motivation und der Emotion.
- Wahrnehmung beschreibt die Vorgänge, durch die ein Mensch Kenntnis von den Zuständen und Ereignissen in der Umwelt erhält. Aufnahme und Verarbeitung von Informationen lassen sich anhand des Drei-Speicher-Modells analysieren. Wahrnehmung erweist sich dabei als aktiver Prozess, in dem Informationen selektiv ausgewählt und schematisch verarbeitet werden. Besondere Bedeutung für das Verhalten in Organisationen haben Personenschemata, die u.a. im Einstellungsgespräch den Eindruck von Bewerbern bestimmen. Durch multimodale Interviews kann die verzerrende Wirkung solcher Schemata verringert werden.
- Denken nimmt die vielfältigsten Formen an, von der freien Assoziation bis zum streng logischen Denken. Für das Verhalten in Organisationen sind drei Formen besonders wichtig: Die Zuschreibung von Ursachen, das Urteilen und das Entscheiden. Die Ursachen von Verhalten werden von Beobachtern bevorzugt in der Person des Handelnden gesucht, diese sehen dagegen die Ursachen eher in ihrer Umwelt. Das ist die Quelle vieler Missverständnisse, die v.a. die Zusammenarbeit zwischen Vorgesetzten und Mitarbeiter/innen belasten können. Urteile werden gewöhnlich anhand von Heuristiken gefällt, die sich aufgrund der Erfahrung ausbilden. Solche Heuristiken ermöglichen schnelle Urteile, können aber auch zu Fehlurteilen führen, die bei Führungskräften gravierende Auswirkungen haben. Dies zeigt sich auch bei Entscheidungen, die aufgrund der menschlichen Informationsverarbeitung systematisch verzerrt werden. Daher müssen in Unternehmen die logischen Voraussetzungen von Entscheidungen besonders genau beachtet werden.
- Lernen umfasst alle Formen des Aufbaus oder der Veränderung von Verhaltens- und Erlebensmöglichkeiten, soweit diese auf Erfahrung zurückgehen. Solche Änderungen treten auf, wenn auf ein Verhalten positive oder negative Konsequenzen folgen (operante Kondi-

tionierung) bzw. wenn solche Zusammenhänge zwischen Verhalten und Konsequenzen beobachtet werden (Lernen am Modell). Diese Gesetzmäßigkeiten werden im Rahmen der Aus- und Weiterbildung in Organisationen systematisch eingesetzt, um das Verhalten der Mitarbeiter/innen im Sinne der Anforderungen zu entwickeln.

- Motivation erklärt die Richtung, Intensität und Ausdauer des Verhaltens. In Organisationen sind vor allem die Wirkungen auf die Leistung und die Zufriedenheit der Mitarbeiter/innen von Interesse. Nach dem Modell von Herzberg wird Unzufriedenheit in erster Linie durch Hygienefaktoren ausgelöst, d.h. Merkmalen, die nicht direkt mit der Arbeit verbunden sind. Zufriedenheit und Leistung lösen dagegen Motivatoren aus, die mit der Tätigkeit verbunden sind. Zur Motivation von Mitarbeiter/innen müssen daher Führungskräfte das Hauptaugenmerk auf die Gestaltung der Tätigkeit richten.

- Emotionen umfassen physiologische Vorgänge sowie die zugehörigen Gefühle und deren sichtbaren Ausdruck im Verhalten. Sie stehen im Kern des Stressgeschehens, das für Organisationen insofern wichtig ist, als dadurch die Leistung und das Wohlbefinden der Mitarbeiter/innen negativ beeinflusst wird. Stress entsteht, wenn eine Situation als bedrohlich erlebt und keine Möglichkeit gesehen wird, sie zu bewältigen. In Organisationen wird entweder versucht, die Arbeitssituation so zu gestalten, dass kein Stress auftritt oder aber den Mitarbeiter/innen werden Methoden vermittelt, um den Stress bewältigen zu können.

## Vertiefungsliteratur zu Kapitel 3

*Goldstein, E.B.* (1997): Wahrnehmungspsychologie. Eine Einführung, Heidelberg.
*Lazarus, R.S.* (1999): Stress and emotion. A new synthesis, New York.
*Lüer, G./Spada, H.* (1990): Denken und Problemlösen, in: Spada, H. (Hrsg.): Lehrbuch Allgemeine Psychologie, Göttingen, S. 189–280.
*Nerdinger, F.W.* (1995): Motivation und Handeln in Organisationen, Stuttgart.
*Sonntag, K.-H.* (1996): Lernen im Unternehmen, München.

# 4 Interpersonale Bedingungen

Nach den Bedingungen des Verhaltens, die *in* der Person wirken, werden im Folgenden wichtige Bedingungen vorgestellt, die *zwischen* Personen wirken und deren Verhalten bestimmen. Fundamental für die Funktionsfähigkeit von Organisationen ist dabei das Phänomen der Macht. Macht vermittelt sich auf kommunikativem Wege, Kommunikation ist das wichtigste Mittel, um Einfluss auf das Verhalten in Organisationen auszuüben. Durch Kommunikation werden die Rollen festgelegt und auch die spezielle Dynamik, die Gruppen entfalten, lässt sich auf die Kommunikation zwischen den Mitgliedern einer Gruppe zurückführen.

## 4.1 Macht

Macht ist in Organisationen ein allgegenwärtiges Phänomen (Buschmeier 1995). Letztlich ist es die hierarchisch gestaffelte Macht, die ein Funktionieren der Organisation gewährleistet. Trotz dieser zentralen Bedeutung wird aber nicht sehr gern über Macht in Organisationen gesprochen, nicht von wissenschaftlicher Seite und noch viel weniger von Seiten derer, die Macht in Organisationen ausüben. Die Anwendung von Macht wirkt in unserer Gesellschaft geradezu anrüchig. Daher wird allenthalben ein Bild der Organisation entworfen, die allein aufgrund zweckrationaler Logik funktioniert, wobei sich alle Beteiligten durch Einsicht in die Erfordernisse der Organisation dieser Logik unterwerfen. Zum Verständnis des Verhaltens in Organisationen ist es daher besonders wichtig, die Wirkungsweisen von Macht zu durchschauen.

### 4.1.1 Zum Begriff der Macht

Macht ist ein schillernder Begriff: Da es sich dabei um nichts konkret fassbares handelt – es geht um Beziehungen zwischen Menschen in Form der Fremdbestimmung –, finden sich unendlich viele Definitionsversuche, die sich teilweise enorm unterscheiden. Der Begriff selbst leitet sich nicht von »machen« ab, sondern von »(ver)mögen« (Neuberger 1995): Macht ist die Möglichkeit, etwas in Bewegung zu setzen. Das wird in der wohl am häufigsten zitierten Definition, die von dem deutschen Soziologen Max Weber stammt, sehr deutlich: »Macht bedeutet jede Chance, innerhalb einer sozialen Beziehung den eigenen Willen auch gegen Widerstreben durchzusetzen, gleichviel worauf diese Chance beruht« (Weber 1980, S. 28). Weber hat ein interpersonales Verständnis von Macht, da es sich dabei um etwas handelt, was sich »innerhalb einer sozialen Beziehung« entfaltet. Damit wird die Macht, die apersonal vom System »Organisation« ausgeübt wird, nicht berücksichtigt (vgl. dazu Neuberger/Conradi/Maier 1985; Neuberger 1995). Weiterhin unterscheidet sich diese Definition auch vom Alltagsverständnis, das häufig Macht als ein Merkmal von Personen ansieht: Nach dem Alltagsverständnis *hat* z.B. der Präsident der Vereinigten Staaten von Amerika die Macht, Terroristen zu jagen. Im Sinne von Max Weber dagegen leitet sich diese Macht allein aus der Stellung des Präsidenten innerhalb des sozialen Systems »Staat« ab – der Präsident besitzt daher keine Macht, er übt die ihm verliehene Macht aus.

Macht ist nach Weber (1980) eine Chance, d.h. es besteht die *Möglichkeit*, seinen Willen durchzusetzen. Eine solche Chance kann, muss aber nicht genutzt werden. Häufig genügt es zu wissen, dass jemand diese Möglichkeit hat – dann verhalten sich die anderen so, wie es derjenige wünscht, der über diese Möglichkeiten verfügt. Schließlich verweist die Definition auch darauf, dass der eigene Wille durchgesetzt werden kann, was letzten Endes die Möglichkeit bedeutet, Zwang einzusetzen. Gleichviel, worauf diese Möglichkeit beruht, kann Gehorsam erzwungen werden.

### 4.1.2 Grundlagen der Macht

Max Weber lässt offen, worauf die Chance zur Durchsetzung des eigenen Willens beruht. Das ist die Frage nach den Grundlagen der Macht, häufig auch als Machtquellen oder Machtbasen bezeichnet. Hier lassen sich eine Reihe von Grundlagen unterscheiden, wobei Yukl und Falbe (1991) in Anlehnung und Erweiterung einer weit verbreiteten Klassifikation von French und Raven (1959) nach der Position oder der Person des Machtträgers differenzieren (vgl. dazu Weibler 2001, S. 66ff.):

| Machtbasen | |
|---|---|
| **Positionsmacht** | **Personenmacht** |
| • Amtsautorität | • Expertenmacht |
| • Belohnungsmacht | • Überzeugungsmacht |
| • Bestrafungsmacht | • Identifikationsmacht |
| • Informationsmacht | • Charismatische Macht |

**Abb. 35:** Klassifikation der Machtgrundlagen (Yukl/Falbe 1991, nach Weibler 2001, S. 68)

Folgende Machtgrundlagen leiten sich von der *Position* in der Organisation ab:

- *Amtsautorität:* Dabei handelt es sich um eine Form der legitimierten Macht (French/Raven 1959). In unserer Gesellschaft ist es ein allgemein anerkannter Wert, dass jemand, der ein Amt ausfüllt, auch Einfluss ausüben darf. Da sich die meisten Menschen in ihrem Handeln an diesem Wert orientieren, können Amtsinhaber aufgrund des Amtes, das sie bekleiden, Macht ausüben. Ein Mitarbeiter, der neu in ein Unternehmen eintritt, fügt sich den Weisungen einer Führungskraft allein wegen des Wissens um die Position der entsprechenden Person im Unternehmen.

- *Belohnungsmacht:* Gewöhnlich ist mit einem Amt auch die Möglichkeit verbunden, andere für ihr Verhalten zu belohnen – hier und im weiteren zeigt sich, dass die Klassifikation nicht ganz trennscharf ist. Belohnen heißt, dass auf ein Verhalten angenehme Konsequenzen folgen. Um Mitarbeiter/innen zu beeinflussen, werden in Unternehmen vor allem finanzielle Belohnungen in Aussicht gestellt, aber auch Möglichkeiten des Aufstiegs, soziale Leistungen und vieles mehr.

- *Bestrafungsmacht:* Das ist das Gegenstück zur Belohnungsmacht, die Möglichkeit, auf unerwünschtes Verhalten mit negativen Konsequenzen zu reagieren. Häufig genügt bereits das Wissen um diese Möglichkeiten, damit Menschen unerwünschtes Verhalten unterlassen. In Unternehmen wird im Ernstfall mit Abmahnungen oder Kündigungen gedroht – wie bereits festgestellt, sind Drohungen und Bestrafungen eine problematische Machtbasis: Sie erfordern ständige Kontrolle des Verhaltens und einmal angedrohte Konsequenzen müssen auch realisiert werden, sonst wird der Drohende unglaubwürdig (s.u. 3.3.2).

- *Informationsmacht:* Damit ist eine der wichtigsten Machtquellen in modernen Organisationen gemeint, die Möglichkeit, Informationen zu kontrollieren und zu verteilen, die für andere wichtig sind (Crozier/Friedberg 1979; Neuberger 1995). Je größer eine Organisation ist, desto schwieriger ist es, an solche Informationen zu gelangen. In der Folge hat derjenige, der über sie verfügt, den größten Einfluss.

In Bezug auf die *Person* des Machtträgers unterscheiden Yukl und Falbe (1991) ebenfalls vier Machtbasen:

- *Expertenmacht:* Diese Form ist der Informationsmacht nicht unähnlich, allerdings beschränkt sie sich auf ein Wissen, über das eine Person aufgrund ihrer Ausbildung und Qualifikation verfügt. Ist z.B. ein Informatiker der einzige Mitarbeiter, der eine für die Funktion der Organisation wichtige Datenbank adäquat bedienen kann, so werden andere von seinem Expertenwissen abhängig. Das kann er einsetzen, um Einfluss auszuüben.

- *Überzeugungsmacht:* Manche Menschen können andere durch geschickte rationale Argumentation überzeugen und sie dazu bringen, dass sie das machen, was der Überzeugende von ihnen wünscht.

- *Identifikationsmacht:* Grundlage dieser Machtbasis ist ein von der Psychoanalyse (Freud 1969) entdeckter Mechanismus, bei dem sich Menschen mit einem anderen emotional gleichsetzen – sich mit ihm identifizieren – und seine Motive und Ideale übernehmen. Dabei handelt es sich allerdings um eine extreme Form. In Organisationen wird gewöhnlich der wertgeschätzte Vorgesetzte oder ein Kollege zum Modell für eigenes Verhalten. Der Beeinflusste wird aus innerster Überzeugung mit dem übereinstimmen, was der Beeinflussende bei ihm erreichen möchte.

- *Charismatische Macht:* Charisma hat Max Weber (1980) als entscheidendes Merkmal der Mächtigen identifiziert. Da es sich dabei um einen schwer definierbaren Begriff handelt, wurde charismatische Macht lange Zeit nicht beachtet (zum Begriff des Charismas und seiner Entwicklung vgl. Steyrer 1995). Neuerdings wird Charisma wieder als eine eigenständige Machtbasis diskutiert, wobei die Überschneidungen mit der Identifikationsmacht beträchtlich sind. Charismatische Macht gründet in der Begeisterung, die ein charismatischer Mensch auslösen kann und diesen in die Lage versetzt, allein durch seine »Ausstrahlung« andere zu beeinflussen. Entscheidend ist dabei nicht eine objektive Qualität der Persönlichkeit, sondern die Attribution durch die Beeinflussten: Wem sie Charisma zuschreiben, der kann ihr Verhalten beeinflussen.

In Organisationen interessiert vor allem, wie der Einsatz bestimmter Machtbasen auf die Leistung und die Zufriedenheit der Mitarbeiter/innen wirkt. Dabei wurden folgende Zusammenhänge nachgewiesen (Luthans 2001):

- Bestrafungsmacht kann zwar kurzfristig Gehorsam auslösen, führt aber längerfristig zu schlechter Leistung und Unzufriedenheit der Mitarbeiter/innen.
- Macht durch Belohnung kann unter bestimmten Bedingungen Leistung und Zufriedenheit steigern, ist aber sehr sättigungsanfällig, d.h. die Mitarbeiter/innen müssen auf Dauer immer stärker belohnt werden.
- Amtsautorität erklärt vorwiegend gehorsames Verhalten.
- Charismatische Macht ist nur schwer steuerbar und führt nur unter sehr begrenzten Bedingungen zu positiven Wirkungen auf die Leistung und die Zufriedenheit.
- Expertenmacht zeigt die stärksten Auswirkungen auf Leistung und Zufriedenheit.

Eine exzellente fachliche Basis ist demnach die beste Grundlage, um in Organisationen andere zu beeinflussen. Damit Expertenmacht wirken kann, muss man allerdings seine Kompetenz auch in unmittelbarer Kommunikation demonstrieren können, wie folgendes Experiment zeigt.

## Mitbestimmung und die Macht der Experten

Mulder (1977; vgl. Neuberger et al. 1985) hat in einer Reihe von Laborexperimenten folgende Hypothese untersucht: Wenn zur Lösung von Aufgaben Fachwissen nötig ist, führt Partizipation, d.h. eine Beteiligung der Gruppe an der Entscheidung, zu einem größeren Einfluss des Experten. In einem seiner Experimente mussten z.B. die Teilnehmer ein Stadtplanungsproblem lösen, wobei einige mehr Sachinformationen bekamen, sie verfügten also über Expertenmacht. Folgende Ergebnisse zeigten sich in Abhängigkeit vom Grad der Beteiligung an der Entscheidungsfindung:

| Expertenmacht | geringe Mitbeteiligung | hohe Mitbeteiligung |
|---|---|---|
| niedrig | 27,6 | 27,6 |
| hoch | 44,8 | 86,2 |

**Abb. 36:** Meinungsänderungen unter verschiedenen Macht- und Beteiligungsbedingungen (nach Neuberger et al. 1985, S. 214)

Geringe Expertenmacht hat keine Auswirkungen auf die Beeinflussung (obere Zeile). Dagegen werden Gruppen, die an der Entscheidung beteiligt waren, sehr viel stärker von den Experten beeinflusst (86,2 %) im Vergleich zu dem Fall, in dem sie wenig mitzureden haben (44,8 %): Die Mehrheit lässt sich demnach von Fachwissen überzeugen, wenn der Experte die Möglichkeit hat, dieses zu demonstrieren. Ein Instrument der »Demokratisierung« – die Partizipation an der Entscheidungsfindung (Antoni 1999) – kann also den Einfluss der Experten erhöhen.

In diesem Fall akzeptieren die Machtbetroffenen den Einfluss der Person, die über Expertenmacht verfügt. Das ist aber nur eine mögliche Reaktion auf den Einfluss, der aufgrund von Machtbasen ausgeübt wird.

### 4.1.3 Reaktionen der Machtbetroffenen: Die Theorie der Reaktanz

Prinzipiell haben die Machtbetroffenen drei Möglichkeiten, auf die Ausübung von Macht zu reagieren (vgl. Heckhausen 1989; Fischer/Wiswede 2002): Sie können den Einfluss akzeptieren, z.B. weil sie sich mit dem Machtausübenden identifizieren oder seine Expertenmacht respektieren, vielleicht auch, weil sie sich selbst Vorteile davon versprechen. Eine zweite Möglichkeit ist bloße Unterwerfung – man fügt sich, da es offensichtlich zwecklos ist, Widerstand zu leisten. Eine dritte Möglichkeit ist die sogenannte Reaktanz (Brehm 1966; Brehm/Brehm 1981; vgl. Dickenberger/Gniech/Grabitz 1993). Reaktanz ist ein motivationaler Zustand, der eintritt, wenn sich ein Individuum in seiner Freiheit beeinträchtigt fühlt und der auf die Wiederherstellung dieser Freiheit drängt. Brehm (1966; Brehm/Brehm 1981) hat die grundlegenden Aspekte dieses Prozesses in einer Reihe von Postulaten formuliert, die als Theorie der Reaktanz bezeichnet werden.

**Theorie der Reaktanz (Brehm 1966; Brehm/Brehm 1981)**

1. Individuen haben die Freiheit, bestimmte Verhaltensweisen auszuführen oder nicht.
2. Nimmt ein Individuum wahr, dass ihre Verhaltens- oder Meinungsfreiheit eingeschränkt wird, entsteht Reaktanz. Reaktanz ist ein motivationaler Spannungszustand, der darauf gerichtet ist, die bedrohte Freiheit wieder herzustellen.
3. Die Stärke der Reaktanz wird durch drei Faktoren bestimmt:

3.1 Der Umfang des (subjektiven) Freiheitsverlustes: Er wird bestimmt über die absolute Größe – z.B. die Anzahl der bedrohten Alternativen – und die relative Verringerung des Freiheitsspielraums.

3.2 Die Stärke der Einengung: Je größer die Bedrohung einer Freiheit ist, desto mehr Reaktanz wird mobilisiert.

3.3 Die Wichtigkeit der eingeengten Freiheit.

4. Reaktanz wird reduziert durch ein Verhalten, das die Situation ändert oder aber durch kognitive Umstrukturierung.

1. Ausgangspunkt ist die Freiheit, ein bestimmtes Verhalten auszuführen. Sie bezieht sich auf die Möglichkeit, selbst entscheiden zu können, ob die gegenwärtige Situation geändert oder – auch gegen den Wunsch anderer – beibehalten wird. Im Rahmen der Mitgliedschaft in einer Organisation ist diese Möglichkeit prinzipiell eingeschränkt. Allerdings unterscheiden sich die Menschen darin, ob sie die Einflussversuche z.B. von Vorgesetzten in einer Organisation als legitim ansehen. In diesem Fall wird keine Einschränkung der Freiheit erlebt. Erleben sie den Einflussversuch als Eingriff in die persönlichen Rechte, vor allem in das Selbstbestimmungsrecht, besteht die Gefahr, dass Reaktanz auftritt.

2. Die zweite Annahme setzt voraus, dass ein Beeinflussungsversuch bewusst wahrgenommen wird: Der Mitarbeiter muss den Eindruck haben, ein anderes Mitglied der Organisation möchte ihn zu einem bestimmten Verhalten bewegen. Reaktanz wird vor allem dann auftreten, wenn die Freiheitseinengung als illegitim oder als willkürlich erachtet wird und der Mitarbeiter sich ausgeliefert fühlt (Dickenberger et al. 1993).

3. Die Stärke der Reaktanz hängt von verschiedenen Faktoren ab, wobei in Bezug auf das Verhalten in Organisationen die Wichtigkeit des Freiheitsspielraums für das Individuum von besonderer Bedeutung ist. So werden z.B. Versuche, Mitarbeiter/innen zu Überstunden zu bewegen, bei freizeitorientierten Mitarbeiter/innen (von Rosenstiel/Nerdinger 2000) besonders heftige Reaktanz hervorrufen.

4. Auf der Verhaltensebene kann Reaktanz zu verschiedenen Formen der Wiederherstellung der bedrohten Freiheit führen. Eine direkte Wiederherstellung wird als *Bumerang-Effekt* bezeichnet, umgangssprachlich handelt es sich hier um eine »Trotzreaktion«. In einer Organisation kann Reaktanz entstehen, wenn ein Vorgesetzter einem Mitarbeiter einen Aufgabenbereich, den dieser als sehr attraktiv erlebt und den er bislang weitgehend selbständig bearbeiten konnte, entzieht und einem anderen Kollegen zuweist (vgl. Thomas 1992). Zum Beispiel kann in einer Bank einem Kundenbetreuer die eigenständige Betreuung von anspruchsvollen Firmenkunden entzogen werden. Seine Reaktanz wird in diesem Fall noch verstärkt, wenn dem Mitarbeiter stattdessen weitgehend weisungsgebundene, von ihm als langweilig empfundene Aufgaben zugewiesen werden, möglicherweise die Nachbereitung von

Finanzierungen, die andere Betreuer durchgeführt haben. Als direkte Reaktion darauf könnte der Mitarbeiter entgegen der Anweisungen seine bisherigen Aufgaben weiter betreuen. Wenn er dabei vom Vorgesetzten »erwischt« wird, könnte er behaupten, dass die Kunden sich immer noch an ihn wenden, da er ein so guter Betreuer war, und er durch sein eigenmächtiges Handeln den Zielen der Bank dient. Die ultima ratio der direkten Reaktion ist allerdings, sich versetzen zu lassen oder gar zu kündigen – diese Möglichkeiten sind gewöhnlich sehr eingeschränkt bzw. haben sehr weit reichende Folgen und werden nur in extremen Fällen von Reaktanz ergriffen.

Das Beispiel verdeutlicht, dass in Organisationen direkte Reaktionen schwierig sind. Meist lassen sie sich nur durchführen, wenn der Vorgesetzte bei seinem Vorgehen gegen offizielle Regelungen verstoßen hat. Häufiger sind dagegen indirekte Reaktionen. So kann der Mitarbeiter im Beispiel versuchen, sich in seinem neuen Aufgabenfeld den Anweisungen und Kontrollen des Vorgesetzten so weit möglich zu entziehen und den Freiheitsspielraum sukzessive zu erweitern. Eine dritte Möglichkeit, die in Organisationen viel häufiger auftritt, als es allgemein zugegeben wird, sind aggressive Reaktionen (Spector 1997). Zwar treten eher selten direkte Aggressionen gegenüber Vorgesetzten auf und wenn, dann nur in verbaler Form. Häufiger wird aber hinter seinem Rücken über ihn geschimpft und er wird bei den Kollegen abgewertet. Besonders gefährlich sind versteckte Formen der Aggression, die sich in Form von kontraproduktivem Verhalten (Marcus 2000; Nerdinger 2003) äußern, als Bummeln, subtile Formen der Sabotage oder Absentismus.

Wenn keine Handlungen zur Wiederherstellung der Freiheit möglich sind, kommt es zu *kognitiven Umstrukturierungen*. Das kann so aussehen, dass der Mitarbeiter die Attraktivität der Alternativen verändert – das, was ihm genommen wurde, wird abgewertet und die neue Aufgabe aufgewertet. Die alte Tätigkeit erscheint ihm nun z.B. als sehr risikoreich und belastend, wogegen die neue keine Verantwortung von ihm abverlangt, so dass es ihm »eigentlich jetzt viel besser geht«. Solche kognitiven Umstrukturierungen gelingen allerdings gewöhnlich nicht vollständig. Zurück bleibt ein »Stachel«, der sich in einem Phänomen äußert, das in Organisationen sehr weit verbreitet ist, dem Ressentiment.

*Ressentiment* ist eine neidisch-rachsüchtige Haltung, die aus ohnmächtiger Wut resultiert (Scheler 1955). Wer – wie in unserem Beispiel – von einem

Mächtigen frustriert wird und seine Wut aufgrund seiner Ohnmacht nicht gegen den Mächtigen richten kann, der empfindet Groll (das ist auch die beste Übersetzung des Wortes »Ressentiment«; Haubl 2001). Dieser Groll führt dazu, dass man sich selbst als ungerecht behandeltes Opfer der Willkür von Mächtigen erlebt. Das verlangt psychisch nach Ausgleich, deshalb wird der Mächtige abgewertet, und zwar in einer Weise, die den Ohnmächtigen im selben Zuge aufwertet. Typische Beispiele dafür finden sich in der Vielzahl immer gleich angelegter Witze, die Mitarbeiter/innen in Unternehmen über Vorgesetzte reißen (Neuberger 1988). Dabei erscheinen die Vorgesetzten gewöhnlich als diejenigen, die von der Arbeit nichts verstehen und nur durch Beziehungen oder gelungene Selbstdarstellung in ihre Position gelangt sind. Im Umkehrschluss bedeutet das natürlich, dass die »Witze-Erzähler« als die fachlich versierten erscheinen, als diejenigen, die etwas leisten.

Ein anderes Beispiel für das Ressentiment in Organisationen ist das sogenannte *Peter Prinzip*, das die Mitarbeiter/innen in den meisten Organisationen kennen und dem nicht wenige zustimmen. Nach diesem »Prinzip«, das der kanadische Unternehmensberater Peter (Peter/Hull 1981) formuliert hat, steigt jeder bis zum Punkt seiner maximalen Unfähigkeit auf. Das ist der reine Ausdruck des Ressentiment, denn dadurch werden alle Mächtigen der Organisation – diejenigen, die aufgestiegen sind – abgewertet und gleichzeitig erscheinen diejenigen, die keine Macht ausüben können und nicht aufsteigen, als die einzig fähigen Mitarbeiter/innen. Häufig wird behauptet, dass Macht korrumpiert (Kipnis 1972). Die in Organisationen weit verbreiteten Ressentiments belegen, dass auch Ohnmacht korrumpieren kann. Das ist bei der Betrachtung der Beziehung zwischen Führern und Geführten in Organisationen zu beachten.

### 4.1.4 Ausübung von Macht: Führung von Mitarbeiter/innen

Stark vereinfacht kann man sagen: In Organisationen heißt die Ausübung von Macht »Führung«. Dabei ist natürlich zu beachten, dass nicht jede Form der Machtausübung in Organisationen zur Führung zählt und Führung sehr viel mehr ist als bloße Machtausübung. Führung ist zweifellos der wichtigste Einflussfaktor auf das Verhalten in Organisationen, entsprechend intensiv wird dieser Bereich erforscht (vgl. zum Überblick: Yukl/van Fleet 1992; Kieser/Reber/Wunderer 1995; Weibler 2001; Wunderer 2001; Neuberger 2002). Im Folgenden wird nur ein äußerst knapper Rahmen des Führungsgeschehens skizziert.

Führung kann definiert werden als die bewusste und zielbezogene Einflussnahme auf Menschen (von Rosenstiel 1999b). Die Ziele der Einflussnahme folgen gewöhnlich aus den Zwecken der Organisation, in der geführt wird. Daraus leitet sich auch ab, woran der Erfolg von Führung gemessen wird. Der Führungserfolg kann über die Frage, *wofür* geführt wird, beantwortet werden. Diese Frage hat zwei Seiten (Neuberger 2002): Zum einen das *für wen* – wem nutzt oder schadet Führung? Hier ist die Antwort gewöhnlich klar: Führung soll zum Erfolg des Unternehmens beitragen, sie nutzt dem Unternehmen. Erfolgreich ist ein Unternehmen, wenn es seine Ziele erreicht oder sogar übertrifft. Zu den Unternehmenszielen zählen Marktanteil, Wachstum, Umsatz, Produktivität, Gewinn, Rendite und vieles mehr. Führungskräfte sollen mit ihren Mitarbeiter/innen zu diesen Zielen beitragen. Sie müssen dafür sorgen, dass die Mitarbeiter/innen so viel leisten, wie zum Erreichen der Ziele notwendig ist. Führungserfolg zeigt sich also an der *Leistung* der Mitarbeiter/innen.

Damit drängt sich aber die zweite Seite der Frage nach dem Führungserfolg auf: *Für was* wird geführt? Anders formuliert: was bewirkt Führung – auch an ungewollten Nebenfolgen? In der Stressforschung werden die Situationen untersucht, in denen Mitarbeiter/innen bis an die Grenzen ihrer Leistungsfähigkeit gehen, um den Erfolg des Unternehmens zu steigern, aber gerade deshalb längerfristig erkranken (s.u. 3.4.3). Von der ethischen Problematik ganz abgesehen können solche Nebenfolgen auch mit hohen wirtschaftlichen Kosten verbunden sein, wenn z.B. die Fehlzeiten ansteigen und immer mehr Mitarbeiter/innen kündigen. Führung erfordert immer, sich die Konsequenzen des eigenen Handelns bewusst zu machen und dazu zählen die Folgen für die Mitarbeiter/innen. So kann das »für wen« ergänzt werden: Führung dient nicht nur den Unternehmenszielen, sondern sollte auch Humanziele verfolgen, d.h. den Mitarbeiter/innen nutzen. Ein zweites wichtiges Kriterium des Führungserfolgs ist daher die *Zufriedenheit* der Mitarbeiter/innen.

Wie werden diese Ziele durch Führung angestrebt? Betrachtet ein Außenstehender eine Situation, in der geführt wird, kann er Folgendes wahrnehmen (vgl. zum Folgenden Nerdinger 2000): Eine Person – die Führungskraft – zeigt ein bestimmtes Verhalten. Dieses Verhalten wirkt als zielbezogene Einflussnahme auf einen oder mehrere andere Menschen, einen Mitarbeiter oder ein Arbeitsteam. Danach verhalten sich die Mitarbeiter/innen auf eine bestimmte Weise: Zum Beispiel arbeiten sie intensiver oder aber benehmen sich feindselig gegenüber den Kollegen und Kolleginnen. Ihr Verhalten führt also zu bestimmten Ergebnissen. Die Ergebnisse ihres Verhaltens stellen den Führungserfolg dar. Der Ablauf dieser Beobachtungen lässt sich so veranschaulichen:

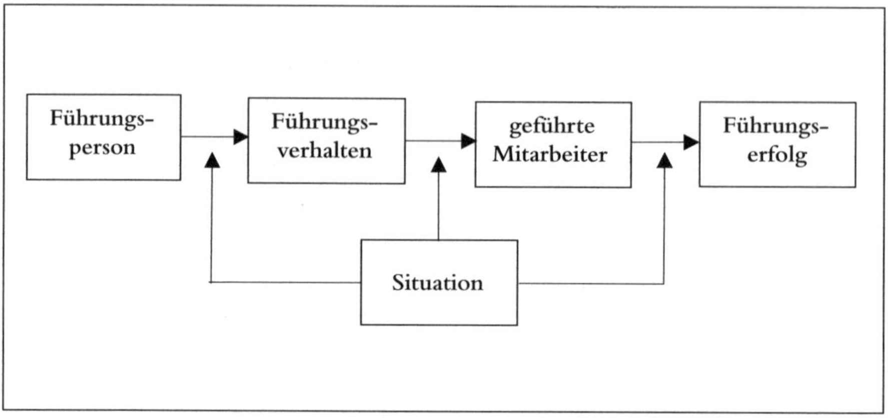


**Abb. 37:** Ein allgemeines Modell der Führung (Nerdinger 2000, S. 9)

Sehr häufig wird Führungserfolg durch die *Persönlichkeit* der Führungskraft und ihre Eigenschaften erklärt – so schreibt man erfolgreichen Managern Charisma und Ausstrahlung auf die Mitarbeiter/innen zu (einen Überblick über die sogenannte Eigenschaftstheorien der Führung gibt Delhees 1995). Die Persönlichkeit des Führenden hat zweifellos Einfluss auf den Führungserfolg, allerdings wirkt die Persönlichkeit nicht direkt, sondern vermittelt über die Wahrnehmungen und Attributionen der Mitarbeiter/innen. Da die Persönlichkeit eines Menschen nicht unmittelbar wahrnehmbar ist, wird aus dem Beobachteten zurückgeschlossen auf Merkmale, die in der Person liegen (Amelang/Bartussek 1997). Was die Mitarbeiter/innen beobachten, ist das Verhalten der Führungskraft. Erleben sie z.B. in einer Besprechung, dass der Vorgesetzte ihre Meinung zu einem Thema wohlwollend anhört und bei seiner Entscheidung berücksichtigt, schreiben sie ihm aufgrund dieser Beobachtungen möglicherweise ein freundliches Wesen, Kontaktstärke und Integrität zu. Um aber beurteilen zu können, ob die Führungskraft tatsächlich eine solche Persönlichkeit hat, müsste man sie im Zeitverlauf sehr häufig beobachten und in sehr unterschiedlichen Situationen erleben, u.a. auch im Freizeitbereich.

Zwar kann aus dem Verhalten nicht sicher auf die Persönlichkeit geschlossen werden, aber Verhalten wirkt direkt auf andere Menschen ein, d.h. im *Verhalten* realisiert sich Führung. Daher wurde in einer Vielzahl von Untersuchungen geprüft, welches Verhalten von Vorgesetzten optimal für den Führungserfolg ist (vgl. dazu Nachreiner/Müller 1995). Gewöhnlich werden zwei Dimensionen des Führungsverhaltens unterschieden, die als Mitarbeiterorientierung und Aufgabenorientierung bezeichnet werden. Ein *mitarbeiterorientiertes* Führungsverhalten nimmt Rücksicht auf die persönlichen Bedürfnisse der Mitarbeiter/innen, ist um ihr Wohlergehen besorgt und respektiert ihre Vorstellungen. *Aufgabenorientiertes* Führungsverhalten ist darauf gerichtet, dass die Ziele der Organisation erreicht werden. Zu diesem Zweck setzt der Vorgesetzte seinen Mitarbeiter/innen Ziele, sichert die Kooperation in der Arbeitsgruppe und gibt Anregungen zur Aufgabenerledigung. Plausiblerweise wurde vermutet, dass mitarbeiterorientiertes Verhalten die Zufriedenheit erhöht, aufgabenorientiertes dagegen die Leistung steigert. Diese Vermutungen wurden in vielfältigen Studien überprüft, konnten aber nicht eindeutig bestätigt werden (Weibler 2001; Neuberger 2002). Zwar hängt die Zufriedenheit durchaus vom mitarbeiterorientierten Verhalten des Vorgesetzten ab, die Leistung der Mitarbeiter/innen wird aber durch die beiden Dimensionen des Verhaltens nicht sehr stark beeinflusst.

Offensichtlich gibt es nicht *das* ideale Führungsverhalten, das immer Leistung und Zufriedenheit der Mitarbeiter/innen bewirkt. Entscheidend ist, welche Persönlichkeit in welcher *Situation* welches Verhalten zeigt. Verhält sich ein Vorgesetzter in der beschriebenen, mitarbeiterorientierten Art gegenüber den hochmotivierten Mitarbeiter/innen einer Projektgruppe, erzielt er vermutlich andere Wirkungen als ein Meister in einem Industriebetrieb, der zwanzig Mitarbeiter führt, die zum Teil wenig qualifiziert sind und sich vielleicht nur wenig für die Ziele des Unternehmens interessieren. Im ersten Fall erwarten die Geführten, dass der Vorgesetzte ihre Fähigkeiten respektiert, entsprechend werden sie positiv auf seine Mitarbeiterorientierung reagieren. In zweiten Fall dagegen erleben sie ihren Vorgesetzten und sein Verhalten möglicherweise als schwach und strengen sich in der Arbeit weniger an, als sie könnten. Je nach Situation wird also ein und dasselbe Führungsverhalten andere Wirkungen auf die Mitarbeiter/innen haben. Deren Verhalten wird in Abhängigkeit von der Situation zu unterschiedlichen Ergebnissen führen. Die hochmotivierten Mitarbeiter/innen der Projektgruppe werden sehr selbständig im Unternehmen nach geeigneten Ansprechpartnern suchen und mit diesen ihre Ideen diskutieren, sie organisieren eigenverantwortlich Gruppensitzungen und einigen sich über die Verteilung von Arbeitsaufgaben. Vergleichbar selbständiges Handeln würde bei einer Arbeitsgruppe, die sich im Produktionsprozess an den technischen Abläufen orientieren muss, schnell ins Chaos führen.

Die Situation entscheidet also, welches Verhalten eine Führungspersönlichkeit zeigt, wie dieses Verhalten von den Mitarbeiter/innen oder dem Team wahrgenommen wird und ob deren Reaktionen zu den Zielen des Unternehmens beitragen (zu sogenannten Situationstheorien der Führung vgl. Neuberger 2002, S. 497ff.). Merkmale der Situation, die einen solchen Einfluss auf den Prozess der Führung haben, sind vielfältig. Dazu zählen unter anderem (vgl. von Rosenstiel 1999b):

- Machtmittel zur Durchsetzung von Entscheidungen,
- Hilfsbereitschaft der Kollegen und Kolleginnen,
- Technische und organisatorische Hilfsmittel bei der Arbeit,
- Marktbedingungen,
- Einstellung des Betriebsrates zur Zusammenarbeit,
- Schwierigkeit der Aufgabe,
- Ziele und Struktur der Organisation.

Die Machtbasis des Vorgesetzten ist für den Führungserfolg eine notwendige, aber nicht hinreichende Bedingung. Über den Erfolg entscheiden weitere Merkmale der Situation im Zusammenspiel mit dem Verhalten der Mitarbeiter/innen und des Vorgesetzten. Das Verhalten des Vorgesetzten gegenüber seinen Mitarbeiter/innen besteht aber letztlich »nur« aus Kommunikation (Schirmer 1991; von Rosenstiel 1999b; Neuberger 2002).

## 4.2 Kommunikation

### 4.2.1 Begriffliche Grundlagen

*Kommunikation* wird als Austausch von Informationen definiert (Graumann 1972; Krauss/Fussell 1996; Krauss/Chiu 1998; vgl. zum Folgenden Blickle 2003). Um sinnvoll von Kommunikation sprechen zu können, müssen einige Voraussetzungen erfüllt sein. Dem Austausch von Mitteilungen liegt gewöhnlich eine Absicht zugrunde. Eine Mitteilung setzt ein Ziel voraus, das in einem Medium – brieflich, fernmündlich oder von Angesicht zu Angesicht – verfolgt wird. Dabei orientieren sich die Kommunikationsteilnehmer wechselseitig an einem oder mehreren Themen. Damit es zur Verständigung kommt, müssen beide Akteure über einen gemeinsam geteilten Vorrat an Zeichen verfügen.

Die im Rahmen der Kommunikation verwendeten Zeichen sind sprachlicher, d.h. verbaler oder nonverbaler Art, entsprechend wird verbale von nonverbaler Kommunikation unterschieden (DePaulo/Friedman 1998; Frey 1999). Durch Mimik, Gestik, Körperhaltung und auch durch die Modulation der Stimme können Botschaften übermittelt werden. Häufig wird sogar behauptet, dass jedes Verhalten Mitteilungscharakter hat, was mit dem paradox klingenden Satz »man kann nicht nicht-kommunizieren« umschrieben wird (Watzlawick/Beavin/Jackson 1969). Diese extreme Ausweitung des Kommunikationsbegriffs ist allerdings nicht haltbar, vielmehr lassen sich verschiedene Typen nonverbaler Kommunikation unterscheiden (Burgoon 1994, S. 230):

- *Zufällige Kommunikation*, die zufällige Wahrnehmung spontan ausgelöster Signale – z.B. fällt einem jungen Mann ein Staubkorn ins Auge und er beginnt heftig zu blinzeln. Just in diesem Moment sieht die junge Dame zu ihm herüber, missversteht seine Signale und reagiert – vielleicht – empört.

- *Intuitive Kommunikation*, absichtlich ausgesendete Signale, die unbewusst empfangen werden. Der junge Mann könnte der jungen Dame auch absichtlich zugeblinzelt haben, da sich diese aber gerade mit ihrer Freundin unterhält, nimmt sie sein Blinzeln nicht bewusst wahr. Wenn sie ihm das nächste Mal begegnet, hat sie den unklaren Eindruck, ihn zu kennen.

- *Informative Kommunikation* bezeichnet ein symptomatisches Verhalten, das nicht als Botschaft beabsichtigt ist, aber vom Empfänger so interpretiert wird. Der junge Mann könnte auch an einer nervösen Zuckung leiden, die ihn ständig zum Blinzeln bringt. Begegnet ihm die junge Dame, reagiert sie möglicherweise empört, da sie natürlich nichts über das Leiden des jungen Mannes weiß.
- *Interpretative Kommunikation.* Nonverbale Botschaften werden bewusst gesendet und empfangen. Der junge Mann blinzelt die junge Frau gezielt an, um sie auf sich aufmerksam zu machen. Die junge Frau erkennt das Signal, versteht es im Sinne des jungen Mannes – und wendet sich empört ab (oder auch nicht).

Lediglich der vierte Fall stellt eine echte Kommunikation dar, denn nur in diesem Fall werden absichtlich und bewusst Mitteilungen gesendet und empfangen. Gewöhnlich werden in der Kommunikation sowohl verbale als auch nonverbale Signale ausgetauscht. Häufig machen die nonverbalen Signale erst deutlich, wie die verbale Botschaft zu verstehen ist. Zur Erklärung dieses Austauschprozesses wurden verschiedene, sich ergänzende Modelle entwickelt.

## 4.2.2 Das Signalübertragungs-Modell

Das sogenannte Signalübertragungs-Modell entstammt den technischen Wissenschaften (Shannon/Weaver 1949; Graumann 1972). Demnach wird von einer Nachrichtenquelle, dem Sender, eine Botschaft enkodiert (verschlüsselt) und über einen Kommunikationskanal – im Falle des Sprechens den akustischen Kanal – einem Empfänger übermittelt. Dieser dekodiert (entschlüsselt) die Nachricht und kann selbst wieder an den Sender, der nun Empfänger wird, eine Rückmeldung senden, indem er eine Nachricht beantwortet. Die Übertragung der Nachricht kann durch Störquellen beeinträchtigt werden und führt dann zu Verständnisproblemen. Das Modell zeigt die nebenstehende Abbildung (Abb. 38).

Nach diesem Modell reduziert sich Kommunikation auf den Austausch von Informationen, die objektiv messbar sind. Kommunikationsprobleme zwischen zwei Menschen, zwischen Sender und Empfänger, werden letztlich auf Probleme der En- bzw. Dekodierung der Information oder auf Störungen der Übertragungswege zurückgeführt. Die Kommunikationsteilneh-

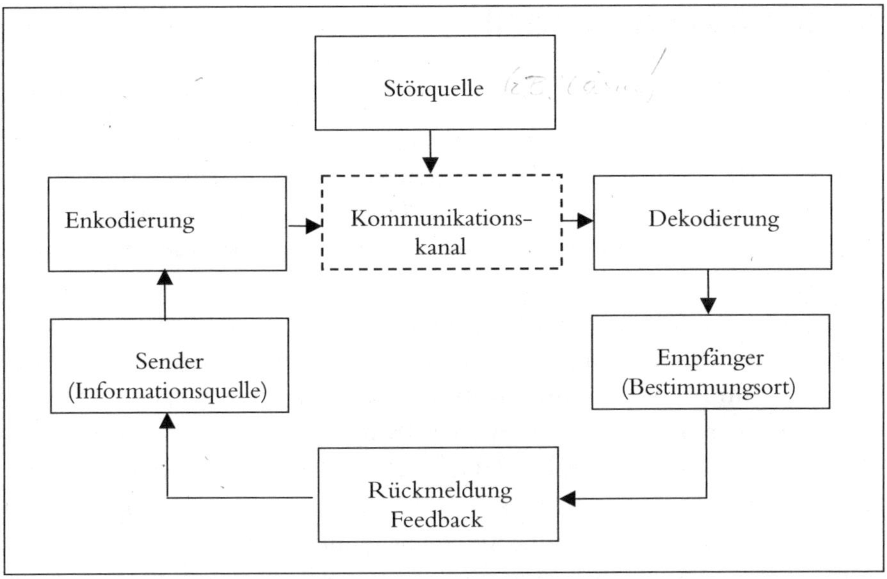


**Abb. 38:** Das Signalübertragungs-Modell (nach Thomas 1991, S. 60)

mer verstehen sich nicht, weil sie den Zeichen unterschiedliche Bedeutung zuordnen oder weil die Übertragung gestört ist, z.B. durch Lärm.

Das Signalübertragungs-Modell der Kommunikation geht davon aus, dass eine Mitteilung genau *eine* Bedeutung hat und entsprechend genau *eine* Reaktion hervorruft (Graumann 1972; Blickle 2003). Das entspricht der Logik der technischen Signalübertragung: Beinhaltet ein technischer Kommunikationsvorgang unterschiedliche Steuerungssignale, kann der Empfänger nicht reagieren, da unvereinbare Reaktionen hervorgerufen werden. Bei der menschlichen Kommunikation kann der Empfänger dagegen einer Mitteilung unterschiedliche Botschaften entnehmen und umgekehrt kann ein Sender z.B. eine Mitteilung senden, die genau das Gegenteil vom Gemeinten aussagt – gewöhnlich wird das durch die Modulation der Stimme oder die entsprechende Mimik angedeutet. Offensichtlich unterscheiden sich technische Prozesse der En- und Dekodierung fundamental von den Prozessen der menschlichen Informationsverarbeitung. Dem versucht das Filtermodell der Kommunikation gerecht zu werden (Theis 1993; Blickle 2003).

### 4.2.3 Das Filtermodell

Nach dem Filtermodell der Kommunikation ist die menschliche Informationsverarbeitung schemagelenkt, wobei Schemata wie Filter wirken (s. Kap. 3.1). Schemata sind Wissensstrukturen, sie dienen zum einen der Verschlüsselung und Organisation von Informationen, zum anderen werden neue Informationen mit Hilfe bereits abgespeicherter Schemata interpretiert. Ein aktiviertes Schema bewirkt eine selektive Abspeicherung der neuen Informationen, indem nur Merkmale enkodiert werden, die Konzepte des Schemas exemplarisch betreffen. Die Wirkung solcher Schemata im Rahmen der Kommunikation lässt sich an dem bekannten Gesellschaftsspiel der »stillen Post« darstellen (Sader 1998; von Rosenstiel 2000; Blickle 2003): Eine Person betrachtet z.B. eine Zeichnung von einer Eule und flüstert einer zweiten Person ins Ohr, was sie gesehen hat. Sie versucht die Eule zu beschreiben, ohne sie zu benennen. Der Empfänger erzählt das, was er verstanden hat, einer dritten Person usw. Etwa ab der sechsten oder siebten Weitergabe hat die übermittelte Information nur noch entfernte Ähnlichkeit mit dem ursprünglichen Bild:

**Abb. 39:** Die Umwandlung von graphischem Material während des Kommunikationsprozesses der »stillen Post« (von Rosenstiel 2000, S. 291)

Die »stille Post« verdeutlicht, dass sich die Information mit dem Schema, das beim Empfänger durch die Beschreibung des Senders aufgerufen wird, verändert. Dabei sind drei Prozesse besonders wichtig (Blickle 2003):

- Schemairrelevante Information wird ausgelassen – z.B. wird beim Übergang vom zweiten zum dritten Bild in Abbildung 39 die raubvogel-typische Stellung der Augen nicht mehr beachtet; offensichtlich hat die Beschreibung beim Empfänger bereits das Schema eines Säugetiers aufgerufen, zu dem diese Augenstellung nicht passt.
- Schemarelevante Information wird hervorgehoben – beim Übergang vom sechsten zum siebten Bild wird aus dem Strich um den Hals der charakteristische Schnurrbart einer Katze. Beim Empfänger wurde das Schema einer Katze aufgerufen, in dessen Rahmen dieses Merkmal als Schnurrbart identifiziert wird.
- Informationen, die gar nicht übermittelt wurden, werden aus dem Schema erschlossen – ebenfalls beim Übergang vom sechsten zum siebten Bild taucht plötzlich der charakteristische Katzenschwanz auf. Dieser wird aus dem Schema erschlossen, obwohl er gar nicht kommuniziert wurde.

Demnach hängt das Verstehen von Kommunikationen von den Schemata ab, die durch die Mitteilungen aufgerufen werden. Das Filtermodell der Kommunikation besagt, je ähnlicher die Schemata zweier Personen sind, desto ähnlicher nehmen sie Ereignisse wahr, desto ähnlicher sind ihre Schlussfolgerungen und desto effizienter ist ihre Kommunikation. Im Gegensatz zum Signalübertragungs-Modell geht dieser Ansatz also von einem subjektiven Informationsbegriff aus: Die Schemata des Empfängers entscheiden über den Informationsgehalt einer Nachricht. Entsprechend muss die Bedeutung, die ein Sender mit einer Nachricht verbindet, nicht mit der Nachricht, wie sie der Empfänger versteht, übereinstimmen. Folglich kann auch nicht Kommunikation als solche etwas bewirken, sondern nur in Verbindung mit den jeweiligen Schemata der Empfänger von Nachrichten. Die Empfänger gehen über die reine Mitteilung hinaus und versuchen zu erschließen, was der Sender denn »eigentlich« meint – jede Mitteilung enthält »zwischen den Zeilen« noch weitere Bedeutungen (Blickle 2003).

Welche Bedeutungen sich einer Nachricht entnehmen lassen, veranschaulicht das Modell der Ebenen der Kommunikation. Die grundlegenden Erkenntnisse diese Modells gehen auf die bahnbrechenden sprachpsychologischen Arbeiten von Karl Bühler (1934) zurück, die von Watzlawick et al. (1969) ergänzt bzw. neu interpretiert und schließlich von Schulz von Thun (1981) popularisiert wurden:

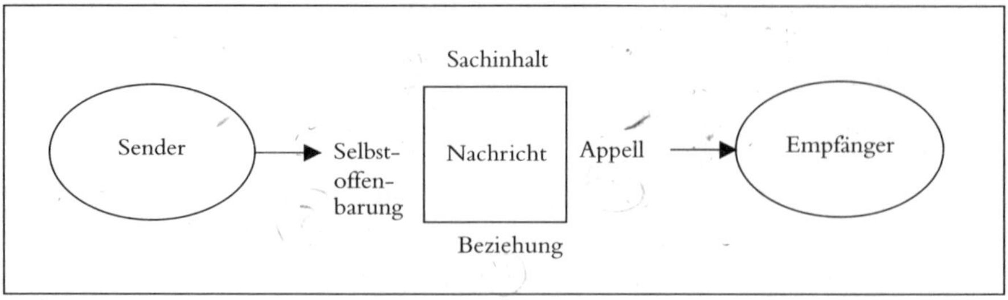


**Abb. 40:** Das Filtermodell der Kommunikation (nach Schulz von Thun 1981)

- *Sachinhalt*: Der Sachinhalt einer Nachricht entspricht weitgehend dem Kommunikationsinhalt im Sinne des Signalübertragungs-Modells. Damit wird die Bedeutung des Gesagten bezeichnet, die sich z.B. dem Lexikon entnehmen lässt.

- *Selbstoffenbarung:* In jeder Nachricht sind auch Informationen über die Person des Senders enthalten. Bei der Selbstoffenbarung kann es sich um eine gewollte Selbstdarstellung handeln: Ein Mitarbeiter, der vor seinem Chef einen Vortrag halten muss und ihm imponieren möchte, wird seinen Vortrag z.B. mit vielen hochtrabenden Begriffen schmücken. Dabei kann es sich aber auch um eine ungewollte Selbstenthüllung handeln: Wenn der Mitarbeiter bei der Formulierung solcher Wörter ins Stocken gerät, kann sich daran seine Unsicherheit zeigen.

- *Appell*: Durch die Übermittlung von Nachrichten wird häufig versucht, auf den Empfänger Einfluss zu nehmen und ihn zu veranlassen, etwas zu tun oder zu unterlassen, etwas Bestimmtes zu denken oder zu fühlen. Gerade bei der Kommunikation in Organisationen schwingt in praktisch allen Mitteilungen ein Appell mit, denn hier geht es immer darum, andere Menschen dazu zu bringen, dass sie im Sinne des Unternehmens, der Vorgesetzten, der Kunden oder anderer tätig werden.

- *Beziehung:* Auf diesen Aspekt haben zum erstenmal Watzlawick et al. (1969) verwiesen. Im Vergleich zu den vorher genannten ist der Beziehungsaspekt etwas unscharf definiert. Die Autoren unterscheiden lediglich zwischen einer Inhalts- und einer Beziehungsebene der Kommunikation, wobei Beziehung auch Merkmale der Selbstoffenbarung und des Appells umfasst. Schulz von Thun (1981) versteht unter Beziehung den Aspekt von Nachrichten, der etwas darüber aussagt, was ein Sender vom Empfänger hält, wie er zu ihm steht, aber auch, was er über die Beziehung zum Empfänger denkt. Das wird gewöhnlich am Tonfall und anderen nicht-sprachlichen Signalen erkennbar. Quittiert ein Mitarbeiter die Frage seines Vorgesetzten mit einem Lob, das leicht ironisch klingt bzw. vom Empfänger so gehört wird, sagt er damit etwas über den Vorgesetzten und seine Intelligenz aus. Gleichzeitig sagt er aber auch etwas über die Beziehung zu ihm, denn Lob steht eigentlich nur dem Statushöheren zu (Forgas 1999).

**Kommunikation zwischen Handelsvertretern und Kunden**

Sigl et al. (1993) haben 1336 Handelsvertreter und 134 Kunden aus den unterschiedlichsten Branchen, die mit Handelsvertretern zusammenarbeiten, zu ihrer Beziehung befragt. In einem Fragebogen wurde ein Szenario aufgenommen, das eine Preisverhandlung zwischen einem Handelsvertreter und einem Kunden beschreibt. Der Handelsvertreter sagt darin »Für Sie mache ich einen besonders günstigen Preis«, der Kunde antwortet darauf »Mit diesem Preis kann ich immer noch nicht leben.« Nach jeder Äußerung sollten sowohl die Handelsvertreter als auch die Kunden angeben, was der jeweilige Sprecher gemeint hat. Dazu standen jeweils vier Antwortmöglichkeiten zur Verfügung, mit denen die vier Seiten einer Nachricht erfasst wurden, z.B. nach der Aussage des Handelsvertreters:

- »Der Preis ist wirklich günstig« (Sachinhalt)
- »Ich bin großzügig« (Selbstoffenbarung)
- »Schließe doch endlich zu meinen Konditionen ab!« (Appell)
- »Wegen unserer guten Beziehung komme ich Dir entgegen« (Beziehung)

Die Ergebnisse zeigt folgende Abbildung.

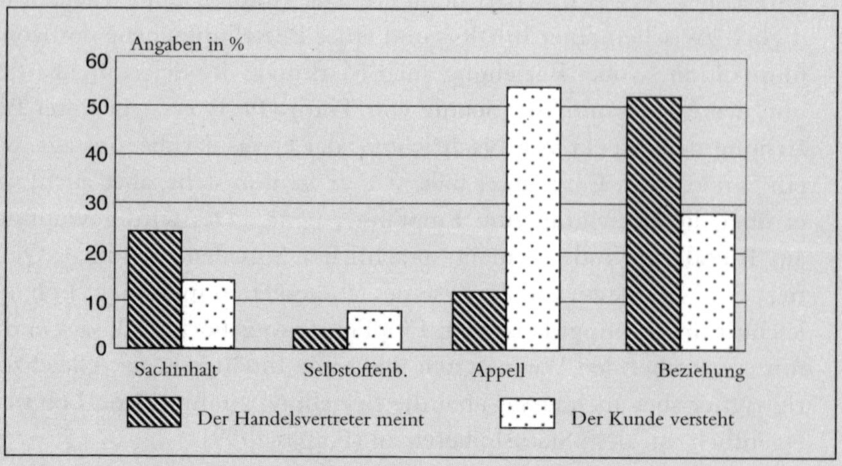


**Abb. 41:** Deutungen von Äußerungen aus Sicht von Handelsvertretern und Kunden (Angaben in Prozent; Sigl et al. 1993, S. 68)

Selbstoffenbarung wird von beiden Seiten übereinstimmend nur selten gewählt – offensichtlich stimmen Handelsvertreter und Kunden darin überein, dass Gefühle in der Kommunikation nichts zu suchen haben. Handelsvertreter deuten die Äußerung ihres (fiktiven) Kollegen kaum als Appell (12,9 %), die Kunden dagegen in hohem Maße (52,6 %). Die Handelsvertreter verstehen die Äußerung des Kollegen überwiegend als Beziehungsangebot (50,4 %), eine Meinung, die von Kunden kaum geteilt wird (28,7 %).

Die Untersuchung deutet auf eine systematische Verzerrung in der Kommunikation zwischen Handelsvertretern und Kunden hin: Was Handelsvertreter als Beziehungsangebot verstehen, deuten Kunden als Einflussversuch. In diesen Deutungen äußern sich die unterschiedlichen Interessen der Kommunikationspartner. Offensichtlich rufen Mitteilungen im Rahmen der Kommunikation zwischen Handelsvertretern und Kunden bestimmte Schemata auf: In den Schemata der Kunden erscheinen Handelsvertreter als Leute, die immer nur an einem für sie günstigen Geschäftsabschluss interessiert sind und deshalb Kunden zum Abschluss drängen, wogegen sich Handelsvertreter selber als Personen sehen, die an der Beziehung zum Kunden interessiert sind.

### 4.2.4 Das Mitarbeitergespräch

Auch die Kommunikation in Organisationen unterliegt den Gesetzmäßigkeiten des Filtermodells, insbesondere, wenn unterschiedliche Interessen der Beteiligten auf dem Spiel stehen. Das wird im Gespräch zwischen Vorgesetzten und Mitarbeiter/innen deutlich (Fiege/Muck/Schuler 2001; Neuberger 1992; Nerdinger 1997a). Vor allem wenn es um die Beurteilung der Leistung von Mitarbeiter/innen geht, bestehen unterschiedliche Interessen. Die Mitarbeiter/innen sind daran interessiert, dass ihre Leistung möglichst positiv beurteilt wird. Das hat zum einen psychologische Gründe, da die Einschätzung ihrer Leistung durch den Vorgesetzten Auswirkungen auf ihr Selbstbild hat. Es hat aber auch sehr handfeste Gründe, da von der jährlichen Leistungsbeurteilung ihre Chancen auf einen beruflichen Aufstieg ebenso betroffen sind wie – im außertariflich bezahlten Bereich – die Höhe ihres Gehaltes. Da sich solche Beurteilungsgespräche häufig als sehr belastend erwiesen haben, wird mittlerweile in den meisten größeren Unternehmen mit den Angestellten ein sogenanntes *Mitarbeitergespräch* geführt. Als Mitarbeitergespräch werden mehr oder weniger strukturierte Gespräche über die Leistungen und das Verhalten der Mitarbeiter/innen bezeichnet, die Vorgesetzte in regelmäßigen Zeitabständen führen sollen (vgl. zum folgenden Nerdinger 2001b).

Das Mitarbeitergespräch ist ein Führungsinstrument, das in erster Linie der Motivation der Mitarbeiter/innen und der Verbesserung der Zusammenarbeit dient. Das Verfahren soll dazu beitragen, dass die Gesprächspartner

- sich wechselseitig ihre Erwartungen über die anstehende Aufgabenerfüllung und die Zusammenarbeit klar machen;
- die Aufgaben des Mitarbeiters und die Ziele seiner Tätigkeit unter dem Gesichtspunkt erörtern, wie sich sein Beitrag zum Erfolg der Abteilung bzw. des Unternehmens optimieren lässt;
- sich über die Kriterien zur Beurteilung der Arbeitsergebnisse verständigen, damit der Mitarbeiter weiß, was von ihm erwartet wird und worauf er seine Kräfte konzentrieren soll;
- zu gleichen Auffassungen über den Handlungs- und Verantwortungsspielraum des Mitarbeiters gelangen, damit der Mitarbeiter diesen Spielraum nutzt und der Vorgesetzte ihn respektiert;

- erfahren, in welchen Punkten das Führungsverhalten des Vorgesetzten vom Mitarbeiter als fördernd oder hemmend erlebt wird, und wie der Vorgesetzte das Arbeitsverhalten des Mitarbeiters sieht;
- gemeinsam den Einsatz und die weitere berufliche Entwicklung des Mitarbeiters im Hinblick auf die Schwerpunkte seiner Befähigung und seiner persönlichen Interessen überdenken und – soweit erforderlich – konkrete Maßnahmen zur Förderung des Mitarbeiters entwickeln.

Das Mitarbeitergespräch ist ein weitgehend individualisiertes, auf den konkreten Mitarbeiter abgestimmtes Vorgehen. Daher eignen sich die Ergebnisse des Gesprächs nicht zur Festlegung des Gehalts oder um Vergleiche zwischen Mitarbeiter/innen anzustellen, z.B. für Aufstiegsentscheidungen. Trotz dieses individuellen Charakters orientieren sich Mitarbeitergespräche meist an einem Gesprächsleitfaden. Ein solcher Gesprächsleitfaden ist in der Regel aufgebaut wie im folgenden Beispiel (vgl. von Rosenstiel 2000).

### Leitfaden zum Mitarbeitergespräch

- Worin besteht die **Aufgabenstellung?**
  - Welche Ziele müssen bei der Aufgabe erreicht werden?
  - Wie sollen diese Ziele erreicht werden?
  - Werden die besprochene Aufgabenstellung und die Ziele von beiden akzeptiert?
- Worin liegen die besonderen **Erfolge bzw. Misserfolge** des Mitarbeiters bei der Aufgabenerfüllung? (Möglichst konkret darlegen, welche Ziele erreicht bzw. gar übertroffen und welche verfehlt wurden.)
- Worin sieht der Vorgesetzte die **Gründe** für die geschilderten positiven und negativen Ergebnisse? Sieht der Mitarbeiter das ähnlich?
  - Gründe, die der Mitarbeiter nicht zu vertreten hat (äußere Umstände)
  - Gründe, die in der Person des Beurteilten liegen
- Wie soll es künftig weitergehen?
  - Welche **Ziele** soll der Mitarbeiter erreichen (Ergebnisse, Verhalten, Innovationen)?
  - Wie kann er dabei **gefördert** werden (fachlich, persönlich)?

Gewöhnlich sind Mitarbeitergespräche in drei Schritten aufgebaut:

- Rückblick auf die vergangene Beurteilungsperiode, in dem Leistungen und Verhalten des Mitarbeiters besprochen werden;
- Standortbestimmung, in der Stärken und Schwächen des Mitarbeiters besprochen werden;
- Ausblick auf die nächste Periode, in der die Erwartungen an den Mitarbeiter möglichst präzise, am besten in Form einer Zielvereinbarung formuliert und Maßnahmen zu seiner Unterstützung und Förderung vereinbart werden.

**Rückblick**

Zu Beginn des Gesprächs analysieren Vorgesetzter und Mitarbeiter die Ergebnisse der vergangenen Beurteilungsperiode mit Blick auf die Leistung und das Verhalten des Mitarbeiters. Für diese Aufgabe ist es entscheidend, wie präzise im vorhergehenden Mitarbeitergespräch die Erwartungen an seine Leistung und sein Verhalten definiert wurden. Wurden die Erwartungen in Form einer Zielvereinbarung festgelegt (s.u. 5.2.2), misst der Vorgesetzte die Leistung und das Verhalten des Mitarbeiters daran. In diesem Fall genügt es gewöhnlich festzustellen, ob die vereinbarten Ziele erreicht, über- oder unterschritten wurden. Bei der Neueinführung des Verfahrens »Mitarbeitergespräch« liegen normalerweise keine vereinbarten Ziele vor, an denen sich Leistung und Verhalten messen lassen. In diesen Fällen beginnt das Gespräch mit einer Klärung der Aufgabenstellungen.

**Standortbestimmung**

Die Standortbestimmung umfasst den eigentlichen Beurteilungsvorgang im Sinne einer Analyse der Stärken und Schwächen des Mitarbeiters (Becker 1998; Marcus/Schuler 2001; Nerdinger 2001b). Auf der Basis der zunächst festgestellten Abweichungen von den vereinbarten Kriterien werden die Ursachen der Abweichungen gemeinsam analysiert. Gewöhnlich schildert der Vorgesetzte seine Eindrücke und belegt sie mit Beobachtungen.

**Ausblick**

Im dritten Schritt wird versucht, aus der Beurteilung Folgerungen für die weitere Zusammenarbeit und die Entwicklung des Mitarbeiters zu ziehen. Dem dient die Vereinbarung von neuen Zielen und von Maßnahmen zur

Förderung des Mitarbeiters. Die *Zielvereinbarung* erfüllt im Mitarbeitergespräch zwei Funktionen: Zum einen bildet sie den Maßstab, an dem die Leistung und das Verhalten des Mitarbeiters in der nächsten Beurteilungsperiode gemessen wird. Zum anderen kann sie motivierend wirken. Beides erreichen Zielvereinbarungen aber nur, wenn die Ziele angemessen formuliert wurden (s.u. 5.2.2).

Mit der Zielvereinbarung wird von den Mitarbeiter/innen eine bestimmte Leistung gefordert. Deshalb haben sie auch ein Anrecht auf die Frage, wie sie bei der Zielerreichung unterstützt werden. Den letzten Teil des Gesprächs bildet daher die Festlegung von *Fördermaßnahmen*. Hier lassen sich im wesentlichen zwei Arten unterscheiden: Förderung on-the-job bzw. off-the-job (Neuberger 1994). Die *Förderung on-the-job* betrifft die Frage, wie der Vorgesetzte den Mitarbeiter bei seiner Arbeit unterstützen kann, damit dieser seine Ziele optimal erfüllt. Gleichzeitig ist mit diesem Vorgehen auch die Qualifizierung des Mitarbeiters verbunden – durch die Unterstützung bei der Arbeit erlernt der Mitarbeiter neue Arbeitsweisen und kann sich so fachlich und persönlich weiterentwickeln. *Förderung off-the-job* bezieht sich dagegen auf Maßnahmen der Weiterbildung, z.B. den Besuch geeigneter Seminare. In Unternehmen mit einer eigenen Abteilung für die Weiterbildung wird daher gefordert, dass Weiterbildungsmaßnahmen, die Vorgesetzte und Mitarbeiter vereinbaren, schriftlich festgehalten und an diese Abteilung weitergeleitet werden. Solche Rückmeldungen bilden die Grundlage für die Planung und Organisation entsprechender Angebote.

Obwohl das Mitarbeitergespräch durch seine Rahmenbedingungen auf eine optimale Verständigung ausgelegt ist, kann es in jeder Phase zu Missverständnissen kommen, wenn Mitteilungen auf unterschiedlichen Ebenen gesendet oder empfangen werden. Daher werden gewöhnlich Führungskräfte für diese Probleme in Trainings vorbereitet (vgl. Neuberger 1992; Nerdinger 1997a).

## 4.3 Rollen

Organisationen sind durch den ständigen Wandel der Personen gekennzeichnet. Die einen verlassen die Organisation, andere treten ihr neu bei und zwischen den Positionen findet immer wieder ein Austausch der

Mitarbeiter/innen statt. Obwohl damit ein kontinuierlicher Wandel vorliegt, bleibt das System der Organisation bestehen, ohne dass von außen gravierende Änderungen zu erkennen sind. Organisationen werden daher auch als Systeme zusammenhängender Positionen bezeichnet (Katz/Kahn 1978): Während die Inhaber der Positionen ständig wechseln, ist das Verhalten der Positionsinhaber immer ähnlich. Dieses Phänomen erklärt die Rollentheorie (die folgenden Ausführungen beschränken sich auf die sogenannte strukturfunktionalistische Rollentheorie; vgl. Parsons 1991; zu einem Überblick über die verschiedenen Ansätze der Rollentheorie vgl. Fischer 1992; Wiswede 1998; Fischer/Wiswede 2002, S. 455ff.).

## 4.3.1 Grundlagen der Rollentheorie

Jeder Mensch hat in der Gesellschaft einen bestimmten Ort, er nimmt eine Position ein. Diese Position wird auch als der *Status* des Menschen bezeichnet. Der Status wird durch verschiedene Merkmale bestimmt, dazu zählen Alter, Geschlecht und vor allem der Beruf eines Menschen. In Organisationen werden die Positionen gewöhnlich durch das Organigramm bzw. den Stellenplan festgelegt (Krüger 1994; Schulte-Zurhausen 2002; s.u. 5.1.1). Solche Positionen sind immer mit bestimmten Rechten und Pflichten ausgestattet, die sich im Zeitablauf nur langsam ändern. So haben z.B. Vorgesetzte das Recht, ihren Mitarbeiter/innen Anweisungen zu erteilen, aber auch die Pflicht, sie in ihrer Leistung gerecht zu beurteilen. Umgekehrt müssen die Mitarbeiter/innen den Anweisungen ihrer Vorgesetzten folgen, sie haben aber das Recht auf faire Behandlung.

Die Positionen stehen also in komplementärer Beziehung zueinander – die Rechte der einen Position entsprechen den Pflichten einer ihr zugeordneten anderen Position und umgekehrt. Orientiert an diesen Rechten und Pflichten richten Personen Erwartungen an das Verhalten derer, die eine Position inne haben. Die Summe der Erwartungen, die sich in dieser Form an einen Menschen richtet, wird als seine *Rolle* bezeichnet. Rollen sind damit ein spezieller Fall von *Normen:* Normen sind Regeln von Verhaltensweisen, die in bestimmten Situationen (nicht) auftreten sollten. Beziehen sich diese Normen auf eine soziale Position, so entsprechen sie der Rolle. Der Umgang zwischen Menschen ist bestimmten Normen unterworfen, z.B. der Höflichkeit, des Respekts vor den anderen usw. Diese allgemeinen Normen muss auch ein Vorgesetzter einhalten. Darüber hinaus wird aber von ihm ein Verhalten erwartet, das seiner Position entspricht – er soll seine Mitarbeiter/innen auf die Unternehmensziele einschwören, sie zur Leistung animieren, aber auch für ihre Sorgen ein offenes Ohr haben usw. All diese Erwartungen ergeben zusammen die Rolle des Vorgesetzten.

Mit sozialen Positionen sind meistens mehrere Menschen verbunden. Bei einem Vorgesetzten, z.B. dem Werbeleiter eines Unternehmens, sind das seine Mitarbeiter/innen, sein eigener Vorgesetzter (gewöhnlich der Marketingleiter), seine Kollegen, die in der Hierarchie des Unternehmens auf derselben Stufe stehen, seine Sekretärin sowie Lieferanten, z.B. die Mitarbeiter/innen der Werbeagentur, mit der er regelmäßig zusammen arbeitet. Diese, auf eine bestimmte Position bezogenen Positionen werden als das *Rollenset* bezeichnet (Katz/Kahn 1978).

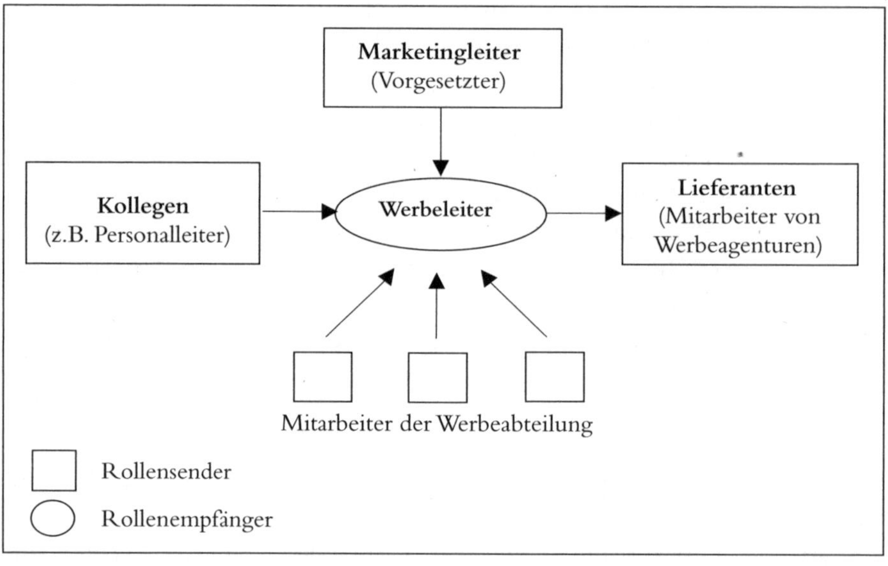


**Abb. 42:** Das Rollenset eines Werbeleiters

Die Personen innerhalb des Rollensets entwickeln Erwartungen darüber, wie sich die Bezugsperson – im vorliegenden Fall der Werbeleiter – angemessen verhalten sollte. Der Vorgesetzte erwartet vermutlich, dass er seine Mitarbeiter/innen zu höchster Leistung anspornt. Die Mitarbeiter/innen erwarten, dass er auf ihre Bedürfnisse Rücksicht nimmt. Die Kollegen erwarten, dass er sich ihnen gegenüber loyal und unterstützend verhält. Alle diese Erwartungen zusammen machen die Rolle des Werbeleiters aus. Die Erwartungen werden dem Inhaber einer Position übermittelt, indem versucht wird, ihn kommunikativ zu beeinflussen. Diese Kommunikationen werden als »gesendete Rolle« bezeichnet, die jeweils kommunizierende Person entsprechend als *Rollensender.* Zu solchen Versuchen der Beeinflussung zählen die Zielsetzungsgespräche des Vorgesetzten mit dem Werbeleiter ebenso wie beispielsweise die Versuche der Mitarbeiter/innen, von ihm einen zusätzlichen Urlaubstag zu bekommen. Derjenige, an den sich diese Kommunikationen richten, wird als *Rollenempfänger* bezeichnet. Seine Reaktionen auf die kommunizierten Erwartungen bilden sein *Rollenverhalten.* Jedes Verhalten, das eine Person aus ihrer sozialen Position heraus zeigt, ist damit als Rollenverhalten zu verstehen.

## 4.3.2 Rollenkonflikte

Erwartungen, die sich an den Inhaber einer sozialen Position richten, sind gewöhnlich nicht eindeutig. Zudem unterscheiden sich häufig die Erwartungen, die aus verschiedenen Positionen gesendet werden. Damit können Rollen zu den verschiedensten Konflikten führen (vgl. zum folgenden Kahn et al. 1964; Nerdinger 1997b). Solche Konflikte werden gewöhnlich als Inter-Rollenkonflikt, Person-Rollenkonflikt und Intra-Rollenkonflikt bezeichnet. Bei letzterem wird nach Inter-Sender- und Intra-Senderkonflikten unterschieden.

Ein *Inter-Rollenkonflikt* gründet in der Tatsache, dass eine Person verschiedene gesellschaftliche Positionen einnimmt, z.B. Werbeleiter, Ehemann, Mitglied in einem Verein, Katholik usw. Dieser Konflikttypus kann letztlich alle Menschen betreffen, man denke nur an die Konflikte, denen berufstätige Frauen hinsichtlich ihrer Rolle in der Arbeit und der Rolle als Ehefrau und Mutter ausgesetzt sind (Kück 1998; Friedel-Howe 1999). Für das Verhalten in Organisationen sind die anderen Konfliktarten allerdings wichtiger. Die folgende Darstellung veranschaulicht die wichtigsten Rollenkonflikte.

Ein *Intra-Rollenkonflikt* tritt auf, wenn an einen Rolleninhaber unterschiedliche oder uneindeutige Erwartungen gerichtet werden. Der erste Fall bildet den *Inter-Senderkonflikt.* Vermutlich erwarten die Mitarbeiter/innen des Werbeleiters, dass er ihnen bei der Entwicklung von Werbekampagnen möglichst große Handlungsspielräume zur Entfaltung ihrer Kreativität

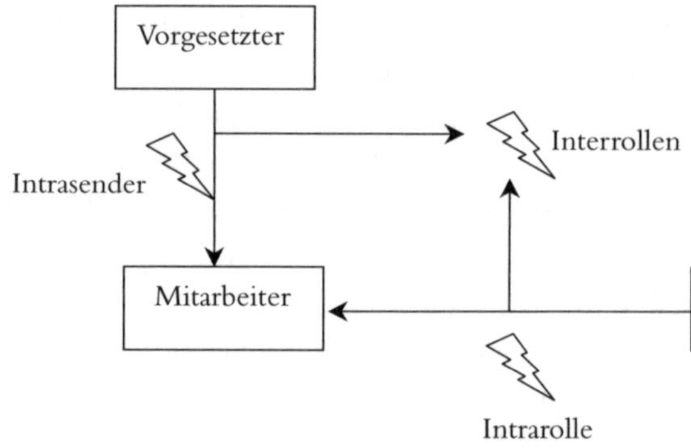


**Abb. 43:** Verschiedene Formen des Rollenkonflikts

einräumt (Nerdinger 1990). Dagegen erwartet der Marketingleiter, der ja im Beispiel der Vorgesetzte des Werbeleiters ist, dass er die vom Vorstand beschlossene Werbelinie im Sinne der »Corporate Identity« (Berndt/Herrmanns 1993) konsequent durchsetzt. Das bedeutet aber, der Werbeleiter soll die Kreativität seiner Mitarbeiter/innen in die vorgegebenen Schranken verweisen. Den Konflikt zwischen diesen widersprüchlichen Erwartungen muss der Rollenempfänger ausbalancieren oder sich für einen Rollensender entscheiden.

Daneben können auch Konflikte in den Erwartungen enthalten sein, die von einem Rollensender stammen. In diesem Fall kommt es zu *Intra-Senderkonflikten*. So könnte z.B. der Marketingleiter in seiner fachlichen Funktion vom Werbeleiter die Durchsetzung der Corporate Identity fordern. In seiner Funktion als nächsthöherer Vorgesetzter (vgl. dazu Weibler 1994) könnte er zugleich fordern, dass der Werbeleiter zur Steigerung der Motivation seiner Mitarbeiter/innen diesen einen möglichst großen Handlungsspielraum einräumt. Häufig sind sich Vorgesetzte bewusst, dass sie letztlich schwer zu vereinbarende Erwartungen an ihre Mitarbeiter/innen richten. Das führt zu einem speziellen Intra-Senderkonflikt, der sogenannten *Rollenambiguität* (Kahn et al. 1964): In diesem Fall werden die Erwartungen so unklar gesendet, dass der Empfänger nicht weiß, woran er sich orientieren soll. Im Beispiel könnte der Marketingleiter allgemein fordern, dass der Werbeleiter »stimmige« Kampagnen produzieren und gleichzeitig auf das »Klima« in seiner Abteilung achten soll. Was genau damit gemeint ist und was davon wichtiger ist, darüber schweigt sich der Marketingleiter aus.

Ein *Person-Rollenkonflikt* entsteht, wenn die gesendeten Erwartungen mit der Persönlichkeit des Rollenempfängers, seinen Wertorientierungen oder allgemein seinem Selbstbild kollidieren. So erfordert Emotionsarbeit, dass anderen Menschen gegenüber bestimmte Gefühle dargestellt werden (s.u. 3.5.3). Diese Anforderung der Arbeit kann in Konflikt mit dem Selbstbild und den Werten eines Rollenempfängers stehen. Wer es als unehrlich empfindet, anderen Menschen freundlich zu begegnen, obwohl er diese Gefühle nicht erlebt, der wird in allen Berufen, die Emotionsarbeit erfordern, schwere Konflikte erleben (Nerdinger 1994a, 1997b). Rollenkonflikte sind damit eine wichtige Ursache von beruflichem Stress, sie haben aber auch Auswirkungen auf die Zusammenarbeit und die Leistung in Teams.

### 4.3.3 Rollen in Arbeitsteams

In Abhängigkeit von den Zielen, die ein Arbeitsteam erreichen soll, werden die Teammitglieder gewöhnlich nach ihren funktionalen Rollen ausgewählt. Eine *funktionale Rolle* leitet sich von der Funktion ab, die eine Position im Unternehmen hat. Marketingleiter, Controller oder Meister im Produktionsbereich sind funktionale Rollen. Bei der Zusammenstellung von Teams wird in der Regel gefordert, dass im Team alle die für das Erreichen des Ziels notwendig funktionalen Rollen vertreten sind (vgl. Guzzo/Dickson 1996; Fisch/Beck/Englich 2001). Soll z.B. eine Projektgruppe ein neues Controlling-System für den Vertrieb entwickeln, so werden für dieses Team Leute aus der Abteilung Controlling und dem Vertrieb gewählt, die aufgrund ihres Expertenwissens und der Erfahrung die anstehenden inhaltlichen Aufgaben am besten bewältigen können. Die funktionalen Rollen der Teammitglieder garantieren aber keinen Erfolg des Teams: Bei der Zusammenarbeit, der Diskussion von Problemen und bei Entscheidungen werden andere Aspekte wichtig. Wie gehen sie die einzelnen Probleme an? Welchen Diskussionsstil haben sie? Wie verhalten sie sich gegenüber anderen? Menschen unterscheiden sich darin, wie sie sich in Teams verhalten. Für die Leistung eines Teams sind daher nicht nur die funktionalen Rollen der Mitglieder wichtig, sondern auch die *Teamrollen*. So brauchen Teams sowohl Mitglieder, die zielgerichtet arbeiten, als auch solche, die sich um die Stimmung im Team und die Zusammenarbeit kümmern (Bales 1950).

Belbin (1981, 1993) hat aufgrund von Beobachtungen des Verhaltens von Mitgliedern in Managementteams acht Teamrollen unterschieden, die in folgender Darstellung durch positive und problematische Beiträge zur Teamarbeit charakterisiert werden.

| Teamrollen | entgegengesetzte Merkmalspole<br>+ | <br>- |
|---|---|---|
| **Anreger** | kreativ, phantasievoll, unorthodox; löst schwierige Probleme | ignoriert Nebensächliches, kommuniziert nicht effektiv |
| **Begeisterer** | extravertiert, enthusiastisch, kommunikativ; entwickelt Kontakte | überoptimistisch; verliert schnell das Interesse |
| **Koordinator** | reif, selbstsicher, klärt Ziele, fördert Entscheidungsfindung, delegiert | kann als manipulierend erscheinen; lädt Arbeit ab |
| **Gestalter** | herausfordernd, dynamisch, übt Druck aus; überwindet Hindernisse | provoziert; versteht die Gefühle anderer nicht |
| **Bewerter** | nüchtern, strategisch kritisch; urteilt akkurat | raubt anderen die Begeisterung |
| **Teamarbeiter** | kooperativ, milde, diplomatisch; hört zu, wendet Reibereien ab | unentschlossen in kritischen Situationen |
| **Zwanghafter** | gewissenhaft, bewusst; sucht nach Fehlern | muss alles selber machen; ist ohne Grund besorgt |
| **Implementierer** | diszipliniert, zuverlässig, konservativ, effizient; macht aus Ideen praktische Handlungen | unflexibel; reagiert langsam auf neue Möglichkeiten |

**Abb. 44:** Teamrollen (Belbin 1981, nach Prichard/Stanton 1999, S. 658)

Die Beschreibungen der verschiedenen Rollen sind natürlich idealtypisch zu verstehen, die positiven und negativen Einflüsse müssen nicht notwendig auftreten. An der Beschreibung wird zudem deutlich, dass die Persönlichkeit einen großen Einfluss auf die Ausgestaltung dieser Rollen ausübt. Während funktionale Rollen vor allem durch die Erwartungen an den Inhaber der entsprechenden Position bestimmt sind, hängen Teamrollen stark von der individuellen Person ab. Zeigt aber jemand in einem Team ein entsprechendes Verhalten, dann werden die übrigen Teammitglieder im weiteren Verlauf der Zusammenarbeit immer wieder dieses Verhalten erwarten – in diesem Fall hat sich eine Teamrolle herausgebildet. Die Persönlichkeit prädestiniert also für bestimmte Teamrollen.

Belbin (1981, 1993) hat festgestellt, dass Teammitglieder sowohl durch ihre funktionale als auch durch ihre Teamrolle zur Zielerreichung beitragen. Damit Teams eine optimale Leistung bringen, müssen sowohl die funktionalen als auch die Teamrollen ausgeglichen und den Zielen angepasst sein. Allgemein formuliert sind solche Teams erfolgreicher, in denen mehr verschiedene Teamrollen vertreten sind als solche, in denen wenige oder gar nur eine Teamrolle von den Teilnehmern eingenommen wird. Diese Vorhersage wurde in einigen Untersuchungen bestätigt (Senior 1997; Prichard/Stanton 1999).

### Teamrollen und Teamerfolg

Prichard und Stanton (1999) haben Teilnehmer zur Lösung von Management-Aufgaben gesucht, die eine konsensorientierte Entscheidung erforderten. Die Teilnehmer wurden daraufhin untersucht, welche Teamrolle ihrer Persönlichkeit am besten entspricht. Anschließend wurden zwölf Gruppen mit je vier Teilnehmern gebildet. Sechs Gruppen wurden homogen mit jeweils vier – vorher als Gestalter identifizierten – Teilnehmern zusammengesetzt. Die anderen sechs Gruppen bestanden aus jeweils einem Koordinator, einem Anreger, einem Zwanghaften sowie einem Teamarbeiter. Bei der Lösung der Management-Aufgaben wurden die Teams auf Video aufgezeichnet, sodass man ihr Verhalten anschließend genau analysieren konnte.

Die gemischten Teams lösten die Management-Aufgaben deutlich besser als die Teams, in denen alle Teilnehmer die Rolle des Gestalters einnahmen. Die Video-Anlaysen zeigten, dass die aus Gestaltern zusammengesetzten Teams mehr miteinander kommunizierten, dabei aber seltener zum Konsens kamen. Die Übereinstimmung bei Gruppenentscheidungen war in homogenen Teams sehr viel geringer als bei den gemischten Teams. In gemischten Teams wurden dagegen sehr viel mehr Vorschläge zum Vorgehen bei der Lösung der Aufgabe gemacht, d.h. die »Gestalter-Teams« haben ihre Aktivitäten bei der Aufgabenlösung weniger geplant.

Es ist demnach für den Erfolg von Teams wichtig, dass nicht nur verschiedene funktionale Rollen, sondern auch verschiedene Teamrollen vertreten sind. Die Beobachtungen in der Studie von Prichard und Stanton (1999) deuten auch auf die Ursachen für die geringere Leistung homogener Teams hin: Obwohl die Kommunikation in homogenen Teams mit Gestaltern höher war als in gemischten, kamen letztere leichter zum Konsens. Die Ursache dafür liegt in den gehäuften Rollenkonflikten, die in homogenen Teams – z.B. solchen, die sich allein aus Gestaltern zusammen setzen – auftreten. Wenn in einem Team eine Person eine bestimmte Rolle übernimmt, kommt es leicht zu Unstimmigkeiten darüber, wie man sich in dieser Rolle zu verhalten hat bzw. ob diese Rolle der Person auch zusteht (Jackson/Schuler 1985). In der Folge sind solche Teams von Spannungen gekennzeichnet, die sich negativ auf die Leistung auswirken können. Sind in einem Team nur Personen vereint, die beispielsweise alle die Rolle des Gestalters einnehmen wollen und sich entsprechend herausfordernd und dynamisch verhalten, sind daher Konflikte vorprogrammiert.

Diese Befunde sind für Organisationen sehr wichtig, denn die Rolle des Gestalters entspricht in wichtigen Punkten dem Verhalten, das von Managern erwartet wird. Das ist ein Grund, warum es in hochrangigen Entscheidungsteams so schwierig ist, Übereinstimmung zu finden. Gehen solche Probleme zu Lasten der Qualität der Entscheidungen, dann hat letztlich die Organisation den Schaden. Weitere Probleme von Gruppen werden im Folgenden beleuchtet.

## 4.4 Gruppen

Gruppenarbeit wird in Organisationen immer wichtiger (vgl. West 1996; Weinert 1998). Die steigende Komplexität von Problemen führt dazu, dass der Einzelne immer häufiger überfordert ist. Das Wissen und die Fähigkeiten verschiedener Spezialisten müssen deshalb zur Bewältigung anstehender Probleme zusammengeführt werden. Gruppen entfalten aber eine ganz eigene Dynamik, die sich nicht allein auf die Merkmale der individuellen Mitglieder oder die Teamrollen reduzieren lässt. Damit stellt sich zunächst die Frage, was überhaupt eine Gruppe ist.

## 4.4.1 Merkmale von Gruppen

Obwohl sich die Sozialwissenschaften seit nahezu hundert Jahren mit dem Phänomen »Gruppe« beschäftigen, gibt es bis heute keine Definition, auf die sich die Mehrzahl der Wissenschaftler einigen könnte. Gewöhnlich wird das Problem umgangen, indem lediglich die wesentlichen Merkmale aufgezählt werden, die vorliegen müssen, damit man von einer Gruppe sprechen kann (Wiendieck 1994; von Rosenstiel 1995, 2000; von Rosenstiel/Molt/Rüttinger 1995; Sader 1998; Fischer/Wiswede 2002). Demnach ist eine Gruppe eine

1. Mehrzahl von Personen,
2. die über längere Zeit
3. in direktem Kontakt stehen,
4. wobei sich Rollen ausdifferenzieren,
5. gemeinsame Normen entwickelt werden und
6. Kohäsion, d.h. ein Wir-Gefühl besteht (von Rosenstiel 2000, S. 252).

1. Eine *Mehrzahl* von Personen ist natürlich Grundvoraussetzung für eine Gruppe. Die Frage ist allerdings, wo die Unter- und die Obergrenze liegt. Gewöhnlich werden mindestens drei Personen gefordert, da sich erst ab dieser Zahl wichtige Gruppenphänomene einstellen wie Mehrheitsbildungen, Koalitionen und Wechsel von Koalitionen. Schwieriger ist die Obergrenze zu bestimmen, da die Herausbildung von Gruppen von vielen verschiedenen Bedingungen abhängt. So kann sich z.B. eine sehr große Schulklasse zur Gruppe entwickeln, da sie über längere Zeit besteht und vielfältige Kontakte zwischen den Schülern möglich sind. Sollen dagegen im Betrieb genauso viele Personen an einem Projekt arbeiten, kann sich wahrscheinlich keine Gruppe bilden, da die Mitarbeiter/innen selten zusammen treffen oder das Projekt in relativ kurzer Zeit bearbeitet wird. In der Praxis wird das Problem der Obergrenze häufig durch die sogenannte *Leitungsspanne* gelöst (Krüger 1994; Schulte-Zurhausen 2002), d.h. der Zahl an Mitarbeiter/innen, die einem Vorgesetzten unmittelbar unterstellt sind. Die Größe der Leitungsspanne hängt ab von der Tätigkeit der Mitarbeiter/innen: Ein Meister in der Produktion, dessen Mitarbeiter/innen wenig qualifizierte Tätigkeiten verrichten, kann bis zu 30 Personen führen, dagegen hat ein Bankmanager, der Spezialisten für Finanzierungsinstrumente führt, schon Probleme, wenn er mehr als sechs oder acht Mitarbeiter/innen führen soll.

Besonders intensiv wurden bislang Problemlöse- und Entscheidungsgruppen untersucht (Sader 1998). Hier hat sich die Zahl von fünf Personen als optimal erwiesen – fünf Personen finden noch relativ leicht Kompromisse zwischen den verschiedenen Meinungen. Da aufgrund der überschaubaren Größe alle die Möglichkeit haben, sich an der Diskussion zu beteiligen, ist auch die Zufriedenheit relativ groß und das Gesamtergebnis wird leichter von allen mitgetragen.

2. Die Entwicklung von Gruppen braucht *längere Zeit*, da sie in der Regel mehrere Phasen durchläuft. Gewöhnlich lassen sich vier solcher Phasen unterscheiden (Tuckman 1965):

- *Forming:* Die Teilnehmer lernen sich kennen und »tasten sich ab«. In dieser Phase ist die Situation noch unklar, man kann die anderen noch nicht richtig einschätzen und hält sich selbst bedeckt.
- *Storming:* Häufig brechen nach dem Kennenlernen erste Konflikte auf, in deren Rahmen die Teilnehmer Fragen der Macht und des Status klären. Das geschieht gewöhnlich auf der Beziehungsebene der Kommunikation, während man auf der Sachebene über Ziele und Vorgehensweisen diskutiert. Diese Phase kann sehr belastend sein, entsprechend ist das Gefühl der Zusammengehörigkeit noch wenig entwickelt.
- *Norming:* Sind die Macht- und Statusfragen geklärt, kehrt gewissermaßen wieder Ruhe ein. Die Mitglieder beginnen sich zu akzeptieren, langsam bildet sich ein gewisser Teamgeist heraus. Entscheidend dafür ist die Entwicklung von Normen des gemeinsamen Umgangs, der Leistungsansprüche und des akzeptablen Verhaltens.
- *Performing:* Sind die internen Koordinationsprobleme weit gehend gelöst, geht die Gruppe zu geordneter Arbeitsweise über.

Natürlich werden nicht immer alle Phasen durchlaufen, zudem dauert der Prozess in jeder Gruppe unterschiedlich lange. Deutlich wird aber, dass eine Gruppe eine gewisse Zeit benötigt, um überhaupt arbeitsfähig zu werden. Bleiben die Mitglieder allerdings *zu lange* zusammen, so kann das zu Problemen bei der Leistungsfähigkeit führen.

Bei Projektgruppen im Unternehmensbereich »Forschung & Entwicklung« dauert es rund drei Jahre, bis sie die höchste Leistung entfalten (Katz/Allen 1982). Danach fällt die Leistung stark ab: Die Gruppen haben relativ starre Normen entwickelt, bestrafen Abweichungen von ihren Normen immer

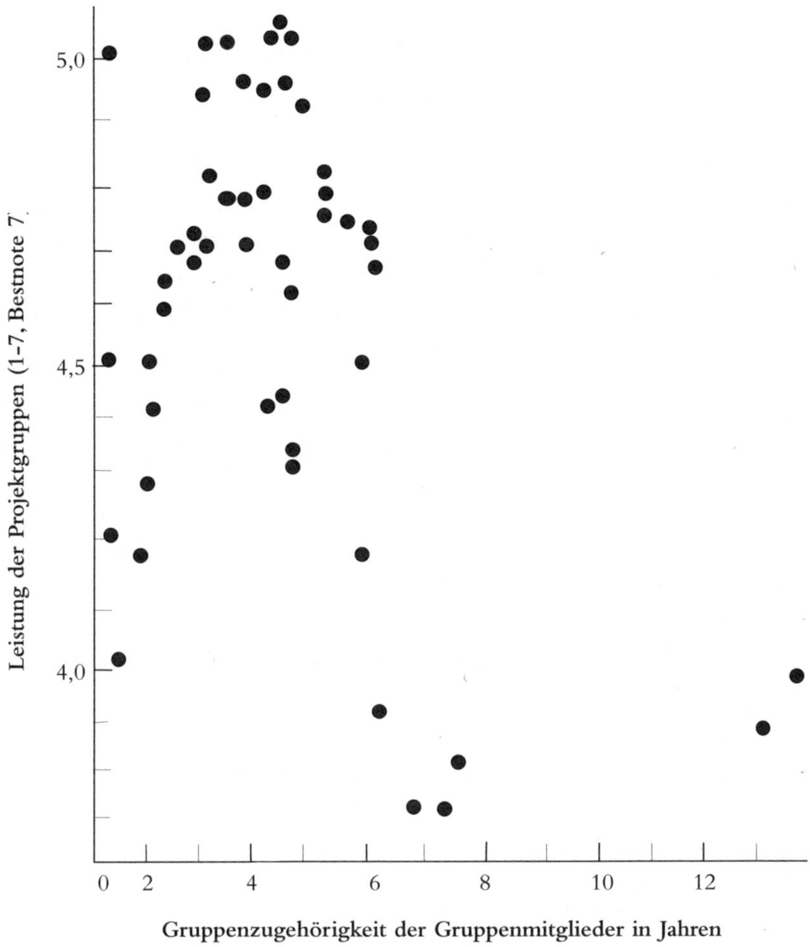


**Abb. 45:** Dauer der Gruppenzugehörigkeit und Leistungen von Projektgruppen im Bereich Forschung und Entwicklung (jeder Punkt steht für eine Gruppe; Katz/Allen 1982, nach Ulich 2001, S. 256)

massiver und sind nicht mehr offen für Argumente von außen. Aufgrund dieser zunehmenden Abkapselung findet Kommunikation vor allem zwischen den Gruppenmitgliedern statt und von außen kommende Anregungen werden abgelehnt. In der Folge kommt die Gruppe immer weniger zu innovativen Lösungen und die Leistungen nehmen ab.

3. *Direkter Kontakt* zwischen allen Mitgliedern einer Gruppe muss zumindest prinzipiell möglich sein. Hat sich eine Gruppe gebildet, so finden sehr

viel mehr Kontakte der Gruppenmitglieder untereinander statt als mit anderen Personen (Witte/Ardelt 1989). In der Kommunikation von Angesicht zu Angesicht entfalten sich die Beziehungen zwischen den Gruppenmitgliedern, werden Fragen von Macht und Einfluss ausgehandelt, klären sich Sympathie und Antipathie. Nach einem allgemeinen »Gesetz«, das der Sozialpsychologe Homans (1950; von Rosenstiel 2000) formuliert hat und daher auch als »Homans Gesetz« bezeichnet wird, steigt die Sympathie mit der Zahl der Kontakte. Bereits in den Hawthorne Studien (Roethlisberger/Dickson 1939; s.u. 2.2.1) wurde festgestellt, dass sich innerhalb größerer sozialer Einheiten jene Personen zu Gruppen zusammenschlossen, die näher zusammen arbeiteten.

In den Hawthorne-Studien wurde noch ein weiteres wesentliches Merkmal der Gruppenbildung entdeckt – diejenigen schlossen sich zusammen, die jeweils ähnliche, dabei aber von anderen abweichende Arbeiten verrichteten. Sympathie entsteht auch durch Ähnlichkeit in wichtigen Aspekten, die Menschen verbinden. Das ist der Grund, warum sogenannte »virtuelle Arbeitsgruppen« (Konradt/Hertel 2002), in denen die Mitglieder über Computer miteinander kommunizieren und sich selten oder nie von Angesicht zu Angesicht begegnen, zu echten Gruppen entwickeln können: Die Vielzahl computervermittelter Kontakte und die gemeinsame Aufgabe lassen Sympathie entstehen (allerdings dauert die Entwicklung eines Gruppengefühls in diesen Fällen sehr viel länger; vgl. Döring 1999; Walther 1999).

4. Kontakt ist auch eine notwendige Voraussetzung für die Entwicklung eines weiteren wichtigen Merkmals von Gruppen: die *Rollendifferenzierung.* In jeder Gruppe bestehen Erwartungen an die einzelnen Mitglieder, wie sie sich in bestimmten, für die Gruppe wichtigen Situationen verhalten sollten. In einer funktionierenden Gruppe sind diese Erwartungen so ausdifferenziert, dass sich die Rollen wechselseitig ergänzen. Grundformen dieses Prozesses lassen sich in Warteschlangen beobachten, wenn jemand versucht, sich in die Schlange zu drängen (Schmitt/Dubé-Rioux/Leclerc 1992; vgl. Nerdinger 1994a). Eine Warteschlange ist natürlich keine Gruppe. Bereits hier besteht aber eine Norm, die allgemeine Norm der Gleichbehandlung: Jeder muss sich hinten anstellen und genauso warten, wie alle anderen. Wer gegen diese Norm verstößt, zieht sich den Ärger aller Wartenden zu. Von demjenigen, der dem Ort des Eindringens in die Schlange am nächsten steht, wird erwartet, dass er die Ordnung wiederherstellt. Durch den einfachen Vorfall der Verletzung einer Norm entsteht eine erste

Rolle: Eine, allein durch den Ort in der Schlange bestimmte Person muss den Eindringling maßregeln!

Bei der Rollendifferenzierung wird eine vertikale von einer horizontalen Dimension unterschieden (von Rosenstiel 1995). *Vertikal* geht es um Macht und Einfluss, ähnlich wie im Tierreich bilden sich in Gruppen sogenannte *Hackordnungen* aus (Schjelderup-Ebbe 1922; vgl. Lück 1987, S. 166ff.): Auf dem Hühnerhof kann sich das sozial am höchsten stehende Tier allen anderen gegenüber aggressiv verhalten, während es selbst von keinem anderen »gehackt« werden darf. Dieses sogenannte Alpha-Tier hat z.B. bei der Futtersuche eindeutige Führungsfunktionen. Auch in den meisten menschlichen Gruppen bildet sich ein Führer heraus, gelegentlich finden sich sogar zwei Führer (Witte/Ardelt 1989). Auffällig ist, dass sich diese Führer selten »ins Gehege« kommen – gewöhnlich leitet der eine die Gruppe bei der Aufgabenerfüllung, der andere dagegen sorgt für die Stimmung in der Gruppe. Hier findet sich also eine sinnvolle Arbeitsteilung zwischen den Führern. Auf der *horizontalen* Dimension dagegen bilden Gruppen verschiedene Rollen unter den Geführten aus – Spezialisten für bestimmte Aufgaben, Mitläufer, Außenseiter, Sündenböcke (von Rosenstiel 1995) bzw. die bereits dargestellten Teamrollen (Belbin 1981).

5. Gruppen entwickeln im Laufe der Zeit *Normen*, d.h. Regeln für Verhaltensweisen, die in bestimmten Situationen (nicht) auftreten sollen. Solche Normen erfüllen eine Reihe von Funktionen, die für Gruppen äußerst wichtig sind (vgl. Wiswede 1998):

- *Orientierung:* Normen bieten in unsicheren Situationen Hinweise, wie man sich verhalten soll;
- *Selektion:* Aus der prinzipiell unendlich großen Vielfalt von Verhaltensmöglichkeiten wählen Normen einige aus, die in bestimmten Situationen als sinnvoll erlebt werden;
- *Stabilisierung:* Durch Normen wird das Verhalten der Gruppenmitglieder stabil, sie sind Voraussetzung dafür, dass man in einer gegebenen Situation auf ein bestimmtes Verhalten der anderen vertrauen kann;
- *Koordination:* Durch Normen wird das Handeln der Mitglieder einer Gruppe aufeinander abgestimmt;
- *Prognose:* Normen machen Verhalten der anderen berechenbar. Damit ermöglichen Normen eine Vorhersage, welches Verhalten in einer bestimmten Situation am wahrscheinlichsten auftreten wird.

Normen entwickeln sich in Gruppen gewöhnlich aus einem Interessensausgleich der Gruppenmitglieder. Die Gruppe hat insgesamt Nachteile, wenn einzelne von der Norm abweichen. Das wird in Arbeitsgruppen besonders deutlich. In den Hawthorne-Studien wurden Gruppen beobachtet, die ihre Leistung immer auf einem mittleren Niveau gehalten haben (Roethlisberger/Dickson 1939; Brüning et al. 1988): Waren Vorgesetzte anwesend, wurde eifrig gearbeitet. Sobald die Vorgesetzten aus dem Blickfeld verschwanden, leisteten alle Mitglieder der Gruppe deutlich weniger. Das hatte folgenden Grund. In den Gruppen wurde im Akkord gearbeitet. Dabei bestand die Angst, dass bei höherer Leistung auch die Akkordsätze erhöht würden, sodass im Endeffekt höhere Leistung nicht zu mehr Geld führt. Die Einhaltung einer bestimmten Leistungsnorm, die nicht zu hoch und nicht zu niedrig in Bezug auf die Akkordsätze liegt, war also im Interesse aller Gruppenmitglieder.

Nachdem sich Normen etabliert haben, wird rigoros darauf geachtet, dass alle Mitglieder sie einhalten. Wenn also ein Neuer in die Gruppe kommt und mehr als erwünscht arbeitet, muss er mit drastischen Sanktionen rechnen. Diese können von verbalen Abmahnungen über körperliche Attacken bis zu völliger Isolation reichen – Normverletzungen sind häufig der Ausgangspunkt für das bereits erwähnte Mobbing, den systematischen »Psychoterror« gegenüber Kollegen und Kolleginnen (Neuberger 1999).

6. Fühlen sich die Mitglieder in ihrer Gruppe wohl und identifizieren sie sich mit der Gruppe, dann sprechen sie voneinander als »Wir«. Dieses Wir-Gefühl wird als *Gruppenkohäsion* bezeichnet und als Ausmaß wechselseitiger positiver Gefühle definiert (Sader 1998). Die Höhe der Kohäsion ist von einer Reihe von Faktoren abhängig (Cartwright 1968; Fischer/Wiswede 2002):

- den *Motiven* der Gruppenmitglieder, die eine Gruppe für sie attraktiv machen. In einem Kegelklub besteht eine hohe Kohäsion, da die regelmäßigen Klubabende das Geselligkeitsbedürfnis der Mitglieder befriedigen;
- den *Anreizen,* die eine Gruppe bietet; im Kegelklub sind das zum einen die interessanten sportlichen Betätigungen, aber auch die Möglichkeit, Status durch Übernahme von Positionen zu erwerben;
- der *Erwartung,* dass eine Mitgliedschaft tatsächlich günstige Ergebnisse erbringt. So wird sich jemand vor der Bewerbung um Aufnahme in

den Kegelklub überlegen, ob er in dieser Gruppe Anerkennung finden kann (oder ob er aufgrund seines geringen Leistungsniveaus beim Kegeln eher den Spott der anderen fürchten muss);

- dem *Vergleichsniveau* der Mitglieder, d.h. den Erfahrungen mit anderen Gruppenmitgliedschaften. Wer bislang schlechte Erfahrungen mit Klubs gemacht hat, fühlt sich in einem durchschnittlichen Klub sehr viel wohler als jemand, der schon mehrere »tolle Gemeinschaften« kennen gelernt hat.

Da eine hohe Kohäsion zu großer Zufriedenheit der Mitglieder führt, wird ein solcher Zustand häufig als erstrebenswert angesehen. Im Arbeitsleben kann sich aber eine hohe Kohäsion auch negativ auf die Leistung von Gruppen auswirken. Bestehen in einer Gruppe niedrige Leistungsnormen, führt eine hohe Kohäsion dazu, dass alle Mitglieder weniger leisten und damit die Leistung insgesamt deutlich sinkt (von Rosenstiel 1995).

## 4.4.2 Gruppen in Organisationen

In Organisationen werden Gruppen durch den Organisationsplan, das sogenannte *Organigramm* (Krüger 1994; Schulte-Zurhausen 2002), zusammengestellt. Das bedeutet aber nicht, dass so zusammengestellte Personen auch tatsächlich Gruppen im oben genannten Sinne bilden. Folgende Darstellung kann das verdeutlichen:

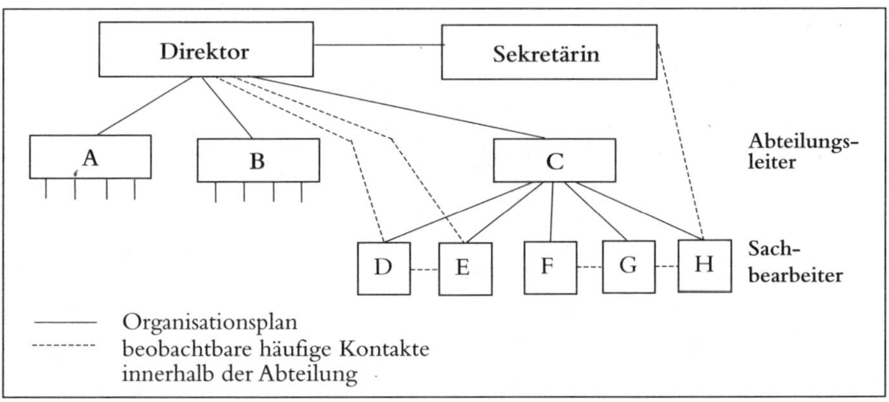


**Abb. 46:** Organigramm und persönliche Beziehungen in einer Organisation (nach von Rosenstiel et al. 1995, S. 117)

Dem Abteilungsleiter C sind demnach fünf Sachbearbeiter (D bis H) unterstellt, sie bilden nach dem Organigramm eine Gruppe. Die tatsächlich beobachteten persönlichen Beziehungen deuten aber darauf hin, dass in dieser Abteilung große Spannungen bestehen, denn es finden sich auf der Ebene der persönlichen Beziehungen zwei Gruppen: Der Direktor versteht sich gut mit D und E, Sachbearbeiter H hat eine enge Beziehung zur Sekretärin des Chefs und versteht sich seinerseits gut mit F und G. Zu vermuten ist, dass der Abteilungsleiter C einen schweren Stand hat. Seine Mitarbeiter/innen erhalten wahrscheinlich entweder vom Direktor oder von dessen Sekretärin manche Informationen, die ihn später oder gar nicht erreichen. Sollte er sich darüber beim Direktor beschweren, wird dieser wohl kaum sehr viel Verständnis dafür aufbringen!

Aufgrund dieses Widerspruchs zwischen dem Plan und der sozialen Realität wird häufig zwischen formellen und informellen Gruppen unterschieden. Die im Plan zusammengestellten werden als *formelle Gruppen*, die tatsächlich beobachtbaren als *informelle* bezeichnet. Diese Unterscheidung ist allerdings insofern irreführend, als eine formelle Gruppe nur auf dem Papier besteht und daher natürlich keine Gruppe im Sinne der real beobachtbaren Beziehungen darstellt. Das bedeutet aber nicht, dass der Organisationsplan keine Auswirkungen auf die Bildung von Gruppen hat: Der Plan bestimmt, wer aufgrund der Arbeitsabläufe mit wem zusammenarbeiten muss, d.h. die Kontaktfrequenz wird durch den Plan beeinflusst. Da aber nach Homans Gesetz mit der Zahl der Kontakte auch die Sympathie steigt (Homans 1950; von Rosenstiel 2000), ist die Wahrscheinlichkeit erhöht, dass sich die im Organisationsplan zusammengefassten Mitarbeiter/innen auch tatsächlich zu einer Gruppe zusammenschließen.

In Organisationen finden sich eine Reihe spezieller Formen von Gruppen (zum Überblick: West 1996; Wegge 2001). Dazu zählen Qualitätszirkel (Antoni 1990), Projekt- (Fisch et al. 2001) und Entscheidungsgruppen (Auer-Rizzi 1998; Sader 1998). *Qualitätszirkel* sind kleine Gruppen von ca. 6–8 Mitarbeiter/innen der unteren Hierarchieebenen, die sich regelmäßig auf freiwilliger Grundlage treffen, um selbstgewählte Probleme aus dem Arbeitsbereich zu bearbeiten. Gewöhnlich werden sie von einem Mitarbeiter moderiert, der für diese Aufgabe speziell ausgebildet wurde. Die Gruppe soll zunächst Probleme identifizieren, nach der Dringlichkeit ein Problem auswählen, dieses analysieren und Lösungsvorschläge entwickeln. Zum Beispiel stellen die Mitarbeiter/innen einer Bankfiliale fest, dass viele

Kunden darüber klagen, bei Anrufen so lange warten zu müssen und dann mehrfach verbunden werden, bis sie endlich mit dem »richtigen« Mitarbeiter sprechen können. Der Qualitätszirkel überlegt sich, wie dieses Problem zu lösen ist. Ein Vorschlag könnte sein, jeden Mitarbeiter so über alle Zusammenhänge in der Bank zu schulen, dass er für jede Anfrage den richtigen Ansprechpartner kennt. Ziel der Problemlösung wäre es, jeden Kunden nur maximal einmal zu verbinden, bis er mit einem kompetenten Mitarbeiter spricht.

Wie das Beispiel zeigt, können die von Qualitätszirkeln vorgeschlagenen Problemlösungen mit Kosten bzw. Eingriffen in den betrieblichen Ablauf verbunden sein. Daher werden die Vorschläge einer sogenannten Steuerungsgruppe vorgelegt, in der höherrangige Führungskräfte versammelt sind, die über die Umsetzung entscheiden. Nach der Genehmigung sollen die Mitglieder des Qualitätszirkels die notwendigen Änderungen in ihrem Arbeitsbereich vornehmen und den Erfolg selbst kontrollieren (Antoni 1990, 1999). Dieses Vorgehen hat auch für den Betrieb Vorteile. In verschiedenen Untersuchungen zeigt sich, dass Qualitätszirkel die Produktivität steigern, Kosten durch Verminderung der Garantieleistungen verringern, Maschinenstillstandszeiten herabsetzen sowie Unfallzahlen und Fehlzeiten reduzieren. Problemlösungen, die eine Gruppe entwickelt, die ihre Arbeit und die Arbeitsbedingungen am besten kennt, können offensichtlich die Qualität der Arbeit erheblich verbessern.

*Projektgruppen,* häufig auch als Projektteams oder »task forces« bezeichnet, finden sich heute in jedem größeren Unternehmen in großer Zahl. Die Zielsetzung von Projekten wird gewöhnlich vom Management vorgegeben, wobei eine abgegrenzte, einmalige Aufgabenstellung, von der mehrere Organisationseinheiten betroffen sind, zu bearbeiten ist. Zu ihrer Bearbeitung werden mehrere Experten und Führungskräfte in einer Projektgruppe zusammengefasst, die nach ihrer Sachkompetenz ausgewählt werden und bis zur Zielerreichung zusammen arbeiten (Bungard/Antoni 1995). Die Entwicklung eines neuen Controlling-Systems für den Vertrieb könnte eine Projektaufgabe darstellen. In diesem Fall ist es sinnvoll, dass Experten aus dem Rechnungswesen und dem Vertrieb, möglicherweise auch aus der Organisations- oder der Personalabteilung zusammen arbeiten, um eine optimale Lösung zu finden. Wie bereits gesehen, sollte bei der Zusammensetzung aber auch auf die Teamrollen geachtet werden. Wenn das Ziel erreicht ist, löst sich die Gruppe wieder auf.

*Entscheidungsgruppen* finden sich vor allem auf höheren Hierarchieebenen. In Vorständen mancher Unternehmen gibt es sogar das Prinzip, dass alle Entscheidungen im Konsens gefällt werden. Die Mitglieder der Entscheidungsgruppe sind dann verpflichtet, ein Problem so auszudiskutieren, dass alle Vorstände die Entscheidung mittragen. Entscheidungen, die in Gruppen gefällt werden, sind besser legitimiert und lassen sich daher leichter durchsetzen. Dahinter steht aber auch die Vorstellung, dass Gruppen zu qualitativ besseren Entscheidungen kommen als Einzelne. Das ist nicht immer der Fall. In Gruppen treten verschiedene dysfunktionale Prozesse auf, die sich negativ auf die Qualität von Entscheidungen auswirken können (Schulz-Hardt 1997; Auer-Rizzi 1998). Besonders gravierend wirkt sich das sogenannte »Groupthink« aus (Janis 1972, 1982; Moorhead/Neck 1995).

### 4.4.3 Dysfunktionale Gruppenprozesse: Groupthink

Der Begriff »Groupthink« ist nur schwer zu übersetzen und hat sich daher als Fachterminus auch im Deutschen durchgesetzt. Janis hat Groupthink definiert als einen »... Denkmodus, in den Personen verfallen, wenn sie Mitglied einer hoch-kohäsiven Gruppe sind, wenn das Bemühen der Gruppenmitglieder um Einmütigkeit, ihre Motivation, alternative Wege realistisch zu bewerten, übertönt« (Janis 1972, S. 9). Janis entdeckte dieses Phänomen beim Studium sehr umfangreicher zeithistorischer Unterlagen zu einigen politischen Entscheidungen, die sich im Nachhinein als gravierende Fehler erwiesen haben und nicht selten in einem Fiasko endeten. Ein Beispiel ist die gescheiterte Invasion in der Schweinebucht.

**Das Fiasko in der Schweinebucht**

Ursprünglich hatte der amerikanische Vize-Präsident Nixon den Plan gefasst, Exilcubaner auszubilden und in Kuba einmarschieren zu lassen, um die Regierung von Fidel Castro zu stürzen. Sein Gegner – Präsident John F. Kennedy – hat diesen Plan auf Anraten wichtiger Mitarbeiter des CIA übernommen. Vorher war der Plan im Sicherheitsrat, dem eine Reihe angesehener, erfahrener und exzellent ausgebildeter Fachleute angehörten, lang und intensiv diskutiert worden.

Am 17. April 1961 kreuzten 1.400 Exilcubaner mit Unterstützung amerikanischer Truppen in einer Bucht auf Kuba mit dem Namen »Schweinebucht« auf. Keines der vier Schiffe konnte landen, zwei wurden von den Kubanern versenkt, die zwei anderen flohen. Die wenigen Soldaten, die an Land kamen, wurden sofort von 20.000 kubanischen Soldaten umstellt und gefangengenommen. Die Aktion war jämmerlich gescheitert.

Danach ließ sich nicht mehr verheimlichen, dass die amerikanische Regierung hinter dem Plan stand. Kennedy und seine Berater bekannten sich öffentlich dazu und schon nach kurzer Zeit konnte keiner mehr erklären, wie es zu dem ebenso unsinnigen wie moralisch fragwürdigen Entschluss gekommen war. Die Gruppe vertraute auf Kennedy, und Kennedy vertraute auf den Geheimdienst und die Militärs. Robert Schlesinger, Pressesprecher und Mitglied der Gruppe meinte danach: »Unsere Besprechungen fanden in einer eigentümlichen Atmosphäre stillschweigend angenommener Übereinstimmung statt … aufgrund der Umstände, unter denen die Diskussionen stattfanden, hat niemand den ganzen Unsinn abgeblasen« (Janis 1972, S. 39f.).

Nach der Analyse einer Vielzahl solcher Fehlentscheidungen kam Janis zu dem Schluss, dass eine Gruppe, die an Groupthink leidet, Entscheidungen fällt, bevor sie die Alternativen realistisch eingeschätzt hat. Das erhöht die Wahrscheinlichkeit von Fehlentscheidungen. Groupthink ist an folgenden Symptomen zu erkennen (vgl. Schulz-Hardt 1997):

Selbstüberschätzung der Gruppe:

1. *Illusion der Unverwundbarkeit,* die zu einem unrealistischen Optimismus führt: So kam in der Gruppe um Kennedy niemals die Idee auf, dass die kubanischen Soldaten einer von amerikanischen Militärs geleiteten Aktion etwas entgegenzusetzen hätten.

2. *Glaube, hohe moralische Standards zu vertreten:* Die Gruppe ging immer von der Prämisse aus, dass sie auf der Seite der Freiheit, d.h. des »Guten« steht.

Engstirnigkeit:

1. *Kollektive Rationalisierungen.* Eine Rationalisierung liegt vor, wenn sich jemand das Motiv seines Handelns nicht eingestehen möchte und

stattdessen vernünftige (rationale) Gründe konstruiert. Das kann auch auf der Gruppenebene, d.h. im Kollektiv geschehen. In der Gruppe um Kennedy kam niemals die Frage auf, ob es sich bei der Aktion lediglich um eine Bestrafung Kubas handelt, weil es ein anderes Gesellschaftssystem angenommen hatte. Statt eines solchen Rachegedankens wurde die Invasion auf Kuba in der Gruppe durchgängig nur als Aktion verstanden, um die Bedrohung Amerikas durch den Kommunismus zu verhindern.

2. *Stereotypisierung von Außenstehenden:* Castro galt in der Gruppe als unfähiger und dummer Führer, der nicht in der Lage sei, sein Land zu regieren.

Uniformitätsdruck:

1. *Selbstzensur:* Mehrere Mitglieder der Gruppe berichteten, dass sie während der Diskussionen Zweifel bekamen. Sie haben sich daraufhin selbst eingeredet, dass sie Kennedy in dieser Situation nicht im Stich lassen können und daher ihre Bedenken unterdrückt.

2. *Illusion der Einstimmigkeit:* Alle Mitglieder der Gruppe gingen davon aus, dass alle anderen der gleichen Meinung seien – obwohl niemals die Meinungen aller Teilnehmer abgefragt wurden.

3. *Gruppendruck* gegen Argumente, die gemeinsame Illusionen in Frage stellen: Ganz am Beginn der Diskussionen fanden sich noch vereinzelte Gegenstimmen. In den Protokollen ist nachzulesen, dass abweichende Meinungen sofort zu massiven Angriffen führten. Dabei wurden keine rationalen Argumente ausgetauscht, sondern die Loyalität der »Abweichler« in Frage gestellt. Von diesem Punkt an finden sich keine Gegenargumente mehr.

4. *Selbsternannte Gesinnungswächter:* Offensichtlich haben bei den Beratungen über die Invasion einige Teilnehmer die Aufgabe übernommen, die Gruppe vor abweichenden Informationen zu »schützen«. Bereits im Vorfeld haben sie Informationen zensiert und nur solche an die Gruppe weiter geleitet, die eine Entscheidung für die Invasion unterstützten.

Die wesentlichen Bedingungen und Folgen von Groupthink zeigt die Darstellung in Abbildung 47.

Das Modell zeigt, dass Groupthink durch Bedingungen gefördert wird, die in der Gruppe (A), in der Organisation (B-1) und im Kontext, in dem gehandelt wird (B-2), zu verorten sind. Grundbedingung ist eine hohe Gruppenkohäsion, da sonst immer mit abweichenden Meinungen zu rechnen ist. Besonders gefährlich ist eine Organisationsstruktur, die zur Abschottung der Gruppe von wichtigen Informationen führt. Das ist eine Gefahr, die in vielen Entscheidungsgruppen besteht. Zum Beispiel erreichen Vorstände gewöhnlich nur extrem wenige Informationen über ihr Unternehmen. Um sie vor einer Überflutung mit unwichtigen Informationen zu schützen, sind ihnen verschiedene Abteilungen, Mitarbeiter/innen und Führungskräfte vorgelagert, die alle Informationen danach filtern, ob sie für die Arbeit der Vorstände wichtig sind. Damit bekommen aber diese Mitarbeiter/innen einen unwägbaren Einfluss auf die Entscheidungen des Vorstands.

Eine weitere Bedingung ist die Homogenität der Gruppe. Haben alle Teilnehmer denselben sozialen Hintergrund und vertreten die gleichen Einstellungen zu wichtigen Fragen, so erhöht sich die Gefahr des Groupthink. Solche Bedingungen sind in Unternehmen der Wirtschaft häufig zu beobachten: Im Top-Management finden sich überwiegend Personen aus der selben sozialen Schicht, die von Soziologen als »Großbürgertum« bezeichnet wird (Hartmann/Kopp 2001). Das Top-Management hat damit sehr ähnliche Erziehungserfahrungen und zeichnet sich durch ähnliche Einstellungen aus.

Schließlich zählt zu den Bedingungen des Kontextes auch der hohe Stress, der durch Zeitdruck und die Bedeutung der Entscheidung für die Organisation entsteht. Dieser Stress trägt zusammen mit den übrigen Faktoren dazu bei, dass die Entscheidungen nicht gründlich und kritisch vorbereitet und nach methodischen Prinzipien durchgeführt werden.

Zur Vermeidung der Folgen von Groupthink hat Janis (1972) eine Reihe von Regeln formuliert, an denen sich Gruppen bei schwerwiegenden Entscheidungen orientieren sollen (von Rosenstiel et al. 1995, S. 132):

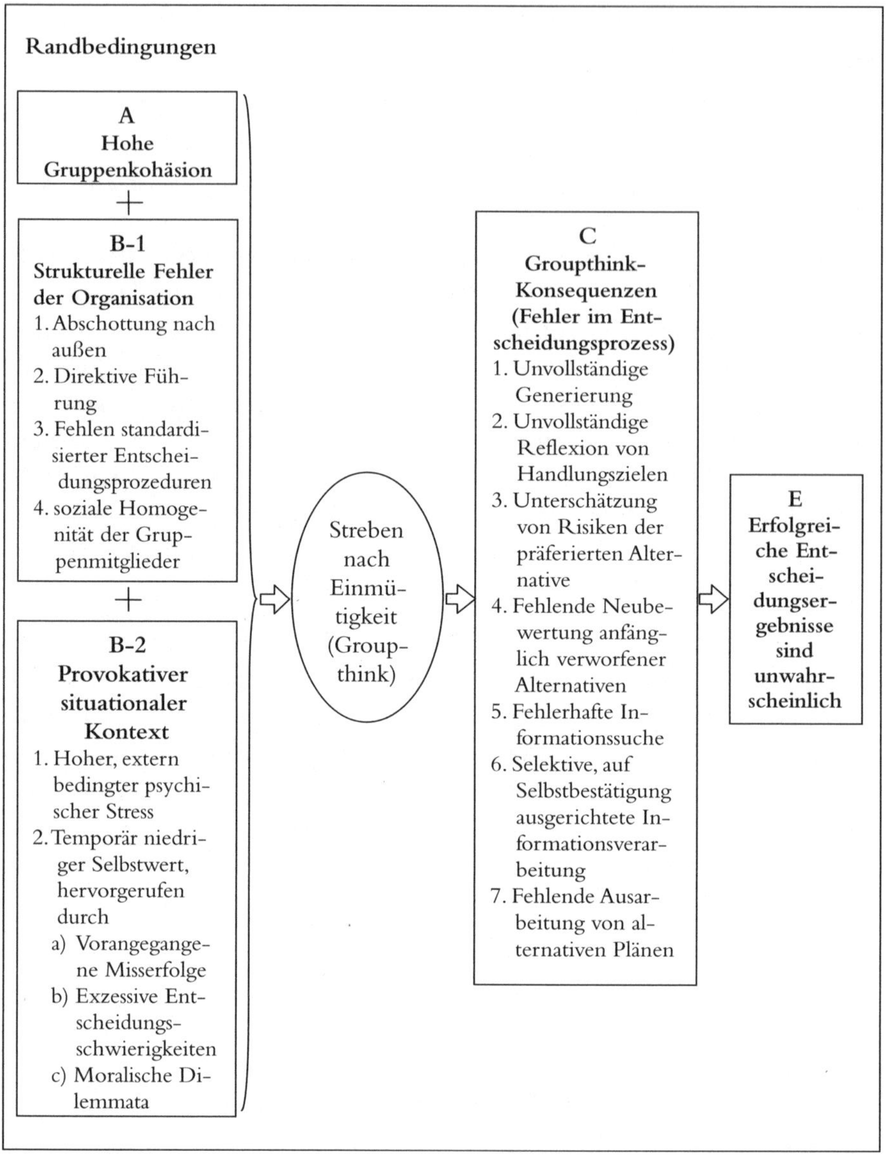


**Abb. 47:** Entstehung und Folgen von Groupthink (Janis 1982; nach Schulz-Hardt 1997, S. 24)

**Die Janis-Regeln**

1. Aufklärung über Gefahren des Groupthink
2. Zurückhaltung des Vorgesetzten mit eigenen Stellungnahmen;
3. Ermutigung der Gruppenmitglieder zur Äußerung von Einwänden und Zweifeln
4. Übernahme der Rolle des »advocatus diaboli« durch ein Gruppenmitglied, der zu einer Entscheidungsmöglichkeit alle denkbaren Gegenargumente vorbringen soll
5. Gelegentliche Bildung von Untergruppen zur konkurrierenden Bearbeitung eines wichtigen Teilproblems
6. Sorgfältige Analyse der Möglichkeiten und Absichten eines eventuellen Konkurrenten oder Gegners
7. Erneutes Überdenken der (vorläufigen) Einigung auf eine Lösung;
8. Hinzuziehen externer Beobachter und Kritiker
9. Einholung von Meinungen vertrauenswürdiger Kollegen durch Gruppenmitglieder
10. Einsetzen einer parallel am selben Problem arbeitenden Gruppe

So plausibel diese Regeln sind, ihre Wirkung hängt doch allein ab vom »guten Willen« und dem erforderlichen Maß an Selbstkritik derjenigen, die Entscheidungsgruppen leiten bzw. an ihnen beteiligt sind. Die Ursachen und Bedingungen des Groupthink werden auf diesem Wege natürlich nicht beseitigt. Allerdings lassen sich die negativen Folgen deutlich vermindern.

## 4.5 Zusammenfassung

- Zu den wichtigsten interpersonalen Bedingungen des Verhaltens in Organisationen zählen Macht, Kommunikation, Rollenbildung und Gruppenprozesse.
- Macht bedeutet jede Chance, innerhalb einer sozialen Beziehung den eigenen Willen auch gegen Widerstreben durchzusetzen. Macht kann sich auf verschiedene Basen stützen, wobei für den Einfluss in Organisationen der Einsatz von Expertenmacht die meisten Vorteile bringt.

Expertenmacht vermeidet die negativen Reaktionen der Machtunterworfenen, zu denen vor allem Reaktanz und die Ausbildung von Ressentiments zählen. In Organisationen wird Macht in Form von Führung spürbar, die für die Funktionsfähigkeit entscheidende Bedeutung hat.

- Kommunikation ist die Übermittlung von Nachrichten auf verbalem und/oder nonverbalem Wege. Neben dem sachlichen Gehalt der Nachricht werden dabei immer auch Aussagen über die Befindlichkeit des Senders und Definitionen der Beziehung übermittelt. Außerdem können Nachrichten einen Versuch der Lenkung darstellen. Dadurch eröffnen sich unterschiedliche Deutungsebenen, die zu einer Vielzahl von Missverständnissen führen können. Im Mitarbeitergespräch – einer Form der Beurteilung von Mitarbeiter/innen – können solche Missverständnisse schwerwiegende Folgen haben. Daher müssen Führungskräfte in der Vorbereitung auf ihre Aufgaben die Wirkungen menschlicher Kommunikation kennen und in der Führung von Gesprächen geschult werden.

- Die Summe der Erwartungen, die an den Inhaber einer Position gerichtet werden, bilden seine Rolle. Solche Erwartungen können sich widersprechen oder unklar sein, wodurch Rollenkonflikte entstehen. Rollenkonflikte sind eine Quelle des Stresses und verringern die Leistungsfähigkeit von Mitarbeiter/innen. Daher müssen v.a. Führungskräfte bei der Übermittlung ihrer Erwartungen Rollenkonflikte der Empfänger vermeiden. Spezielle Bedeutung erlangen Rollen in Teams – für eine optimale Leistung von Teams müssen die Rollen ausgeglichen und den Zielen angepasst sein.

- Eine Gruppe ist eine Mehrzahl von Personen, die über längere Zeit in direktem Kontakt stehen, wobei sich Rollen ausdifferenzieren, gemeinsame Normen und ein Wir-Gefühl entwickeln. Wichtige Gruppenformen in Organisationen sind Qualitätszirkel, Projekt- und Entscheidungsgruppen. In Letzteren lassen sich dysfunktionale Gruppenprozesse beobachten, wobei das Groupthink besonders gravierende Auswirkungen hat. Groupthink ist ein Denkmodus in hochkohäsiven Gruppen, bei dem das Bemühen der Gruppenmitglieder um Einmütigkeit ihre Motivation, alternative Wege realistisch zu bewerten, übertönt. Da ein solcher Denkmodus zu folgenschweren Fehlentscheidungen führen kann, wurde eine Reihe von Regeln entwickelt, die bei Diskussionen in Entscheidungsgruppen zu beachten sind.

## Vertiefungsliteratur zu Kapitel 4

*Auer-Rizzi, W.* (1998): Entscheidungsprozesse in Gruppen, Wiesbaden.
*Belbin, R.M.* (1993): Team roles at work, Oxford.
*Blickle, G.* (2003): Organisationale Interaktion und Kommunikation. Rekonstruktion von fünfzig Jahren empirischer Forschung im Lichte grundlegender Paradigmen, in: Schuler, H. (Hrsg.): Gruppe und Organisation. Enzyklopädie der Psychologie. Bd. D III 4, Göttingen.
*Neuberger, O.* (2002): Führen und führen lassen. Ansätze, Ergebnisse und Kritik der Führungsforschung, 6. Aufl., Stuttgart.

# 5 Apersonale Bedingungen

Als apersonale Bedingungen werden hier diejenigen Faktoren bezeichnet, die den objektiven Rahmen bilden, in dem sich Verhalten in Organisationen entfaltet. Diese Bedingungen leiten sich von der Frage ab, wie die Mitarbeiter/innen in das System »Organisation« eingebunden werden. Vier Wege lassen sich dabei unterscheiden, die in der Praxis natürlich gleichzeitig wirksam werden und sich nur in ihren jeweiligen Ausprägungen von Organisation zu Organisation unterscheiden: Einbindung durch die Aufgaben, durch Planvorgaben, durch die Kultur der Organisation sowie durch Strukturen und Prozesse (Krüger 1994, S. 303ff.). Die letztgenannte Form, die auch als strukturelle Einbindung bezeichnet wird, bezieht sich auf alle Formen organisatorischer Regelungen. Zwar bilden diese nach wie vor den Kern jeder Organisation, im Folgenden werden sie aber ausgeklammert. Das hat zwei Gründe: Zum einen ist die damit verbundene Bürokratie in den letzten Jahrzehnten zunehmend in Misskredit geraten, weshalb vor allem die Organisationen der Wirtschaft verstärkt auf die anderen Formen der Einbindung setzen. Zum anderen haben die Strukturen und Prozesse zwar eine Vielfalt von Forschungen angeregt (vgl. Pennings 1998; Kieser 2001), die hier interessierende Frage der Auswirkungen auf das individuelle Verhalten wurde dabei aber kaum empirisch untersucht.

## 5.1 Aufgaben

Die Aufgabe bildet den Kern der betriebswirtschaftlichen Organisationslehre (Kosiol 1962; Schulte-Zurhausen 2002). Aus der Sicht der Verhaltenswissenschaften – speziell der Arbeitspsychologie – ist sie von besonderem Interesse, da sie den Schnittpunkt zwischen Organisation und Individuum bildet (Volpert 1987; Hacker 1998; Ulich 2001, S. 189ff.).

### 5.1.1 Aufgabe und Aufbauorganisation

In der betriebswirtschaftlichen Organisationslehre wird die Aufgabe als »Handlungsziel« oder auch als »Aufforderung zum wiederholten Handeln« umschrieben (vgl. Krüger 1994; Schulte-Zurhausen 2002). Ausgangspunkt der Überlegungen ist dabei die Gesamtaufgabe des Unternehmens. Um die Gesamtaufgabe zu erfüllen, muss sie zunächst inhaltlich festgelegt und in verteilungsfähige Teilaufgaben zerlegt werden. Dieser Vorgang wird als *Aufgabenanalyse* bezeichnet. Eine solche Analyse kann nach verschiedenen Merkmalen, z.B. nach der Verrichtung, durchgeführt werden. Dabei wird nach der Art der Leistung, die zu erbringen ist, unterschieden. Eine andere Möglichkeit ist die Analyse nach dem Rang. Der Rang trennt Steuerungs- von Ausführungsaufgaben. Zu den Steuerungs- oder Führungsaufgaben zählen folgende Teilaufgaben: Planen, Entscheiden, Durchführungen veranlassen und Kontrolle der Ergebnisse. Ausführungsaufgaben realisieren entsprechend die auf der Steuerungsebene entwickelten Pläne und Entscheidungen. Dazu zählen alle Aufgaben der Erstellung bzw. Bereitstellung, Verwertung oder auch Entsorgung von Produkten oder Leistungen. Die Gliederung nach dem Merkmal »Rang« bereitet die hierarchischen Beziehungen in der Organisation vor.

Zur Aufrechterhaltung und Bewältigung der Steuerungs- und Ausführungsprozesse fallen in der Organisation schließlich noch sogenannte Unterstützungs- bzw. interne Serviceaufgaben an. Dazu zählen

- personenbezogene Dienste wie z.B. die Aus- und Weiterbildung der Mitarbeiter/innen;
- objektbezogene Dienste wie die Wartung und Instandhaltung in der Produktion;
- informationsbezogene Dienste, darunter das Rechnungswesen und die EDV und
- finanzbezogene Dienste, wie sie beispielsweise von einer Investitions- und Finanzabteilung geleistet werden.

Als Ergebnis der Aufgabenanalyse liegen verteilungsfähige Teilaufgaben vor, die in einem sogenannten *Aufgabengliederungsplan* festgelegt sind. Ein Beispiel für den Bereich Marketing und Vertrieb kann so aussehen:

| | | |
|---|---|---|
| **Marktforschung** | Absatzmöglichkeiten analysieren | |
| | Konkurrenten analysieren | |
| **Absatzprogrammplanung** | life cycle untersuchen | |
| | Substitutionsprodukte ermitteln | |
| | Sortiment planen | |
| **Absatzmengenplanung** | Zeitreihen untersuchen | |
| | Absatzmengen prognostizieren | |
| **Werbung / Verkaufsförderung** | Werbeträger analysieren | |
| | Werbemaßnahmen konzipieren | |
| | Werbemaßnahmen durchführen | |
| **Auftragsbearbeitung** | Aufträge erfassen | schriftliche Aufträge |
| | | mündliche Aufträge |
| | Aufträge prüfen | Vollständigkeit prüfen |
| | | Bonität prüfen |
| | | Lieferfähigkeit prüfen |
| | Auftrag bestätigen | |
| | Rechnung erstellen | |
| **Versand** | Versand disponieren | Transportmittel planen |
| | | Vers.-papiere erstellen |
| | | Route planen |
| | Versand durchführen | |
| **Reklamationsbearbeitung** | | |
| **Vertriebsordnung** | Deckungsbeitragsrechnung durchführen | |
| | Vertriebsergebnisrechnung durchführen | |

**Abb. 48:** Aufgabengliederungsplan für den Bereich Marketing und Vertrieb (nach Schulte-Zurhausen 2002, S. 41)

In diesem Plan finden sich die einzelnen Teilaufgaben, die im Bereich Marketing und Vertrieb zu erfüllen sind. Diese lassen sich nach bestimmten Merkmalen so zusammenfassen, dass man sie verschiedenen Mitarbeiter/innen zuordnen kann. Dadurch entstehen einzelne Stellen, wobei in vielen Organisationen die auf einer Stelle zu erledigenden Aufgaben in Form von Stellenbeschreibungen formal festgelegt sind. Verschiedene inhaltlich verwandte Stellen werden schließlich zu Abteilungen zusammengefasst. Dieses Vorgehen, bei dem die zunächst zergliederten Teilaufgaben so zusammengefasst werden, dass sie sich verschiedenen Mitarbeiter/innen zuordnen lassen, wird auch als *Aufgabensynthese* bezeichnet. Das Ergebnis der Aufgabenanalyse und -synthese stellt die *Aufbauorganisation* dar, die gewöhnlich in Form eines Organigramms dokumentiert wird (vgl. Abb. 46).

## 5.1.2 Die Steuerung des Verhaltens durch die Aufgabe

Die im Aufgabengliederungsplan festgelegten und in der Stellenbeschreibung zusammengefassten Teilaufgaben bestehen lediglich auf dem Papier bzw. sind neuerdings in den elektronischen Medien dokumentiert. Damit die Aufgaben Einfluss auf das Verhalten bekommen, müssen sie an die Inhaber von Stellen kommuniziert und von diesen verstanden werden. Wie sie die Aufgaben verstehen, legt fest, wie die Mitarbeiter/innen ihr Verhalten steuern, um die jeweiligen Aufgaben zu erfüllen. Diesen Prozess verdeutlicht ein von Hackman (1970; vgl. Hoyos 1974; von Rosenstiel 2000) entwickeltes Modell:

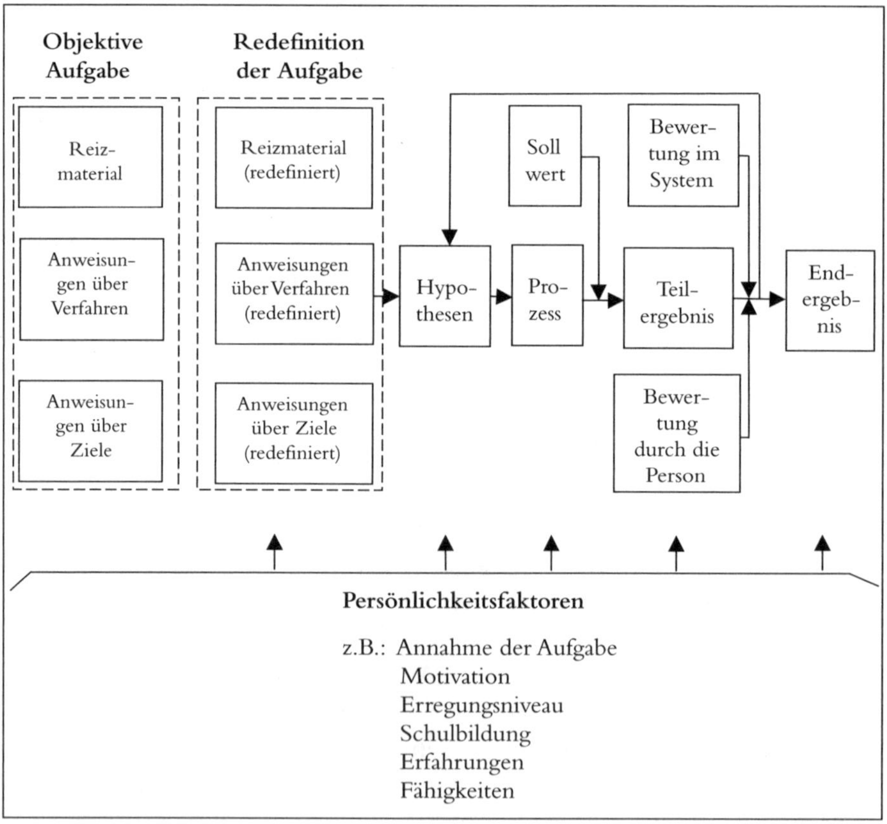


**Abb. 49:** Modell der Aufgabenwirkung (Hackman 1970; nach Hoyos 1974, S. 110)

Ausgangspunkt ist die *objektive Aufgabe*, wie sie gewöhnlich in der Stellenbeschreibung festgelegt und vom Vorgesetzten kommuniziert wird. Die objektive Aufgabe umfasst drei Aspekte. Mit dem Begriff *Reizmaterial* sind die wahrnehmbaren Umweltbedingungen gemeint, unter denen eine Aufgabe zu erfüllen ist. Im Beispiel der Teilaufgabe »Marktforschung: Absatzmöglichkeiten analysieren« des Aufgabengliederungsplans für den Bereich Marketing und Vertrieb zählen zum Reizmaterial u.a. die vorliegenden Datensätze über die Einstellungen der Konsumenten zu den Produkten. Einen weiteren Teil der objektiven Aufgabe bilden die *Anweisungen über die Verfahren*, anhand derer die Aufgabe zu erfüllen ist. Im Marktforschungsbeispiel sind das die in den Methoden der Statistik festgelegten Verfahren zur Interpretation statistischer Daten, aber auch die vom Vorgesetzten empfohlene oder erwartete Vorgehensweise. Schließlich zählen zur objektiven Aufgabe die *Ziele*, die für die Aufgabenerfüllung vorgegeben sind, d.h. im Beispiel, was mit der Analyse der Daten über die Einstellungen und Wünsche der Kunden erreicht werden soll.

Die objektive Aufgabe hat nicht als solche Einfluss auf das Verhalten, sondern wirkt immer über die subjektive *Redefinition* durch die Mitarbeiter/innen. Redefinition bedeutet

1. der Handelnde muss die Aufgabe verstehen,
2. er muss sie akzeptieren und sich den mit der Aufgabenerfüllung verbundenen Anforderungen stellen,
3. er interpretiert die Aufgabe im Hinblick auf seine Motive und Wertorientierungen und
4. seine Interpretationen werden durch frühere Erfahrungen beeinflusst (Hoyos 1974, S. 111).

In die Redefinition gehen also kognitive Prozesse der Wahrnehmung und des Denkens (1) ebenso ein wie Fragen der Motivation (2 und 3) und des Lernens (4). Je weniger ein Mitarbeiter die objektive Aufgabe versteht, desto stärkeres Gewicht gewinnen seine Motive sowie seine Erfahrungen mit ähnlichen Aufgaben. Daraus entwickelt er *Hypothesen* darüber, wie er die Aufgabe erfüllen kann. Im Beispiel »Marktforschung: Absatzmöglichkeiten analysieren« könnte der Mitarbeiter der Marketing-Abteilung die Hypothese haben, dass er zunächst alle im Unternehmen vorliegenden Daten aus Konsumentenbefragungen zusammenstellen und nach ausgewählten Kriterien der Zielgruppen vergleichen muss. Diese Hypothese leitet sein Handeln, das im Modell von Hackman (1970) als *Prozess* bezeichnet wird. Sein

Handeln orientiert sich dabei an einem *Sollwert*, d.h. den redefinierten Anweisungen über das Ziel seiner Aufgabe.

Nachdem der Mitarbeiter auf diese Weise einige Zeit gearbeitet und die Einstellungen verschiedener Konsumentengruppen verglichen hat, kommt er zu einem ersten *Teilergebnis*. Möglicherweise findet er heraus, dass die Gruppe der 15-20-Jährigen eine sehr positive Einstellung zu den Produkten des Unternehmens hat, diese Gruppe aber unter den Kunden kaum repräsentiert ist. Dieses Teilergebnis bewertet der Mitarbeiter – er fragt sich, ob er auf dem richtigen Weg ist. Im Beispiel lautet die Frage: Kann ich auf diesem Wege etwas über Absatzmöglichkeiten unserer Produkte in Erfahrung bringen? Sicherheitshalber legt er das Ergebnis aber noch seinem Vorgesetzten vor. Wenn auch dieser keine Einwände gegen sein bisheriges Vorgehen hat (*Bewertung im System*), wird der Mitarbeiter seine Ausgangshypothese als bestätigt ansehen (vgl. den Rückkopplungspfeil in Abb. 49) und auf diesem Wege weiter arbeiten, bis er die Aufgabe erledigt hat. Er fasst die Ergebnisse seiner Untersuchungen in einem Bericht zusammen, der dem Unternehmen neue Absatzmöglichkeiten aufzeigt (*Endergebnis*). Der damit schematisch skizzierte Ablauf der Aufgabenerfüllung wird an allen Punkten durch verschiedene *Persönlichkeitsfaktoren*, vor allem die Fähigkeiten und die Motivation der Mitarbeiter/innen, beeinflusst. Daher bewältigen verschiedene Mitarbeiter/innen ein und dieselbe objektive Aufgabe mehr oder weniger unterschiedlich.

Natürlich ist das noch ein sehr vereinfachtes Modell. Weiter erscheint problematisch, dass es sich stark am S-O-R-Modell (s.u. 2.2.1) orientiert. Deshalb werden nicht alle Prozesse, die bei der Aufgabenerfüllung aktiv von den Mitarbeiter/innen ausgehen, hinlänglich berücksichtigt. Das Modell verdeutlicht aber, wie eine apersonale Bedingung – die zunächst nur auf dem Papier festgelegte Aufgabe – reales Verhalten steuern kann. Entscheidend dafür ist die subjektive Redefinition. Das verweist auf ein grundlegendes Problem: Aufgaben werden gewöhnlich von der Oberaufgabe der Organisation abgeleitet, nach zweck-rationalen Überlegungen zu Stellen gebündelt und Mitarbeiter/innen übertragen. Die Mitarbeiter/innen werden dabei lediglich als passive »Ausführungsgehilfen« betrachtet. Welche Wirkungen die Aufgabe auf sie hat, wird dabei vernachlässigt. Die subjektive Bedeutung von Aufgaben muss aber berücksichtigt werden, um optimale Ergebnisse für das Individuum und die Organisation zu erzielen.

## 5.1.3 Die subjektive Bedeutung von Aufgaben

Bereits Herzberg (1968) hat nachdrücklich darauf verwiesen, dass die Arbeitsaufgabe bzw. der Inhalt der Arbeitstätigkeit ein Motivator ist: Sie entscheidet über Leistung und Zufriedenheit (s.u. 3.4.4). Die Motivation, die aus der Aufgabe entspringt, wird auch als *intrinsische Motivation* bezeichnet. Hackman und Oldham (1976, 1980) haben ein Modell entwickelt, das beschreibt, welche Aspekte der Arbeitsaufgabe zu intrinsischer Motivation führen und welche psychologischen Prozesse zwischen der konkreten Form der Arbeit und den individuellen Reaktionen vermitteln (vgl. zum folgenden Nerdinger 1995; Kleinbeck 1996; Ulich 2001). Das sogenannte Job Characteristics Modell zeigt die folgende Abbildung.

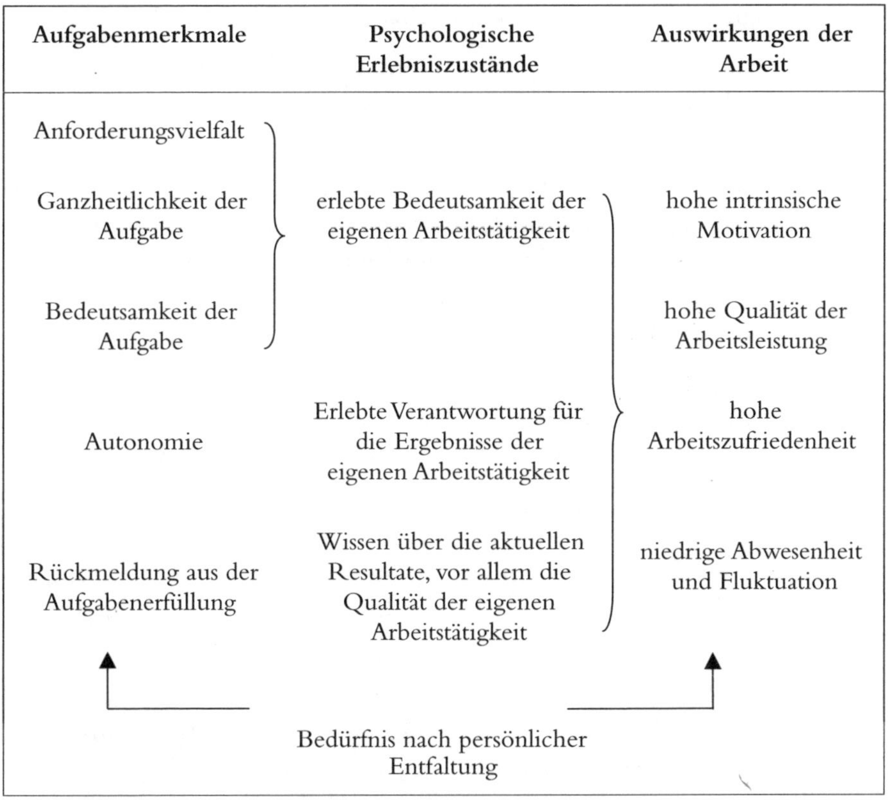


**Abb. 50:** Beziehungen zwischen Tätigkeitsmerkmalen und Auswirkungen der Arbeit – das Job Characteristics Modell (Hackman/Oldham 1980, nach Ulich 2001, S. 107)

Nach Hackman und Oldham (1976, 1980) ist das Entstehen intrinsischer Motivation an die Ausführung der Arbeitsaufgabe bzw. an die Arbeitstätigkeit gebunden, die durch die redefinierte Aufgabe gesteuert wird. Das Erleben der Arbeit muss drei Grundbedingungen erfüllen (vgl. Behson/Eddy/Lorenzet 2000):

1. Erlebte Bedeutsamkeit der eigenen Arbeit;
2. Erlebte Verantwortung für die Ergebnisse der eigenen Arbeit und
3. Wissen über die aktuellen Resultate der eigenen Arbeit, besonders über die Qualität der Ergebnisse.

Die psychologischen Erlebniszustände sind Folge von fünf Merkmalen der Tätigkeit:

1. *Anforderungsvielfalt:* Die Aufgabe sollte nicht nur Anforderungen an eine einzelne bzw. wenige Fähigkeiten des Arbeitenden stellen, sondern an möglichst viele motorische, intellektuelle und soziale Fähigkeiten;

2. *Ganzheitlichkeit:* Gemeint ist der Grad, in dem ein zusammenhängendes Produkt fertiggestellt wird im Gegensatz zu reduzierten Teilaufgaben, wie sie z.B. die Fließbandfertigung bestimmen;

3. *Bedeutsamkeit* der Aufgabe für das Leben und die Arbeit anderer: Der arbeitende Mensch soll die Zusammenhänge seiner eigenen Arbeit mit der seiner Kollegen oder anderer Abteilungen und so den Sinn und die Bedeutung seines isolierten Beitrages zum Ziel des Unternehmens erkennen;

4. *Autonomie* im Sinne von Kontroll- und Entscheidungsspielraum: Die Arbeitenden können selbst die Mittel und Teilziele ihrer Arbeit wählen und gewinnen damit Kontrolle über die Arbeitssituation;

5. *Rückmeldung* aus der Tätigkeit: Hier sind Rückmeldungen gemeint, die unmittelbar in der Aufgabe angelegt sind. In der Produktion ist hier an Systeme zu denken, die den Arbeitenden den Stand ihrer Leistung anzeigen – Zählwerke, Arbeitsschau-Uhren etc. (vgl. Neuberger 1985).

Die Tätigkeitsdimensionen bewirken – vermittelt über die drei Erlebniszustände – neben intrinsischer Arbeitsmotivation eine hohe Qualität der Arbeitsleistung, hohe Arbeitszufriedenheit und niedrige Abwesenheit und Fluktuation. Die Wirkungen der Aufgabe werden nach Hackman und Oldham (1980) durch das Bedürfnis nach persönlicher Entfaltung moderiert. Dieses Bedürfnis greift an zwei Stellen des Modells ein: Unterschiede im Wunsch nach Entfaltung beeinflussen zum einen, ob die Aufgabenmerkmale tatsächlich zu den drei Erlebniszuständen führen, zum anderen moderieren sie den Zusammenhang zwischen den Erlebniszuständen und den Auswirkungen. Bei einem hohen Bedürfnis nach persönlicher Entfaltung ist demnach ein enger Zusammenhang zwischen den Aufgabenmerkmalen und deren Erleben sowie zwischen dem Erleben und den Auswirkungen zu erwarten. Bei niedrigem Entfaltungsbedürfnis besteht kein solcher Zusammenhang – letztlich wirken also bestimmte Aufgaben nur dann intrinsisch motivierend, wenn deren Anforderungen in den Personen das entsprechende Bedürfnis nach Selbstentfaltung anregen. Damit berücksichtigt das Modell, dass nicht alle Menschen auf eine bestimmte Aufgabe gleich reagieren.

In Abhängigkeit von den genannten Merkmalen sind Aufgaben in der Lage, Mitarbeiter/innen mehr oder weniger zu motivieren. Diese Möglichkeit, die sich aus der konkreten Gestaltung der Aufgabe ergibt, wird als das *Motivationspotential* der Arbeit bezeichnet. Um das Motivationspotential konkreter Aufgaben zu messen – mit dem Ziel zu überprüfen, ob es sich durch Veränderung der Aufgabe erhöhen lässt –, haben Hackman und Oldham (1975) einen Fragebogen entwickelt, den *Job Diagnostic Survey* (zu einer deutschen Version vgl. Schmidt/Kleinbeck 1999). In diesem Fragebogen finden sich Fragen zu allen fünf Merkmalen der Tätigkeit, die von den Beschäftigten nach folgendem Muster zu beantworten sind:

**Frageformat des Job Diagnostic Survey**

Im Folgenden finden Sie eine Reihe von Aussagen, die zur Beschreibung einer Tätigkeit dienen können. Sie sollen für jede Aussage angeben, ob sie eine *zutreffende* oder *unzutreffende* Beschreibung *Ihrer* Tätigkeit darstellt. Versuchen Sie, bei der Entscheidung, wie genau die einzelnen Aussagen auf Ihre Tätigkeit zutreffen, so objektiv wie möglich zu sein – egal, ob Ihnen Ihre Tätigkeit gefällt oder nicht.

| | sehr ungenau | weitgehend ungenau | ziemlich ungenau | unbestimmt | ziemlich genau | weitgehend genau | sehr genau |
|---|---|---|---|---|---|---|---|
| Die Tätigkeit erfordert spezielle Fachkenntnisse | | | | | | | |
| Die Tätigkeit erfordert viel Zusammenarbeit mit anderen | | | | | | | |

**Abb. 51:** Beispielfragen aus dem Job Diagnostic Survey (nach Ulich 2001, S. 106)

Wurden auf diesem Wege Defizite festgestellt, sollte man im nächsten Schritt versuchen, die Aufgabe motivierender zu gestalten.

### 5.1.4 Folgerungen für die Arbeitsgestaltung

Zur motivationsförderlichen Gestaltung von Arbeitsaufgaben lassen sich im wesentlichen vier Prinzipien unterscheiden: Arbeitserweiterung (job enlargement), Arbeitsanreicherung (job enrichment), Rotation der Aufgaben (job rotation) und teilautonome Gruppenarbeit (vgl. dazu Heller 1994; Nerdinger 1995; von Rosenstiel 2000). Diese seien am Beispiel von Arbeitstätigkeiten in der Produktion kurz erläutert. Eine typische Tätigkeit in diesem Bereich lässt sich so darstellen:

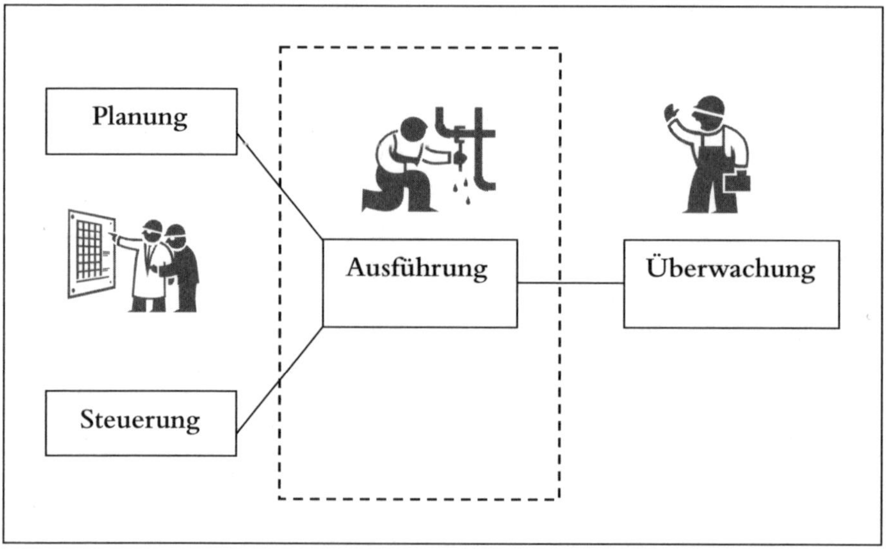


**Abb. 52:** Typische Tätigkeit im Produktionsbereich (nach Heller 1994, S. 263)

Die Arbeit ist in diesem Fall beschränkt auf die reine Ausführung. Bei der Montage von Autos steht ein Mitarbeiter am Band und muss in der vorgegebenen Zeit eine Aufgabe erledigen, beispielsweise einen Sitz in das Auto einbauen. Diese Tätigkeit wird von Ingenieuren geplant und gesteuert, die Überwachung erfolgt durch den Meister. Die Aufgabe ist ohne geistigen Aufwand zu erledigen und erfordert keine direkte Zusammenarbeit mit anderen Mitarbeiter/innen. Der ökonomische Vorteil solcher Tätigkeiten liegt u.a. darin, dass neue Mitarbeiter/innen sehr schnell und einfach zu schulen sind und die Quantität der Produktion gesteigert wird. Die Nachteile liegen in der einseitigen Belastung der Mitarbeiter/innen, die zu geringerer Arbeitszufriedenheit und häufig zu Problemen mit der Qualität der Produkte führt.

### Arbeitserweiterung: Job Enlargement

Bei der Arbeitserweiterung wird die Anzahl einzelner Arbeitsvollzüge erhöht. Gewöhnlich werden untereinander ähnliche Arbeitsvorgänge, die vorher mehrere Mitarbeiter/innen ausgeführt haben, zusammengefasst. Damit soll ein Belastungswechsel herbeigeführt werden, im einfachsten Fall durch einen Wechsel von Stehen und Sitzen. Außerdem werden eintönige Arbeitsabläufe etwas abwechslungsreicher gestaltet.

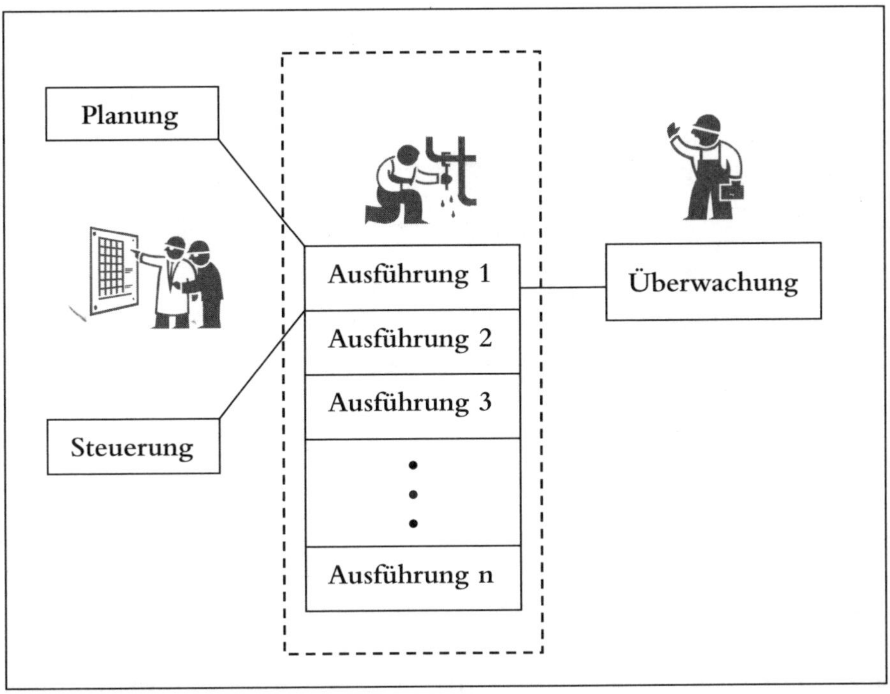


**Abb. 53:** Arbeitserweiterung (nach Heller 1994, S. 254)

Aus der Sicht der Arbeitsgestalter liegt ein wesentlicher Vorteil dieser Methode darin, dass keine höhere Qualifizierung der Mitarbeiter und Mitarbeiterinnen nötig wird – mit Blick auf die Motivation verweist gerade dieser Aspekt auf die begrenzte Wirkung. Häufig handelt es sich bei der Arbeitserweiterung um die bloße Aneinanderreihung in sich »sinnloser« Arbeitselemente, was Herzberg (1968) zu der berühmten Formulierung geführt hat, dass »Null plus Null lediglich Null« ergibt.

## Arbeitsbereicherung: Job Enrichment

Herzberg (1968) hat dagegen das Konzept der Arbeitsbereicherung favorisiert. Dabei werden den bisherigen Arbeitsvorgängen qualitativ neue und andere Aufgaben hinzugefügt, wodurch für den arbeitenden Menschen neue Handlungs- und Freiheitsräume sowie ein gewisses Maß an Selbstkontrolle in einem überschaubaren Verantwortungsbereich entstehen. Gewöhnlich übernimmt der Arbeitende zusätzlich zu seinen bislang verrichteten Arbeiten auch die Planung und die Ergebniskontrolle.

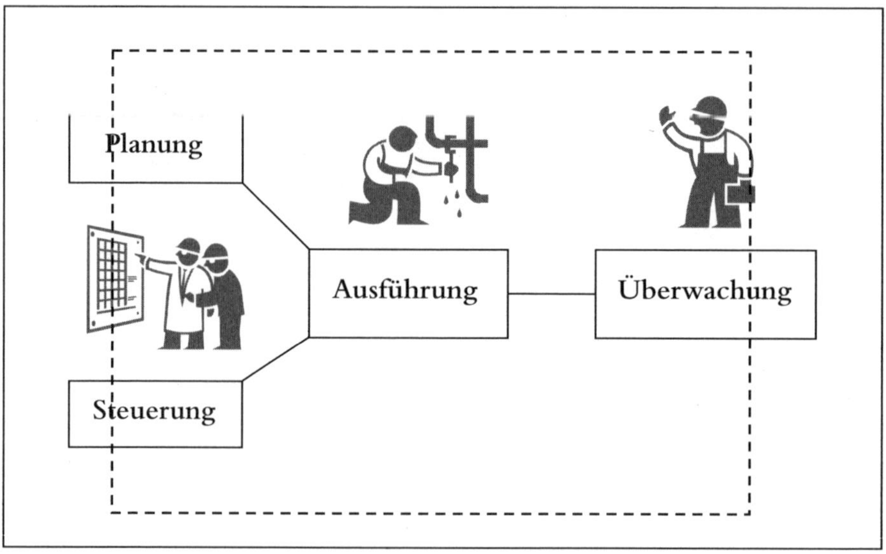


**Abb. 54**: Arbeitsbereicherung (nach Heller 1994, S. 265)

Job Enrichment setzt in aller Regel eine Höherqualifizierung der Mitarbeiter/innen voraus. Außerdem ist zu beachten, dass – gemessen an der Arbeitszufriedenheit – die Arbeitsbereicherung nur bei Arbeitnehmern, die in der Arbeit einen wesentlichen Lebensbereich sehen, positive Auswirkungen auf die Motivation haben. Wer dagegen eine instrumentelle Einstellung zur Arbeit hat, d.h. wer Arbeit als »notwendiges Übel« zur

Sicherung des Lebensunterhalts betrachtet, bei dem können solche Maßnahmen sogar zur Verringerung der Arbeitszufriedenheit führen. Bei gründlicher Vorbereitung der Arbeitsbereicherung und entsprechender Schulung der Betroffenen lassen sich aber solche negativen Folgen vermeiden (Gebert/von Rosenstiel 2002).

## Job Rotation

Das Prinzip des Job Rotation, d.h. des regelmäßigen Wechsels von Arbeitsplätzen und -tätigkeiten entspricht der Aufgabenerweiterung, wenn zwischen weitgehend ähnlichen Tätigkeiten gewechselt wird (Variante 1 in Abbildung 55). Dagegen hat sie der Arbeitsbereicherung vergleichbare Wirkungen, wenn sich die Tätigkeiten deutlich voneinander unterscheiden (Variante 2 in Abbildung 55).

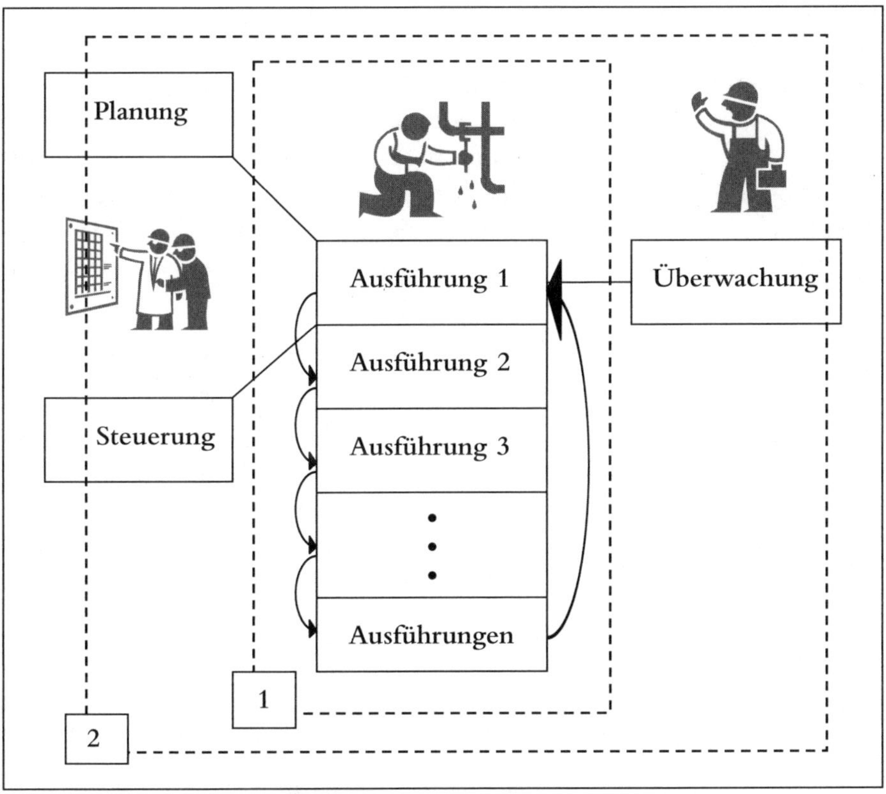


**Abb. 55:** Die Varianten der Rotation (nach Heller 1994, S. 265)

Zum Beispiel sollen im Bankbereich Mitarbeiter/innen gewöhnlich nach drei bis fünf Jahren aus einer Stabs- (z.B. Personal-) in eine Linienabteilung (z.B. in eine Zweigstelle mit Kundenbetreuung) wechseln. Solche Rotationen sind mit erheblichen Änderungen der Anforderungen verbunden, dieser Fall entspricht also der Arbeitsbereicherung. Das Beispiel verweist aber auch darauf, dass Arbeitswechsel nicht zu schnell aufeinander folgen sollten, wobei je nach Tätigkeit andere Zeiträume zu bedenken sind. Während in der Produktion die Rotation zwischen verschiedenen Tätigkeiten täglich möglich ist, muss Rotation bei Tätigkeiten mit Kundenkontakt berücksichtigen, dass sich das für die Zusammenarbeit zwischen Kunden und Unternehmen notwendige Vertrauen nur über längere Zeiträume entwickeln kann (Nerdinger 1994a, 2001a).

### Teilautonome Gruppenarbeit

Für die Motivation der Mitarbeiter/innen am wichtigsten ist das Konzept der Gruppenarbeit, vor allem in der Form sogenannter teilautonomer Arbeitsgruppen. Darunter werden führerlose Kleingruppen verstanden, denen ein vollständiger Aufgabenzusammenhang übertragen wird, dessen Regelung die Gruppe selbst vornimmt. Die Mitglieder der Gruppe arbeiten bei der Lösung der Arbeitsaufgaben eigenverantwortlich zusammen. In der Praxis variieren allerdings die Entscheidungsbefugnisse, die der Gruppe übertragen werden, enorm (Gulowsen 1972). Das zeigt die folgende Darstellung:

| Entscheidungsaspekt | Grad der Autonomie |
|---|---|
| 1. Das einzelne Gruppenmitglied entscheidet selbst über den Weg zur Aufgabenbearbeitung. | niedrig |
| 2. Die Gruppe entscheidet über Fragen der gruppeninternen Führung. | ↓ |
| 3. Die Gruppe entscheidet über die Mitgliedschaft in ihr. | ↓ |
| 4. Die Gruppe entscheidet über die interne Aufgabenverteilung. | ↓ |
| 5. Die Gruppe entscheidet über die Arbeitsverfahren. | hoch |

| Entscheidungsaspekt | Grad der Autonomie |
|---|---|
| | niedrig |
| 6. Die Gruppe entscheidet – unter Berücksichtigung übergeordneter Rahmenbedingungen der Gesamtorganisation – über die Arbeitszeit und Übernahme zusätzlicher Aufgaben. | ↓ |
| 7. Die Gruppe entscheidet über eine Vertretung der Gruppe nach außen. | ↓ |
| 8. Die Gruppe hat Einfluss auf die quantitativen Ziele der Gruppenarbeit. | ↓ |
| 9. Die Gruppe hat Einfluss auf die qualitativen Ziele der Gruppenarbeit. | hoch |

**Abb. 56:** Unterschiedliche Grade der Autonomie in Arbeitsgruppen (Gulowsen 1972; nach Franke/Kühlmann 1990, S. 337)

Eine vollständige Autonomie der Arbeitsgruppe kann es in Organisationen natürlich nie geben, denn zumindest das Ziel der Tätigkeit ist immer fremdbestimmt – die Geschäftsleitung legt die Ziele der Arbeit fest. Daher wird lediglich von *teil*autonomen Arbeitsgruppen gesprochen, wobei im Kern der meisten Varianten die selbständige Planung, Ausführung, Steuerung und Kontrolle der übertragenen Aufgaben steht (Antoni 1996). Unter dem Aspekt der Motivation der Mitarbeiter/innen ist entscheidend, dass in teilautonomen Arbeitsgruppen nicht nur eine Aufgabenerweiterung und -bereicherung erfolgt, sondern auch noch die Möglichkeit zu Kontakten mit anderen Menschen erhöht wird. Diese Arbeitsform berücksichtigt auch die sozialen Motive, deren Befriedigung für die Motivation sehr wichtig ist (zum Management von Arbeitsgruppen vgl. Kleinbeck 2001).

# 5.2 Planvorgaben

Mit Planvorgaben wird versucht, das Verhalten der Mitarbeiter/innen durch die Vorgabe der erwarteten Ergebnisse zu steuern. Solche Vorgaben werden im Rahmen von Planungs-, Steuerungs- und Kontrollprozessen entwickelt, durchgesetzt und kontrolliert. Die stetig zunehmende Bedeutung des Controlling für die Unternehmensführung ist ein Beleg dafür, wie wichtig diese apersonale Form der Beeinflussung des Verhaltens in Organisationen (geworden) ist. Konkret werden Planvorgaben für die Mitarbeiter/innen vor allem in Form von Zielen, die ihnen gewöhnlich vom Vorgesetzten für ihre Arbeit gesetzt bzw. mit ihm vereinbart werden. Dieser Frage widmet sich daher der Hauptteil der folgenden Ausführungen.

## 5.2.1 Steuerung der Organisation durch Management by Objectives

Die Idee, Mitarbeiter/innen durch Planvorgaben in die Organisation einzubinden, setzt in verstärktem Maße auf deren Eigenverantwortung (vgl. Krüger 1994, S. 310f.). Die Organisation versucht also weniger, durch dauerhafte Regelungen das Verhalten zu steuern, sondern über die Vorgabe dessen, was die Mitarbeiter/innen erreichen sollen. Die Realisierung der Vorgaben wird häufig durch ausgeklügelte Anreizsysteme unterstützt. *Wie* die Mitarbeiter/innen die Vorgabe erreichen, bleibt ihnen mehr oder weniger selbst überlassen. Das setzt ausgebaute Planungssysteme und -abläufe sowie geeignete Informations- und Kommunikationssysteme voraus.

Eine relativ weit verbreitete Umsetzung dieser Idee ist das Management by Objektives (MbO), die Führung durch Ziele (Odiorne 1965; Lattmann 1977; Schulte-Zurhausen 2002, S. 200f.). Sachliche Grundlage des MbO ist die Erkenntnis, dass Ziele innerhalb der Planungs- und Entscheidungsprozesse der Organisation eine Schlüsselstellung einnehmen. Ein *Ziel* kann definiert werden als ein in der Zukunft liegender, eindeutig beschriebener und angestrebter Zustand (Nerdinger 2000). Anders formuliert: Ziele sind vorgestellte, erwünschte und/oder geforderte Ergebnisse der Arbeit. Ziele lassen sich als Soll-Größen verstehen, die mit dem Ist-Zustand – der aktuellen Situation – verglichen werden. Führt dieser Vergleich zu Unterschieden, wird der Ist-Zustand solange bearbeitet, bis er dem Soll-Zustand entspricht. Damit eignen sich Ziele, um die Aktivitäten einzelner Stellen und Abteilungen innerhalb einer Organisation zu steuern, zu kontrollieren und zu koordinieren.

Die Formulierung von Zielen der Organisation und die Ableitung von bereichsbezogenen Teilzielen steht im Mittelpunkt des MbO. Ausgehend von den Zielen der obersten Leitung der Organisation werden Ziele kaskadenförmig auf die verschiedenen Hierarchieebenen und Abteilungen heruntergebrochen, wobei jeweils der nächsthöhere Vorgesetzte seinen Untergebenen die entsprechenden Ziele vorgibt oder sie mit diesen vereinbart. Das Zielsystem der Organisation wird auf diese Weise Schritt für Schritt konkretisiert, wobei die Ziele von jeweils zwei Hierarchieebenen in einer Mittel-Zweck-Beziehung stehen.

Zwei Möglichkeiten der Festlegung von Zielen sind zu unterscheiden: Zielvorgabe und Zielvereinbarung. Bei der *Zielvorgabe* legt die Unternehmensleitung die Ziele der nächsthöheren Ebene verbindlich fest, die aus den vorgegebenen Zielen Teilziele für die einzelnen Bereiche ableitet. Diese Ziele werden den entsprechenden Bereichsvertretern verbindlich vorgegeben, die sie auf ihre Mitarbeiter/innen verteilen. Bei der *Zielvereinbarung* sprechen Vorgesetzter und Mitarbeiter über die in der nächsten Periode zu erreichenden Ergebnisse und einigen sich auf bestimmte Ziele, die ein Mitarbeiter realisieren soll. Die konkreten Inhalte hängen also von zwei Größen ab: Von den Unternehmenszielen *und* der Einschätzung der betroffenen Mitarbeiter über das, was sie in ihrem Arbeitsbereich für möglich und erreichbar halten. Das Grundkonzept der Zielvereinbarung auf einer Hierarchieebene kann wie in Abbildung 57 dargestellt werden.

Im Idealfall bildet sich durch MbO ein hierarchisches System von Ober- und Unterzielen, das neben die Hierarchie der Positionen tritt. Das Verhalten der Mitarbeiter/innen wird dann durch die Ziele gesteuert. Da die Ziele hierarchisch aufeinander abgestimmt sind, ergibt sich ein Prozess, in dem jeder Mitarbeiter seine Ziele verfolgt und dadurch die Organisation insgesamt ihre Ziele optimal erreicht.

Wird MbO in diesem Sinne als Instrument zur Steuerung der Organisation verstanden, treten allerdings einige Probleme auf. MbO erfordert einen sehr aufwändigen Prozess der Zielformulierung und der Abstimmung in der ganzen Organisation. Weiter setzt MbO voraus, dass die Mitarbeiter/innen einen hinreichend großen Spielraum für die selbständige Entschei-

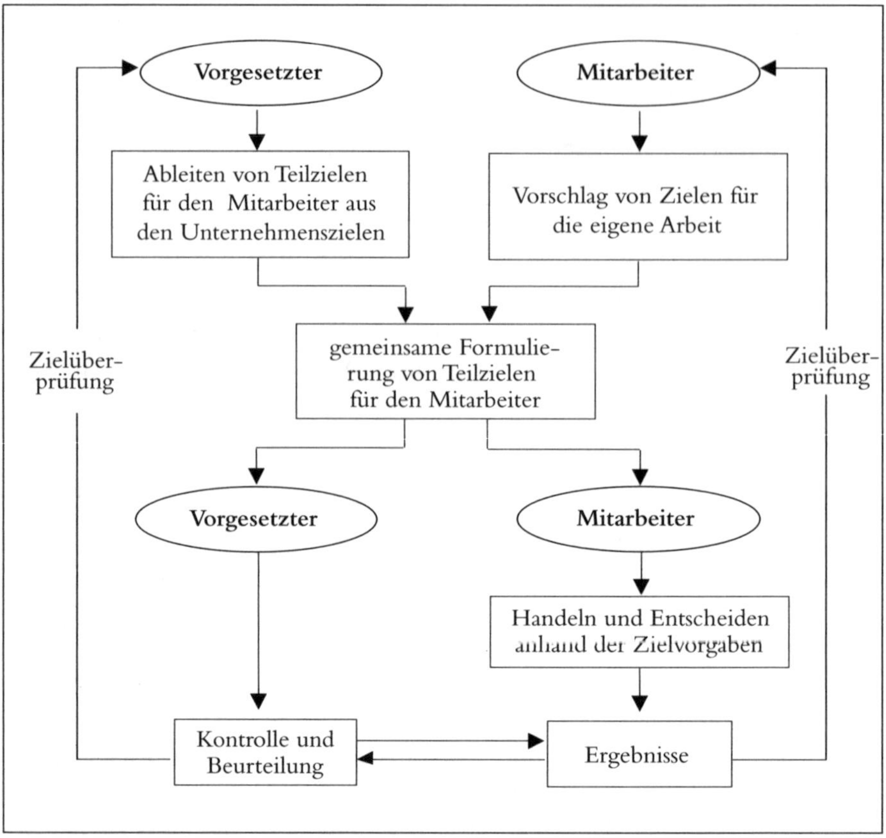


**Abb. 57:** Vereinbarung von Zielen im Rahmen des MbO (nach Schulte-Zurhausen 2002, S. 200)

dung über geeignete Maßnahmen zur Zielerreichung haben. Das ist auf den untersten Hierarchieebenen kaum gegeben, vor allem für Mitarbeiter/innen mit Routineaufgaben lässt sich MbO daher nicht einsetzen. Auf den obersten Ebenen der Organisation besteht zwar dieser Spielraum, hier ist es aber gewöhnlich sehr schwierig, eindeutige Ziele zu formulieren. Im mittleren Managementbereich und bei allen Aufgaben mit ausreichenden Entscheidungsmöglichkeiten kann MbO aber sehr wirksam sein, positive Auswirkungen auf die Produktivität der Organisation wurden vielfach nachgewiesen (Rodgers/Hunter 1991). Das setzt allerdings voraus, dass bei der Formulierung der Ziele und der Vermittlung an die Mitarbeiter/innen einige Punkte beachtet werden, die in der Theorie der Zielsetzung ausgearbeitet wurden (Locke/Latham 1990; Latham/Locke 1995; Locke 2001).

## 5.2.2 Ziele und Leistung: Die Theorie der Zielsetzung

Der Zusammenhang zwischen Zielen und der Leistung der Mitarbeiter/innen lässt sich in zwei zentralen Aussagen fassen (Nerdinger 1995, 2001c; Kleinbeck/Schmidt 1996; Wegge 1998; Locke 2001):

1. Schwierige, herausfordernde Ziele führen zu besseren Leistungen als mittlere oder leicht zu erreichende Ziele.
2. Schwierige *und* präzise, spezifische Ziele führen zu besseren Leistungen als allgemeine, vage Ziele (im Sinne eines »geben Sie Ihr Bestes«).

Die *Schwierigkeit* von Zielen ist abhängig von den Personen. Dieselbe Zielsetzung kann der eine Mitarbeiter leicht, ein anderer dagegen nur sehr schwer erreichen. Schwierig sind Ziele, wenn sie in einem realistischen Maße über den bislang in vergleichbaren Aufgaben gezeigten Leistungen liegen. In diesem Fall werden sie als herausfordernd erlebt und führen zu Willensanstrengungen, um das Ziel zu erreichen. Damit steigt die Wahrscheinlichkeit der Zielerreichung und eines nachfolgenden Leistungserlebnisses, das – wie bereits gezeigt (s.u. 3.4.4) – die Motivation erhöht.

### Ziele und die Beladung von Lastwagen

Die Lastkraftwagenfahrer eines Holzunternehmens sollten dazu gebracht werden, ihre LKWs möglichst mit dem höchsten zulässigen Gewicht zu beladen. Bislang hatten die Fahrer die Kapazität ihrer LKWs lediglich zu rund 60% ausgelastet. Durch tägliche Rückmeldung war das den Fahrern bekannt. Obwohl sie Monate lang ermahnt wurden, sich mehr Mühe zu geben und die Lademenge zu erhöhen, kam es zu keiner Produktivitätssteigerung. Schließlich verabredete die Geschäftsleitung mit der Gewerkschaft ein Programm zur Zielsetzung, wobei es keine Belohnungen für das Erreichen und keine Bestrafungen für das Verfehlen der Ziele gab.
Als Arbeitsziel wurde die Beladung von durchschnittlich 90% des zulässigen Ladegewichts festgelegt und jedem Mitarbeiter das entsprechende Ziel vorgegeben. Ab der ersten Woche erhöhte sich die Produktivität und die Mitarbeiter hielten das neue Leistungsniveau langfristig bei. Bei Nachfragen zeigte sich, dass die Zielvorgabe den Fahrern zum ersten Mal verdeutlicht hat, was konkret von ihnen erwartet wird.

Als Folge richteten sie ihre Aufmerksamkeit auf die optimale Beladung ihrer LKWs und bemühten sich mehr, das Ziel zu erreichen. Im Laufe der Zeit haben sie gelernt, ihren LKW optimal zu beladen und konnten dadurch die Zielvorgabe relativ leicht erreichen. Innerhalb von neun Monaten erzielte das Unternehmen über eine Viertelmillion Dollar zusätzlichen Gewinn durch den Produktivitätszuwachs (Latham/Baldes 1975; Latham/Locke 1995).

*Spezifische* und herausfordernde Ziele führen zu höherer Leistung als vage formulierte. Ziele können sehr unterschiedlich formuliert sein, von sehr allgemein (»Erledigen Sie diese Aufgabe«) bis sehr spezifisch (»Verkaufen Sie bis Ende der Woche drei Gebrauchtwagen im Wert von mindestens 30 000 Euro«). Vage Zielsetzungen der Art »Geben Sie ihr Bestes!« lassen sich aus Sicht der Mitarbeiter/innen mit vielen verschiedenen Ergebnissen vereinbaren, auch solchen, die unter ihren Möglichkeiten bleiben. Bei vagen Zielvorgaben kann nahezu jedes Ergebnis positiv bewertet werden, spezifische Ziele dagegen machen eindeutig klar, was eine effektive Leistung darstellt.

Damit herausfordernde und spezifische Ziele zu hohen Leistungen führen, müssen allerdings einige Bedingungen beachtet werden:

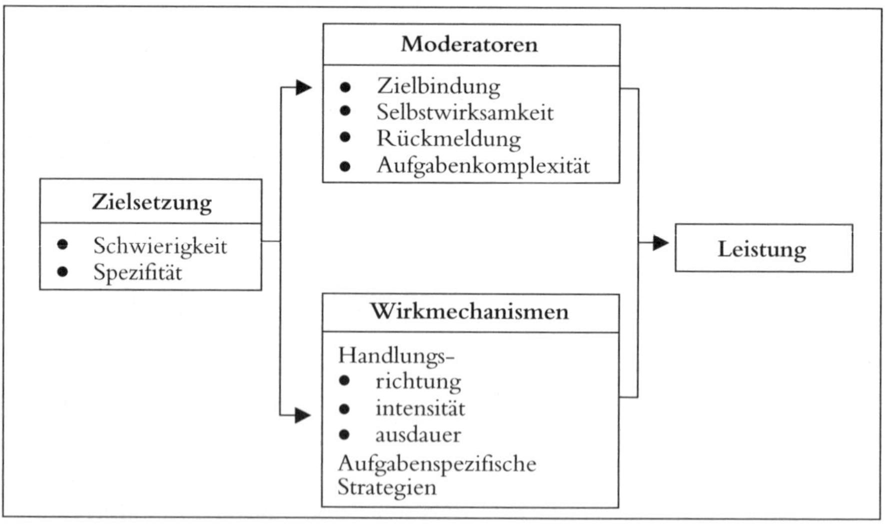


**Abb. 58:** Ziele und die Bedingungen ihrer Wirksamkeit (Nerdinger 2001c, S. 358)

Damit Ziele im Verhalten der Mitarbeiter/innen wirksam werden, sind die Moderatoren und die Wirkmechanismen zu beachten.

## 5.2.3 Moderatoren der Zielwirkung

*Moderatoren* entscheiden, wie eng der Zusammenhang zwischen zwei Variablen ist (Bortz 1999). Im vorliegenden Fall entscheiden sie also darüber, wie eng der Zusammenhang zwischen schwierigen, spezifischen Zielen und der Leistung der Mitarbeiter/innen ist. Die wichtigsten Moderatoren der Beziehung zwischen Zielen und Leistung sind Zielbindung, Selbstwirksamkeit, Rückmeldung und die Komplexität der Arbeitsaufgabe.

### Zielbindung

Zielbindung – häufig als Commitment bezeichnet – beschreibt das Gefühl der Verpflichtung gegenüber einem Ziel: Je stärker sich Mitarbeiter/innen an ihre Ziele gebunden fühlen, desto enger ist der Zusammenhang zwischen den Zielen und der Leistung. Entscheidend ist damit die Frage, wie Zielbindung entsteht. Hier sind verschiedene Einflüsse zu beachten (Wegge 1998):

- *Mitwirkung:* Wenn Mitarbeiter/innen über die Ziele mitentscheiden können, fühlen sie sich stärker an die Ziele gebunden. Das wird gewöhnlich durch Zielvereinbarungen erreicht, bei denen Vorgesetzte und Mitarbeiter/innen im Gespräch ihre Vorstellungen über die Höhe der Ziele abgleichen. Zielvereinbarungen bewirken im Vergleich zu reinen Zielvorgaben eine stärkere Bindung an das Ziel.
- Werden Vorgesetzte als *Autorität* anerkannt, fördert das die Bindung an das Ziel. Allerdings ist zu beachten: Mitarbeiter/innen müssen auch *Vertrauen* zum Vorgesetzten bzw. dem Unternehmen haben. In Unternehmen, in denen bereits enormer Leistungsdruck herrscht, können sich relativ leicht Widerstände gegen regelmäßige Steigerungen der Arbeitsziele aufbauen – vor allem, wenn diese nicht angemessen belohnt werden. Außerdem berichten Mitarbeiter/innen nach Zielvereinbarungsgesprächen gelegentlich von Ängsten, der Vorgesetzte könnte durch Zielsetzungen versuchen, ihre Leistungsschwächen herauszufinden, um ihnen bei anstehenden Stellenkürzungen zu kündi-

gen (Nerdinger 2001b). Um das zu vermeiden, ist es günstig, wenn Vorgesetzte möglichst oft mit den Mitarbeiter/innen in Kontakt kommen, und dabei von ihnen als kompetent und menschlich angenehm erlebt werden (Latham/Locke 1995).

- *Öffentliche Zustimmung* zu Zielen führt zu intensiverer Bindung als private Zustimmung: Öffentlichkeit erhöht das Gefühl der Verpflichtung, da in diesem Fall eine oder mehrere Personen über das vereinbarte Ziel Bescheid wissen und daher in gewisser Weise die Vertrauenswürdigkeit der Person auf dem Spiel steht: Wer sich öffentlich auf ein Ziel festlegt, wird allein aufgrund des drohenden Gesichtsverlustes alles daran setzen, das Ziel auch zu erreichen (Cialdini 2002).

### Selbstwirksamkeit

Einen weiteren wichtigen Moderator bildet die *Selbstwirksamkeit*. Damit wird das aufgabenspezifische Selbstvertrauen bezeichnet, d.h. ob man es sich zutraut, ein Ziel zu erreichen (Bandura 1997). Bei der Umsetzung von Zielen wirkt Selbstwirksamkeit positiv auf die Zielbindung und das Leistungshandeln. Wer sich als selbstwirksam erlebt, fühlt sich eher an herausfordernde Ziele gebunden. Außerdem wirkt Selbstwirksamkeit direkt auf die Leistung: In Leistungsaufgaben wird mehr Energie investiert und die Ausdauer angesichts von Schwierigkeiten und Rückschlägen bei der Zielverfolgung ist größer (Stajkovic/Luthans 1998).

### Rückmeldung

Rückmeldung verstärkt die Wirkung schwieriger und spezifischer Ziele auf die Leistung ganz erheblich (Kleinbeck/Schmidt 1996). Rückmeldung ist aber lediglich eine Form der Information. Für die Wirkung ist entscheidend, wie der Empfänger die Information interpretiert, bewertet und welche Folgerungen er daraus zieht (Kluger/DeNisi 1996). Signalisiert die Rückmeldung, dass der Mitarbeiter gut auf dem Weg zum Ziel liegt, wird er gewöhnlich das Leistungsverhalten beibehalten. Verweist Rückmeldung dagegen auf ein Defizit bei der Zielerreichung, wird die Leistung unter drei Bedingungen gesteigert. Die Leistung ist höher, wenn

- der Empfänger mit dem Erreichten unzufrieden ist,
- er das Gefühl hoher Selbstwirksamkeit hat und
- sich fest vornimmt, die bisherige Leistung zu steigern (Nerdinger 2001c).

Positive Rückmeldung erhöht das Vertrauen in die eigene Fähigkeit und das Gefühl der Selbstwirksamkeit, muss aber nicht notwendigerweise zu Leistungssteigerungen führen. Vielmehr signalisiert die Information, dass die Leistung in Ordnung ist und bietet daher wenig Anreiz, sich mehr anzustrengen. Negative Rückmeldung kann dagegen leicht zu unangenehmen Gefühlen führen, wenn es nicht in einer Form vorgebracht wird, die allein den sachlichen Gehalt der Information betont. Außerdem wird negative Rückmeldung vom Empfänger leichter abgewertet, wenn der Vorgesetzte nicht glaubwürdig ist.

**Komplexität der Arbeitsaufgabe**

Komplexe Aufgaben sind durch eine Vielzahl von Handlungsschritten und Informationen gekennzeichnet, die man untereinander koordinieren muss und die sich im Zeitablauf ändern können. Auch bei solchen Aufgaben führen Ziele zu besseren Leistungen, allerdings nicht mit der gleichen Sicherheit wie bei einfachen Aufgaben (Wegge 1998). Um komplexe Aufgaben zu bewältigen, müssen Mitarbeiter/innen ausgefeilte Pläne und Strategien des Vorgehens entwickeln. Während bei einfachen Aufgaben häufig die bloße Willensanstrengung zur Leistung führt, ist die Leistung bei komplexen Aufgaben in hohem Maße von der Qualität der entwickelten Pläne und Strategien abhängig. Hier können sich sehr präzise und herausfordernde Ziele sogar negativ auswirken: Allzu präzise Ziele behindern die Möglichkeit, geeignete Wege zum Ziel selbst zu entdecken – sie verhindern also Lerneffekte. Sehr herausfordernde Ziele setzen den Mitarbeiter womöglich so unter Druck, dass er nicht mehr in der Lage ist, geeignete Pläne und Strategien zu entwickeln (Latham/Locke 1990).

### 5.2.4 Die psychologische Wirkung von Zielen

Herausfordernde und spezifische Ziele wirken unmittelbar auf die Richtung, die Anstrengung und die Ausdauer des Handelns. Mittelbar wirken sie darauf, indem sie Pläne und Strategien zur Bewältigung der Aufgabe anregen. Ziele beeinflussen die *Richtung des Handelns* durch Steuerung der Aufmerksamkeit: Mitarbeiter/innen mit spezifischen Zielen suchen Informationen, die für die Zielerreichung wichtig und hilfreich sind. Informationen, die in keinem unmittelbaren Zusammenhang zu den Zielen stehen, beachten sie dagegen nicht. Wer beispielsweise das Ziel hat, bis Ende des Monats einen Bericht fertig zu stellen, der wird seine ganze Aufmerksamkeit darauf richten und eindeutige Prioritäten setzen. Alle Aufgaben, die von der Fertigstellung des Berichts abhalten, werden beiseite gelegt und man konzentriert sich ganz auf die Aufgabe. Unter allen Informationen stechen gerade diejenigen ins Auge, die für das Ziel wichtig sind, alle anderen werden ausgeblendet.

Diese starke Steuerung der Aufmerksamkeit durch Ziele kann aber auch zu Problemen führen: Setzt man Verkäufern allein umsatzbezogene Ziele, besteht die Gefahr, dass andere Aufgaben – wie die z.B. die Kundenbindung – vernachlässigt werden (Nerdinger 2001a). Der Stand beim Erreichen von umsatzbezogenen Zielen kann sehr präzise zu jedem Zeitpunkt ermittelt werden. Kundenbindung ist dagegen nur schwer zu messen und wirkt sich erst langfristig aus. Daher besteht die Gefahr, dass die Verkäufer ihre ganze Aufmerksamkeit auf das umsatzbezogene Ziel richten und die Kundenbindung vernachlässigen. In solchen Fällen muss daher die Aufmerksamkeit durch mehrere Ziele auf alle wichtigen Aufgaben gelenkt werden.

Die *Anstrengung beim Handeln* wird automatisch an die Schwierigkeit der Aufgaben angepasst (Kuhl 1983). Liegt das Ziel in einem realistischen Maß über dem bislang gezeigten Leistungsniveau, werden unwillkürlich mehr Energien mobilisiert, um das Ziel zu erreichen. Wenn ein Mitarbeiter einen Bericht in einer bestimmten Zeit fertig stellen soll, kann er leicht abschätzen, wie viel Zeit und Kraft das erfordert. Das Ziel sorgt dafür, dass er die zusätzliche Energie aufbringt. Das gilt allerdings nur, wenn sich der Mitarbeiter an das Ziel gebunden fühlt. Schließlich können herausfordernde und spezifische Ziele auch die *Ausdauer des Handelns* erhöhen. Mit einem Ziel vor Augen werden Hindernisse leichter überwunden – wenn der Mitarbeiter für die Fertigstellung seines Berichts z.B. noch wichtige Daten benötigt, wird er alles daran setzen, sie zu erhalten. Geht ihm die Arbeit gerade »gut von der Hand«, wird er auch bis in die Abendstunden hinein weitermachen, ohne dies als Belastung zu empfinden. Sind die Ziele zeitlich begrenzt, wird schneller oder härter gearbeitet, um sie zu erreichen. In diesem Fall verrechnen Mitarbeiter/innen ihre Anstrengung mit der Arbeitsdauer, um die eigene Leistungsfähigkeit zu erhalten. Das wird besonders deutlich beim sogenannten Menge-Güte-Austausch (Kleinbeck/Schmidt 1996): Werden allein quantitative Ziele gesetzt, besteht die Gefahr, dass diese Ziele auf Kosten der Qualität der Leistungen verfolgt werden.

Ziele wirken auch vermittelt durch aufgabenbezogene *Pläne und Strategien* auf die Leistung ein. Hierbei lassen sich bekannte und bereits erprobte Pläne von neu entwickelten unterscheiden (Nerdinger 1995). Für die Lösung wenig komplexer Aufgaben liegen häufig gelernte Pläne und erprobte Vorgehensweisen vor. Werden herausfordernde Ziele gesetzt, so greifen Mitarbeiter/innen sofort auf diese Pläne zurück, die schneller zum Erfolg führen. Bei komplexeren Aufgaben müssen dagegen erst neue Strategien und Vorgehensweisen entwickelt werden, z.B. in dem man zunächst die Problemlage genau analysiert oder kreative Problemlösetechniken einsetzt. Der damit verbundene Zeitaufwand erklärt, warum in solchen Fällen kein so enger Zusammenhang zwischen herausfordernden Zielen und der Leistung besteht.

Führung durch Ziele hat für Vorgesetzte und Mitarbeiter/innen eine Reihe von Vorteilen. Den Mitarbeiter/innen geben Ziele *Sicherheit:* Mitarbeiter/innen mit konkreten Zielen wissen genau, was der Vorgesetzte erwartet und woran sie künftig gemessen werden. Das gibt dem Handeln Orientierung und gleichzeitig gewinnt man Kontrolle: Der Mitarbeiter kann selbst entscheiden, ob eine Handlung zum Ziel führt oder nicht. Diese individuelle Kontrollmöglichkeit entlastet den Vorgesetzten von seiner Kontrollpflicht. Seine Aufgabe ist es, das Erreichen der Ziele zu kontrollieren.

## 5.3 Die Kultur der Organisation

In den bislang dargestellten apersonalen Bedingungen werden die Mitarbeiter/innen lediglich als Instrument zur Realisierung der Ziele der Organisation betrachtet. Organisationen sind aber soziale Systeme, in denen Menschen langfristig zusammenarbeiten. Dabei bilden sich im Laufe der Zeit Normen und Selbstverständlichkeiten heraus: Die Mitarbeiter/innen entwickeln gemeinsame Auffassungen darüber, was man für wünschenswert hält. Diese ungeschriebenen Gesetze regeln das Verhalten und sorgen für die Einbindung der Mitarbeiter/innen in die Organisation. Jeder, der neu in die Organisation eintritt, wird mit diesen Normen und Werten konfrontiert und ist gezwungen, sich damit auseinander zu setzen. Diese Wirkungen werden mit dem Begriff der Organisations- oder – mit Bezug auf wirtschaftliche Organisationen – Unternehmenskultur beschrieben.

## 5.3.1 Der Begriff »Organisationskultur«

Organisations- bzw. Unternehmenskultur zählt zu den Begriffen, die äußerst schwierig zu definieren sind – entsprechend finden sich in der wissenschaftlichen Literatur eine Vielzahl verschiedener Definitionsversuche (vgl. z.B. Smircich 1984; Neuberger/Kompa 1987; Kaschube 1993; Neubauer 2002). Neuberger (1989, S. 245) hat die wichtigsten Bestimmungsstücke dieser Definitionen zusammengestellt:

- Kultur gilt als das Gesamt der von Menschen geschaffenen bzw. weitergegebenen und damit zeit- und gruppenspezifischen Inhalte und Gestaltungen;
- die weithin akzeptiert und von (fast) allen geteilt werden;
- ein relativ stimmiges System – eine »Ganzheit« – bilden, was jedoch nicht ausschließt, dass sich in einer Organisation auch Subkulturen mit entgegengesetzten Vorstellungen vorfinden;
- Inhalte und Formen sind spezifisch und einmalig, sie unterscheiden eine Gruppe oder auch eine ganze Epoche von anderen, machen ihren »Charakter« aus;
- sie sind ständig im Wandel, werden immer wieder neu interpretiert, weiterentwickelt und umgeformt;
- sind zugleich Ergebnis wie Mittel der sozialen Interaktionen und zeigen sich in konkreten Produkten und Praktiken;
- erfassen und durchdringen den ganzen Lebensprozess und können auf die Bewältigung wichtiger Probleme bezogen werden.

Das mit dem Begriff »Kultur« Gemeinte kann aus zwei Perspektiven analysiert werden, die sich folgendermaßen umschreiben lassen: Die Organisation *hat* eine Kultur und die Organisation *ist* eine Kultur (von Rosenstiel 2000).

Geht man davon aus, dass eine Organisation eine Kultur *hat*, so wird man versuchen, die Besonderheit einer Organisation im Unterschied zu anderen Organisationen zu ermitteln. Das Ziel dieser Betrachtung ist instrumentell, d.h. man muss zuerst die Besonderheit der Organisation ermitteln, um sie dann so zu gestalten, dass die angestrebten Ziele optimal erreicht werden.

Das setzt Methoden voraus, die es ermöglichen, die Kultur einer Organisation empirisch zu erfassen. Dafür liegen mittlerweile die verschiedensten Instrumente vor (zu den Problemen der Messung von Organisationskultur vgl. Drumm 1991; Peltzer 1998). Eine originelle Methode hat Müller (1999) entwickelt.

**Eine Möglichkeit, Organisationskultur zu messen**

Müller (1999) geht davon aus, dass sich ein Aspekt der Organisationskultur – die Kommunikationskultur – durch Sprüche erfassen lässt, mit denen Organisationsmitglieder Besonderheiten des Umgangs miteinander in witziger Weise zum Ausdruck bringen. Sie sind gewissermaßen »Sprechblasen« der Organisationskultur, die in verdichteter Form zum Ausdruck bringen, wie in der Organisation kommuniziert wird. Müller (1999) hat 10 solcher Sprüche zusammengestellt, die in den verschiedensten Unternehmen bekannt sind, z.B. »Wer kriecht, kann nicht stolpern« oder »Ich denke, also bin ich hier falsch«. Diese Sprüche wurden den Mitarbeiter/innen verschiedener Unternehmen mit der Bitte vorgelegt, auf einer Skala von eins bis vier anzugeben, wie wahrscheinlich es ist, dass Mitglieder ihrer Organisation diese Sprüche gebrauchen. Dabei zeigte sich: In Organisationen, in denen solche Sprüche häufig verwendet werden, ist das Vertrauen der Mitarbeiter/innen in die Organisation ebenso gering wie die Befriedigung, die aus der Arbeit in der Organisation gezogen wird.

Ziel der Messung einer bestimmten Organisationskultur ist es, diese zu verändern. Die Möglichkeiten dazu sind allerdings sehr begrenzt und viele Wissenschaftler beurteilen sie äußerst skeptisch. Das hängt mit der zweiten Perspektive zusammen, wonach eine Organisation eine Kultur *ist.* Organisation wird aus diesem Blickwinkel wie eine »Mini-Gesellschaft« betrachtet, die ihre eigene Geschichte hat, eine spezielle Sprache ausbildet, in der bestimmte Rituale und Zeremonien entstehen und die durch eigene Artefakte wie Abzeichen, Architektur oder Logos (Firmensignets) gekennzeichnet ist. Bei dieser Betrachtung nimmt der Wissenschaftler die Position eines Kulturanthropologen ein, der einen fremden Stamm beobachtet und dabei versucht, herauszufinden, nach welchen Regeln die Stammesmitglieder leben. Mögliche Ansatzpunkte der Erforschung sind aus dieser Perspektive die Symptome der Organisationskultur. Die wichtigsten hat Neuberger (1989) zusammengestellt:

| verbale | interaktionale | artifizielle (objektivierte) |
|---|---|---|
| Geschichten<br>Mythen<br>Anekdoten<br>Parabeln<br>Legenden, Sagen, Märchen<br>Slogans, Mottos, Maximen, Grundsätze<br>Sprachregelungen<br>Jargon, Tabus<br>Lieder, Hymnen | Riten, Zeremonien, Traditionen<br>Feiern, Festessen, Jubiläen<br>Conventions<br>Konferenzen<br>Tagungen<br>Vorstandsbesuche<br>Revisionsbesuche<br>Organisationsentwicklung<br>Auswahl u. Einführung neuer Mitarbeiter; Beförderung<br>Degradierung, Entlassung, freiwillige Kündigung, Pensionierung, Tod<br>Beschwerden<br>Magische Handlungen (Mitarbeiterauswahl, Strategische Planung usw.)<br>Tabus | Statussymbole<br>Abzeichen, Embleme, Geschenke, Fahnen<br>Logos<br>Preise, Urkunden, Incentive-Reisen<br>Idole, Totems, Fetische<br>Kleidung, äußere Erscheinung<br>Architektur<br>Arbeitsbedingungen<br>Plakate, Broschüren, Werkszeitung<br>schriftlich, fixierte Systeme (der Lohnfindung, Einstufung, Beförderung) |

**Abb. 59:** Symptome der Organisationskultur (Neuberger 1989; nach von Rosenstiel 1999, S. 22)

Alle diese Elemente haben technische Konsequenzen, d.h. sie sind für die Ziele der Organisation funktional. So hat natürlich die Architektur eines Verwaltungsgebäudes funktionale Bedeutung. Sie wurde geschaffen, um einer bestimmten Anzahl von Mitarbeiter/innen Büros, Konferenzräume, Erholungsmöglichkeiten usw. zu bieten. Ein Gebäude ist aber auch ein *Symbol*, d.h. es steht für etwas anderes. Gebäude haben – wie alle anderen Symptome der Organisationskultur – eine eigene Bedeutung, die es zu entschlüsseln gilt. Dass jeder Neubau eines Bankengebäudes in Frankfurt

am Main versucht, die Gebäude der Konkurrenten in der Höhe zu überflügeln, zeigt, dass die Architektur auch die Macht und die Bedeutung der Organisation symbolisieren kann. Dass die Büros des Top-Managements immer in den obersten Stockwerken liegen, symbolisiert auch, wer »oben« ist, d.h. in der Organisation das Sagen hat. Bei dieser Betrachtungsweise geht es also um das Verstehen der Mini-Gesellschaft »Organisation«. So gesehen sind Änderungen der Kultur natürlich kaum möglich, da sie sich in den Interpretationen und Deutungen der Mitarbeiter/innen äußert.
Mit Blick auf das Verhalten der Mitarbeiter/innen ist u.a. entscheidend, dass die Kultur einer Organisation auf potenzielle Bewerber anziehend oder abstoßend wirken kann und die (neuen) Mitarbeiter/innen über die gemeinsam geteilten Werte integriert. Diesen Aspekt hebt der Ansatz von Schein (1985, 1995) hervor.

### 5.3.2 Organisation und Werte: Das Modell von Schein

Nach Schein (1985, 1995; vgl. van Muijen 1998) ist Organisationskultur

- ein Muster gemeinsam geteilter, grundlegender Annahmen,
- die von einer Gruppe bei der Lösung von Problemen der Anpassung an die Umwelt sowie der Integration ihrer Mitglieder gelernt wurden,
- die sich als hinreichend erfolgreich bei der Lösung dieser Probleme erwiesen haben und
- neuen Mitgliedern als die richtige Art und Weise, in der solchen Problemen zu begegnen ist, gelehrt wird.

Nach diesem Ansatz bilden grundlegende Annahmen über die Natur des Menschen, seines Verhaltens und seiner Beziehungen sowie über die Natur der Wirklichkeit die Substanz der Organisationskultur. Diese Annahmen schlagen sich nieder in Werten, die sich in Artefakten und Schöpfungen objektivieren (Abb. 60).

Grundlegend sind eine Reihe von Annahmen und Überzeugungen, die erlernt und von den Mitgliedern einer Organisation geteilt werden, im Verlaufe der Zeit zur Selbstverständlichkeit geworden und daher häufig unbewusst sind. Diese Annahmen bestimmen, wie eine Organisation sich selbst und ihre Umwelt sieht:

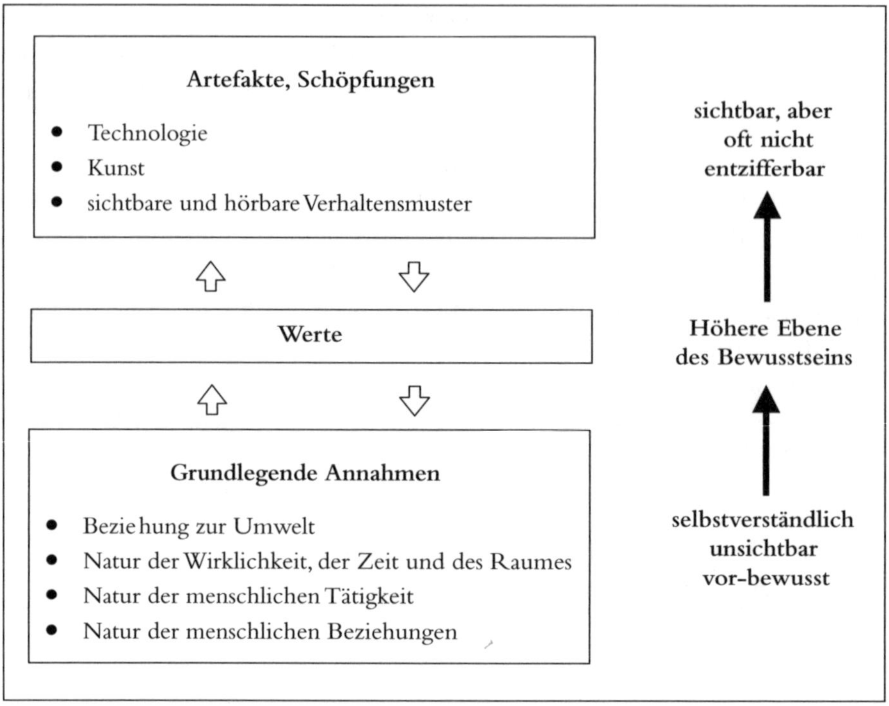


**Abb. 60:** Ebenen der Organisationskultur (Schein 1985; nach Ulich 2001, S. 504)

- *Beziehung zur Umwelt:* Betrachten die entscheidenden Mitglieder das Verhältnis der Organisation zur Umwelt als eines der Dominanz (die Organisation prägt der Umwelt ihren Willen auf), der Unterwerfung (die Organisation muss sich nach der Umwelt richten), des Harmonisierens (die Organisation steht in Einklang mit der Umwelt) oder als etwas anderes?
- *Natur der Wirklichkeit:* Gemeint sind vor allem die Sprach- und Verhaltensregeln, die festlegen, was als wirklich gilt und was nicht. Zum Beispiel zählt in manchen Organisationen nur das, was sich messen lässt, alles andere wird ignoriert.
- *Natur der menschlichen Tätigkeit:* Was ist das richtige Verhalten in Bezug auf die ersten beiden Annahmen – aktiv handeln oder passiv abwarten, bis etwas geschieht?
- *Natur der menschlichen Beziehungen:* Was ist die richtige Art und Weise des Umgangs, kooperativ, konkurrenzorientiert, individualistisch oder

steht die Gemeinschaft über dem Einzelnen? Basieren sie auf der Autorität der Führung, den grundlegenden Menschenrechten oder etwas anderes?

Diese Liste von Annahmen ist nicht unbedingt vollständig oder endgültig, im Kern einer jeden Kultur stehen aber solche Annahmen. Da sie im Laufe der Zeit selbstverständlich wurden, sind sie auch vor-bewusst, d.h. wenn man die Mitglieder der Organisation darüber befragt, können sie diese Annahmen nicht unbedingt aussprechen. Man kann aber etwas über sie herausfinden, wenn man die Werte der Organisation untersucht, da diese von den Grundannahmen beeinflusst werden (und selber auf die Grundannahmen einwirken). Unter *Werten* können in Anlehnung an Kluckhohn (1951) Auffassungen des Wünschenswerten verstanden werden, die für einen einzelnen oder eine Gruppe kennzeichnend sind und die Auswahl der Weisen, Mittel und Ziele des Handelns beeinflussen. Werte sind überindividuelle Präferenzen, die festlegen, was einem Kollektiv wichtig ist und als gut eingeschätzt wird. Werte liegen damit am Schnittpunkt zwischen dem Einzelnen und der Organisation. Akzeptiert der Einzelne die Werte der Organisation, wird er sich an ihnen orientieren und sein Verhalten daran ausrichten. In diesem Fall spricht man von *Wertorientierungen,* die das Verhalten des Einzelnen bestimmen.

Werte schlagen sich nieder in verschiedenen *Artefakten* und *Schöpfungen*, die gewissermaßen der objektive Ausdruck der Werte sind. Hat ein Unternehmen die Produktion über Fließbänder organisiert, so bildet diese Technologie auch den Ausdruck von Werten – wichtig ist in diesem Unternehmen die möglichst effiziente Produktion großer Stückzahlen, die Arbeitsbedingungen der Menschen sind demgegenüber nachrangig. Beispiele für die hörbaren Verhaltensmuster wurden bereits im Rahmen der Untersuchung von Müller (1999) genannt. Wenn in einem Unternehmen Sprüche wie »Ich denke, also bin ich hier falsch« kursieren, so bilden sie den Ausdruck des Wertes bestimmter Verhaltensweisen: Demnach ist es in diesem Unternehmen wichtig, dass die Mitarbeiter/innen Anweisungen ausführen, ohne sie zu hinterfragen. Anpassung und Ordnung wird also höher bewertet als kritisches Mit-Denken der Mitarbeiter/innen. Durch Sammlung und Interpretation solcher Artefakte und Sprüche kann etwas über die Werte der Organisation herausgefunden werden. Das ermöglicht einen Schluss auf die grundlegenden Annahmen und damit die Kultur der Organisation.

Nach Schein (1985, 1995) entsteht die Organisationskultur aus der Lösung bestimmter Probleme und führt dazu, dass vergleichbare Probleme künftig in derselben Weise wahrgenommen und gelöst werden. Zu diesem Zweck müssen potenzielle Mitarbeiter/innen angeworben und ausgewählt werden, die sich an Werten orientieren, die den in der Organisation gemeinsam geteilten Werten möglichst entsprechen. Da dies nie vollständig möglich ist, muss nach der Einstellung dafür gesorgt werden, dass die neuen Mitarbeiter/innen die bestehenden Werte übernehmen und sich die Grundannahmen zu Eigen machen. In dem Maße, in dem dies gelingt, sichert die Kultur die interne Integration der Organisation. Das erfolgt durch zwei Prozesse, die als Selektion und Sozialisation bezeichnet werden (von Rosenstiel et al. 1989; von Rosenstiel et al. 1991, 1998).

### 5.3.3 Wirkungen der Kultur: Selektion und Sozialisation

*Selektion* bezeichnet die Auswahl von Mitarbeiter/innen, wobei sich zwei Prozesse unterscheiden lassen (vgl. von Rosenstiel et al. 1991, 1998): Zum einen wählen Arbeitnehmer aus Stellenanzeigen ein oder mehrere Unternehmen aus, bei denen sie sich bewerben. Sie treffen also eine Auswahl unter den Unternehmen, die Stellen anbieten. Dieser Prozess wird als *Selbstselektion* bezeichnet (Nerdinger 1994b). Zum anderen wählen aber auch die Unternehmen aus – sie schalten Anzeigen und suchen damit nach geeigneten Mitarbeiter/innen. Aus dem Pool von Bewerbern wählen sie diejenigen aus, die für die Stelle geeignet sind bzw. die zum Unternehmen passen. Dieser Fall wird als *Fremdselektion* bezeichnet.

Bei diesen Prozessen spielt die Unternehmenskultur eine zentrale Rolle, die mit dem »attraction-selection-attrition« (ASA) Modell von Schneider (1987; Schneider/Smith/Paul 2001) erklärbar ist. Schneider (1987) geht von der Frage aus, warum sich die Mitglieder von Organisationen so häufig in ihrer Persönlichkeit ähnlich sind. Die Ursache kann in folgenden Gemeinsamkeiten gesucht werden: Sie haben sich alle bei der gleichen Organisation beworben (*attraction*, d.h. Anziehung durch die Organisation), wurden von der jeweiligen Organisation aus einem Pool von Bewerbern als geeignet eingestuft und ausgewählt (*selection*) und haben sich entschlossen, in der Organisation zu verbleiben (bzw. wer nicht zur Organisation passt, wird sich an der Kultur »zermürben« und diese verlassen: *attrition*). Nach dem ASA-Modell ziehen Organisationen aufgrund ihrer Kultur ganz bestimmte Bewerber und Bewerberinnen an, d.h. die Kultur einer Organisation regt zur Selbstselektion an: Stellensuchende bewerben sich bevorzugt bei solchen Organisationen, von denen sie annehmen, dass sich in ihnen die eigenen beruflichen Wünsche realisieren lassen und sie zu ihren Wertorientierungen passen. Das führt zu einem relativ homogenen Pool von Bewerbern, aus dem Organisationen im Zuge der Fremdselektion diejenigen auswählen, die geeignet sind für die Stelle und die zur Kultur der Organisation passen. Das gelingt natürlich nicht immer vollständig. Da aber Menschen, die in ihrer Persönlichkeit und ihren Wertorientierungen nicht zu einer Organisation passen, diese eher verlassen (bzw. verlassen müssen), werden sich auf Dauer die Personen in Organisationen recht ähnlich sein. Dadurch stabilisiert sich die Organisationskultur und sorgt über die Ähnlichkeit zwischen den Mitarbeiter/innen für deren Integration (zu empirischen Belegen für diese Prozesse vgl. Schneider/Goldstein/Smith 1995).

Die Kultur der Organisation wirkt aber auch über *Sozialisation* auf die Mitglieder ein. Diejenigen, die von einer Organisation ausgewählt werden, entsprechen selten in ihren Verhaltensweisen vollständig den Vorstellungen, die sich in der Organisation herausgebildet haben. Sie müssen sich an diese Erwartungen anpassen, entsprechend kann unter Sozialisation im weiten Sinne die Anpassung an Normen und die Übernahme von Werten verstanden werden (vgl. Fisher 1986; Bauer/Morrison/Callister 1998; Moser/Schmook 2001). In Organisationen wird der Prozess der Anpassung häufig durch sogenannte *erschütternde Erfahrungen* eingeleitet (von Rosenstiel 2000). Zum Beispiel werden Neulingen, die frisch von der Universität kommen, Aufgaben zugewiesen, an denen sie mit großer Wahrscheinlichkeit scheitern werden. Dadurch wird das Selbstvertrauen erschüttert, der Neuling fühlt sich zunehmend unsicher. In dieser Situation orientiert er sich verstärkt am Verhalten der anderen Mitglieder der Organisation und übernimmt so die Werte, Normen und Verhaltensregeln, die für die Kultur der Organisation kennzeichnend sind.

## Selektion und Sozialisation beim Übergang von der Hochschule in den Beruf

Die Wirkung von Selektion und Sozialisation wurde im Rahmen einer Untersuchung des Übergangs von Hochschule in den Beruf überprüft (von Rosenstiel et al. 1989, 1991, 1998; zum Überblick: von Rosenstiel/Nerdinger 2000). Befragt wurden Studierende der Wirtschafts-, Ingenieurs- und Naturwissenschaften mehrerer deutscher Universitäten, die sich zum Examen angemeldet hatten. Zur Erfassung ihrer Wertorientierungen wurde ihnen u.a. folgende Frage vorgelegt:

Es unterhalten sich drei Studenten über ihre berufliche Zukunft.

Der erste sagt: »Ich möchte später einmal in einer großen Organisation der Wirtschaft oder Verwaltung in verantwortlicher Position tätig sein. Dort habe ich die Möglichkeit, Einfluss auf wichtige Geschehnisse zu nehmen und werde außerdem noch gut bezahlt. Dafür bin ich bereit, mehr als vierzig Stunden in der Woche zu investieren und auf Freizeit zu verzichten.«

Der zweite sagt: »Ich bin nicht so ehrgeizig. Wenn ich eine sichere Position mit geregelter Arbeitszeit habe und mit netten Kollegen zusammenarbeiten kann, bin ich zufrieden. Die mir wichtigen Dinge liegen nicht in der Arbeit, sondern in der Freizeit – und dafür brauche ich auch nicht soviel Geld.«

Der dritte sagt: »Ich bin durchaus bereit, viel Arbeitskraft zu investieren, aber nicht in einer großen Organisation der Wirtschaft oder Verwaltung, durch die unsere Gesellschaft immer unmenschlicher wird. Ich möchte einmal in einer anderen, konkreteren Arbeitswelt tätig sein, in der menschenwürdige Lebensformen erprobt werden. Dafür bin ich auch bereit, auf hohe Bezahlung oder auf Geltung und Ansehen außerhalb meines Freundeskreises zu verzichten.«

Was würden Sie persönlich sagen – welcher Auffassung stehen Sie am nächsten?

Diejenigen, die der ersten Auffassung nahe stehen, werden als karriereorientiert bezeichnet; wer die zweite Auffassung wählt, ist freizeitorientiert; die dritte Auffassung wird als alternatives Engagement bezeichnet.

Zum ersten Mal wurde im Jahre 1991 diese Frage vorgelegt, das zweite Mal im Jahre 1992, als die meisten Befragten ihre erste Stelle angetreten hatten; zur Kontrolle wurden die Absolventen noch einmal in den Jahren 1993 und 1995 befragt. Hinweise auf Selektion geben die folgenden Ergebnisse:

| Wertorientierung 1991 | Wo beschäftigt? 1992 | | |
|---|---|---|---|
| | Privatwirtschaft | Öffentlicher Dienst | Sonstiges |
| Karriereorientierung (n ≥ 377) | 77 | 15 | 8 |
| Freizeitorientierung (n ≥ 175) | 72 | 18 | 10 |
| Alternatives Engagement (n ≥ 404) | 68 | 21 | 11 |

**Abb. 61:** Erste berufliche Anstellung in Abhängigkeit von den Wertorientierungen (von Rosenstiel 1998, S. 88)

Demnach drängen Karriereorientierte besonders in die private Wirtschaft, alternativ Engagierte dagegen in höherem Maße in den öffentlichen Dienst. Offensichtlich passen Karriereorientierte am besten zur Kultur, die in der privaten Wirtschaft gepflegt wird. Dagegen finden alternativ Engagierte im öffentlichen Dienst die Freiräume, die zu ihren Wertorientierungen passen. Neben diesen Selektionseffekten ließen sich aber auch Sozialisationseffekte nachweisen:

| 1991 | Wertorientierung 1995 | | |
|---|---|---|---|
| | Karriereorientierung | Freizeitorientierung | Alternatives Engagement |
| Karriereorientierung (n ≥ 371) | 68 | 14 | 18 |
| Freizeitorientierung (n ≥ 170) | 32 | 25 | 43 |
| Alternatives Engagement (n ≥ 427) | 25 | 11 | 64 |

**Abb. 62:** Stabilität und Wandel der Wertorientierungen (von Rosenstiel 1998, S. 92)

Am wenigsten ändern Karriereorientierte ihre Werte – sie passen offensichtlich recht gut zu den Kulturen der Unternehmen, in denen sie arbeiten. Den stärksten Sozialisationsdruck erleben dagegen die Freizeitorientierten: 32% wandeln sich zu Karriereorientierten, 43% zum alternativen Engagement. Eine Freizeitorientierung passt am wenigsten zu den Organisationskulturen, speziell in den Unternehmen der Wirtschaft.

Selektion und Sozialisation werden zwar häufig getrennt untersucht, sie können aber als komplementär angesehen werden: Selektion führt zu einer eher groben Passung zwischen den Wertorientierungen der Person und der Kultur der Organisation, die durch Sozialisationsprozesse den »Feinschliff« erhält. Daher wird der Beitrag von (Selbst-) Selektion und Sozialisation zur Passung von Organisation und Individuum nicht immer und in allen Fällen gleich sein (Semmer/Schallberger 1996). Die Wirkung der Selbstselektion ist dann besonders hoch, wenn die Arbeitsmarktlage den Stellensuchenden die Wahl zwischen verschiedenen attraktiven Stellenangeboten ermöglicht. Unter diesen Bedingungen wird durch Selbst- und Fremdselektion bereits eine so gute Passung entstehen, dass Sozialisation kaum noch Wirkung zeigt. Unter der Bedingung eines Überhangs der Nachfrage nach Arbeitsplätzen werden dagegen Sozialisationseffekte wirksamer. Insofern sind die Ergebnisse aus der hier berichteten Studie nur eine Momentaufnahme von Prozessen, die einem ständigen Wandel unterworfen sind.

Das gilt für vieles von dem, was in diesem Buch vorgetragen wurde. Der stetige Wandel ist ein Merkmal von Organisationen, die Anpassung an diesen Wandel ein Merkmal des Verhaltens der Menschen, die in den Organisationen tätig sind. Insofern sind auch die Wissenschaften, die sich mit dem Verhalten in Organisationen beschäftigen, nicht mit den Naturwissenschaften zu vergleichen, die nach ewig gültigen Gesetzen der Natur suchen. Vielmehr müssen sich Verhaltenswissenschaften immer wieder aufs Neue den Wandlungen in den Bedingungen des Verhaltens in Organisationen stellen und nach Erkenntnissen suchen, die diesem Wandel gerecht werden.

## 5.4 Zusammenfassung

- Den objektive Rahmen, in dem sich Verhalten in Organisationen entfaltet, bilden die apersonalen Bedingungen. Sie leiten sich von der Frage ab, wie die Mitarbeiter/innen in das System »Organisation« eingebunden werden. Das kann u.a. über die Aufgaben, durch Planvorgaben und durch die Kultur der Organisation erfolgen.

- Die Aufgabe bildet den Kern der betriebswirtschaftlichen Organisationslehre, in verhaltenswissenschaftlicher Sicht stellt sie den Schnittpunkt zwischen Organisation und Individuum dar. Die betriebswirtschaftliche Aufgabenanalyse führt zu verteilungsfähigen Teilaufgaben, die in einem Aufgabengliederungsplan festgelegt sind. Daraus können Stelleninhaber ihre Aufgaben entnehmen. Damit diese verhaltenswirksam werden, müssen sie aber subjektiv wahrgenommen und interpretiert werden. Diese Interpretation entscheidet auch darüber, ob die Aufgabe als motivierend erlebt wird und zu Leistung und Zufriedenheit führt. Welche Merkmale eine Aufgabe aufweisen muss, um diese Wirkungen zu erzielen, beschreibt das Modell der Job Characteristics. Die motivierenden Merkmale können über Fragebögen gemessen werden und bilden die Grundlage für Maßnahmen der Arbeitsgestaltung. Im Produktionsbereich zählt dazu v.a. die Aufgabenerweiterung, das Job Rotation und die Bildung teilautonomer Arbeitsgruppen.

- Mit Planvorgaben wird versucht, das Verhalten der Mitarbeiter/innen durch die Vorgabe der erwarteten Ergebnisse zu steuern. Eine in der Praxis weit verbreitete Methode bildet das Management by Objectives. Ausgehend von der obersten Leitung der Organisation werden Ziele kaskadenförmig auf die verschiedenen Hierarchieebenen und Abteilungen heruntergebrochen, wobei jeweils der nächsthöhere Vorgesetzte seinen Untergebenen die entsprechenden Ziele vorgibt oder sie mit diesen vereinbart. Direkten Einfluss auf die Leistung erhalten Ziele, wenn sie so formuliert werden, wie es die Theorie der Zielsetzung beschreibt: Ziele müssen herausfordernd und spezifisch sein, die Mitarbeiter/innen müssen sich an sie gebunden fühlen und regelmäßig Feedback über ihre Fortschritte erhalten.

- In Organisationen bilden sich Normen und Selbstverständlichkeiten heraus: Die Mitarbeiter/innen entwickeln gemeinsame Auffassungen darüber, was wünschenswert ist. Dies bezeichnet man als die Organisationskultur. Die Kultur regelt das Verhalten und sorgt für die Einbindung der Mitarbeiter/innen in die Organisation. Jeder, der neu in die Organisation eintritt, wird mit diesen Normen und Werten konfrontiert und ist gezwungen, sich damit auseinander zu setzen. Das ASA-Modell beschreibt wichtige Folgen für das Verhalten: Die Organisationskultur bestimmt, welche Mitarbeiter/innen ausgewählt werden (Selektion) und welche neuen Verhaltensweisen sie auf informellem Wege lernen (Sozialisation). Die gemeinsamen Werte geben Orientierung und verbinden die Mitarbeiter/innen. Darin liegen aber auch Gefahren, v.a. neigen Organisationen mit starker Kultur zur Erstarrung.

## Vertiefungsliteratur zu Kapitel 5

*Heller, W.* (1994): Arbeitsgestaltung, Stuttgart.

*Kleinbeck, U./Schmidt, K.-H.* (1996): Die Wirkung von Zielsetzungen auf das Handeln, in: Kuhl, J./ Heckhausen, H. (Hrsg.): Motivation, Volition und Handlung. Enzyklopädie der Psychologie. C IV 4, Göttingen, S. 875–907.

*Neubauer, W.* (2002): Organisationskultur, Stuttgart.

*Schein, E. H.* (1995): Unternehmenskultur. Ein Handbuch für Führungskräfte, Frankfurt/M.

# Literatur

*Ajzen, I.* (1996): The social psychology of decision making, in: Higgins, E.T./Kruglanski, A.W. (Hrsg.): Social psychology. Handbook of basic principles, New York, S. 297–360.

*Amelang, M./Bartussek, D.* (1997): Differentielle Psychologie und Persönlichkeitsforschung, 4. Aufl., Stuttgart.

*Antoni, C.* (1990): Qualitätszirkel als Modell partizipativer Gruppenarbeit. Analyse der Möglichkeiten und Grenzen aus der Sicht betroffener Mitarbeiter, Bern.

*Antoni, C.* (1996): Teilautonome Arbeitsgruppen. Ein Königsweg zu mehr Produktivität und einer menschengerechten Arbeit? Weinheim.

*Antoni, C.* (1999): Konzepte der Mitarbeiterbeteiligung: Delegation und Partizipation, in: Graf Hoyos, C./Frey, D. (Hrsg.): Arbeits- und Organisationspsychologie. Ein Lehrbuch, Weinheim, S. 569–583.

*Arnold, M.B.* (1960): Emotion and personality, New York.

*Ashkenasy, N.M./Härtel, C.E.J./Zerbe, W.J.* (2000): Emotions in the workplace, Westport, Conn.

*Auer-Rizzi, W.* (1998): Entscheidungsprozesse in Gruppen, Wiesbaden.

*Bales, R.F.* (1950): Interaction process analysis: A method for the study of small groups, Cambridge, MA.

*Bamberg, E./Busch, Ch.* (1996): Betriebliche Gesundheitsförderung durch Stressmanagementtraining: Eine Metaanalyse (quasi-)experimenteller Studien, in: Zeitschrift für Arbeits- und Organisationspsychologie, 37. Jg. (1995) 2, S. 106–117.

*Bamberg, E./Ducki, A./Metz, A.-M.* (1998) (Hrsg.): Handbuch Betriebliche Gesundheitsförderung. Arbeits- und Organisationspsychologische Konzepte, Göttingen.

*Bandura, A.* (1979): Sozialkognitive Lerntheorie, Stuttgart.

*Bandura, A.* (1991): Social cognitive theory of self-regulation, in: Organizational Behavior and Human Decision Processes, 50. Jg. (1991) 2, S. 248–287.

*Bandura, A.* (1997): Self efficacy: The exercise of control, New York.

*Bauer, T.N./Morrison, E.W./Callister, R.R.* (1998): Organizational socialization: A review and directions for future research, in: Research in Personnel and Human Resources Management, 16. Jg. (1998) 1, S. 149–214.

*Bazerman, M.* (1997): Judgment in managerial decision making, 4. Aufl., New York.

*Becker, F.G.* (1998): Grundlagen betrieblicher Leistungsbeurteilungen, 2. Aufl., Stuttgart.

*Behson, S.J./Eddy, E.R./Lorenzet, S.J.* (2000): The importance of the critical psychological states in the job characteristics model: A meta-analytic and structural equations modeling examination, in: Current Research in Social Psychology, 5. Jg. (2000) 3, S. 170–189.

*Belbin, R.M.* (1981): Management teams, London.

*Belbin, R.M.* (1993): Team roles at work, Oxford.

*Berndt, R./Herrmanns, A.* (1993): Handbuch Marketing-Kommunikation, Wiesbaden.

*Blickle, G.* (2003): Organisationale Interaktion und Kommunikation. Rekonstruktion von fünfzig Jahren empirischer Forschung im Lichte grundlegender Paradigmen, in: Schuler, H. (Hrsg.): Gruppe und Organisation. Enzyklopädie der Psychologie. Bd. D III 4, Göttingen.

*Bögel, R./Rosenstiel, L. von* (1993): Bilder von Menschen in den Köpfen der Macher: Der Einfluss von Menschenbildern auf die personale und materiale Gestaltung der Arbeitssituation, in: Strümpel, B./Dierkes, M. (Hrsg.): Innovation und Beharrung in der Arbeitspolitik, Stuttgart, S. 243–276.

*Bortz, J.* (1999): Lehrbuch der Statistik, 5. Aufl., Berlin.

*Bortz, J./Döring, N.* (2002): Forschungsmethoden und Evaluation, 3. Aufl., Berlin.

*Brehm, J.W.* (1966): A theory of psychological reactance, New York.

*Brehm, S.S./Brehm, J.W.* (1981): Psychological reactance. A theory of freedom and control, New York.

*Brüning, B./Frey, D./Stahlberg, D./Graf Hoyos, C.* (1988): Notizen zu den Anfängen der Angewandten Psychologie, in: Frey, D./Graf Hoyos, C./Stahlberg, D. (Hrsg.): Angewandte Psychologie, München, S. 2–20.

*Bruggemann, A./Großkurth, P./Ulich, E.* (1975): Arbeitszufriedenheit, Bern.

*Bühler, K.* (1934): Sprachtheorie, Jena.

*Büschges, G./Abraham, M.* (1997): Einführung in die Organisationssoziologie, 2. Aufl., Wiesbaden.

*Büssing, A.* (1991): Struktur und Dynamik von Arbeitszufriedenheit: Konzeptuelle und methodische Überlegungen zu einer Untersuchung verschiedener Formen von Arbeitszufriedenheit, in: Fischer, L. (Hrsg.): Arbeitszufriedenheit, Göttingen, S. 85–114.

*Büssing, A.* (1995): Organisationsdiagnose, in: Schuler, H. (Hrsg.): Lehrbuch Organisationspsychologie, 2. Aufl., Bern, S. 445–480.

*Büssing, A./Bissels, T./Fuchs, V./Perrar, K.-M.* (1999): A dynamic model of work satisfaction: Qualitative approaches, in: Human Relations, 52. Jg. (1999) 10, S. 999–1028.

*Bungard, W./Antoni, C.* (1995): Gruppenorientierte Interventionstechniken, in: Schuler, H. (Hrsg.): Lehrbuch Organisationspsychologie, 2. Aufl., Bern, S. 377–404.

*Burgoon, J.K.* (1994): Nonverbal signals, in: Knapp, M.L./Miller, G.R. (Hrsg.): Handbook of interpersonal communication, 2. Aufl., Thousand Oaks, S. 229–285.

*Burke, M./Day, R.* (1986): A cumulative study of the effectiveness of managerial training, in: Journal of Applied Psychology, 71. Jg. (1986) 3, S. 232–245.

*Buschmeier, U.* (1995): Macht und Einfluss in Organisationen, Göttingen.

*Campbell, J.P./McCloy, R.A./Oppler, S.H./Sager, C.E.* (1993): A theory of performance, in: Schmitt, N./Borman, W.C. and Ass. (Hrsg.): Personnel selection in organizations, San Francisco, CA., S. 35–69.

*Cartwright, D.* (1968): The nature of group cohesiveness, in: Cartwright, D./Zander, A.F. (Hrsg.): Group dynamics. Theory and Research, 3. Aufl., New York, S. 91–109.

*Chalmers, A.F.* (2001): Wege der Wissenschaft. Einführung in die Wissenschaftstheorie, Berlin.

*Cialdini, R.B.* (2002): Die Psychologie des Überzeugens, 2. Aufl., Bern.

*Cook, T.D./Campbell, D.T.* (1979): Quasi-experimentation. Design and analysis issues for field settings, Chicago.

*Cook, T.D./Campbell, D.T./Peracchio, L.* (1990): Quasi experimentation, in: Dunnette, M.D./Hough, L. (Hrsg.): Handbook of industrial and organizational pschology. Bd. 1, 2. Aufl., Palo Alto, S. 491–576.

*Cooper, C.L./Dewe, P.J./O'Driscoll, M.P.* (2001): Organizational stress. A review and critique of theory, research and applications, Thousand Oaks.

*Crozier, M./Friedberg, E.* (1979): Macht und Organisation, Königstein i.T.

*Darwin, Ch.* (1872): The expression of the emotions in man and animals, London (deutsch: Der Ausdruck der Gemütsbewegungen bei den Menschen und den Tieren, Frankfurt/M., 2000).

*Delhees, K.H.* (1995): Führungstheorien – Eigenschaftstheorie., in: Kieser, A./Reber, G./Wunderer, R. (Hrsg.): Handwörterbuch der Führung, 2. Aufl., Stuttgart, Sp. 897–906.

*DePaulo, B.M./Friedman, H.S.* (1998): Nonverbal communication, in: Gilbert, D.T./Fiske, S.T./Lindzey, G. (Hrsg.): The handbook of social psychology. Vol. II., 4. Aufl., Boston, S. 3–40.

*Dickenberger, D./Gniech, G./Grabitz, H.-J.* (1993): Die Theorie der psychologischen Reaktanz, in: Frey, D./Irle, M. (Hrsg.): Theorien der Sozialpsychologie. Bd. 1: Kognitive Theorien, 2. Aufl., Bern, S. 243–273.

*Döring, N.* (1999): Mediale Kommunikation in Arbeitsbeziehungen, in: Boos, M./Jonas, K.J./Sassenberg, K. (Hrsg.): Computervermittelte Kommunikation in Organisationen, Göttingen, S. 27–40.

*Dörner, D.* (1994): Verhalten und Handeln, in: Dörner, D./Selg, H. (Hrsg.): Psychologie. Eine Einführung in ihre Grundlagen und Anwendungsfelder, Stuttgart, S. 100–114.

*Drumm, H.J.* (1991): Probleme der Erfassung und Messung der Unternehmenskultur, in: Dülfer, E. (Hrsg.): Organisationskultur: Phänomen – Philosophie – Technologie, Stuttgart, S. 163–171.

*Dunckel, H.* (1999): Handbuch psychologischer Arbeitsanalyseverfahren, Zürich.

*Edwards, J.R./Caplan, R.D./van Harrison, R.* (2001): Person-environment fit theory, in: Cooper, C.L. (Hrsg.): Theories of organizational stress, Oxford, S. 28–67.

*Eisenführ, F./Weber, M.* (2002): Rationales Entscheiden, 4. Aufl., Berlin.

*Feger, H.* (1983): Planung und Bewertung von wissenschaftlichen Beobachtungen, in: Feger, H./ Bredenkamp, J. (Hrsg.): Datenerhebung. Enzyklopädie der Psychologie. Bd. B I 2, Göttingen, S. 1–75.

*Fiege, R./Muck, P.M./Schuler, H.* (2001): Mitarbeitergespräche, in: Schuler, H. (Hrsg.): Lehrbuch Personalpsychologie, Göttingen, S. 433–480.

*Fisch, R./Beck, D./Englich, B.* (2001) (Hrsg.): Projektgruppen in Organisationen. Praktische Erfahrungen und Erträge der Forschung, Göttingen.

*Fischer, L.* (1992): Rollentheorie, in: Frese, E. (Hrsg.): Handwörterbuch der Organisation, 3. Aufl., Stuttgart, Sp. 2224–2234.

*Fischer, L./Wiswede, G.* (2002): Grundlagen der Sozialpsychologie, 2. Aufl., München.

*Fisher, C.D.* (1986): Organizational socialization: An integrative review, in: Research in Personnel and Human Resource Management, 4. Jg. (1986), S. 101–145.

*Flammer, A.* (1997): Einführung in die Gesprächspsychologie, Bern.

*Flanagan, J.G.* (1954): The critical incident technique, in: Psychological Bulletin, 51. Jg. (1954) 4, S. 327–358.

*Flick, U./Kardoff, E. von/Steinke, J.* (2000): Qualitative Forschung. Ein Handbuch, Reinbek.

*Forgas, J.* (1999): Soziale Interaktion und Kommunikation. Eine Einführung in die Sozialpsychologie, 4. Aufl., Weinheim.

*Franke, J./Kühlmann, T.M.* (1990): Psychologie für Wirtschaftswissenschaftler, Landsberg/L.

*Frei, F./Udris, I.* (1990)(Hrsg.): Das Bild der Arbeit, Göttingen.

*French, J.R.P./Raven, B.* (1959): The bases of social power, in: Cartwright, D. (Hrsg.): Studies in social power, Ann Arbor, S. 150–165.

*Frese, M./Semmer, N.* (1991): Stressfolgen in Abhängigkeit von Moderatorvariablen: Der Einfluss von Kontrolle und Sozialer Unterstützung, in: Greif, S./Bamberg, E./Semmer, N. (Hrsg.): Psychischer Stress am Arbeitsplatz, Göttingen, S. 135–153.

*Frese, M./Zapf, D.* (1994): Action as the core of work psychology: A german approach, in: Triandis, H.C./Dunnette, M.D./Hough, L.M. (Hrsg.): Handbook of industrial and organizational psychology, Bd. 4, Palo Alto, S. 271–340.

*Freud, S.* (1911): Formulierungen über zwei Prinzipien des psychischen Geschehens, in: Gesammelte Werke. Bd. 8, Frankfurt/M., S. 230–238.

*Freud, S.* (1933): Neue Folge der Vorlesungen zur Einführung in die Psychoanalyse, Frankfurt/M.

*Frey, S.* (1999): Die Macht des Bildes. Der Einfluß der nonverbalen Kommunikation auf Kultur und Politik, Bern.

*Friedel-Howe, H.* (1999): Frauen und Führung: Mythen und Fakten, in: von Rosenstiel, L./Domsch, M./Regnet, E. (Hrsg.): Führung von Mitarbeitern, 4. Aufl., Stuttgart, S. 533–545.

*Frieling, E.* (1999): Arbeitsanalyse und Arbeitsgestaltung, in: Graf Hoyos, C./Frey, D. (Hrsg.): Arbeits- und Organisationspsychologie. Ein Lehrbuch, Weinheim, S. 468–487.

*Frieling, E./Sonntag, K.-H.* (1999): Lehrbuch Arbeitspsychologie, 2. Aufl., Göttingen.

*Gadenne, V.* (1994): Theorien, in: Herrmann, T./Tack, W.H. (Hrsg.): Methodologische Grundlagen der Psychologie. Enzyklopädie der Psychologie. Bd. B I 1, Göttingen, S. 295–342.

*Gebert, D.* (1995): Intervention in Organisationen, in: Schuler, H. (Hrsg.): Lehrbuch Organisationspsychologie, 2. Aufl., Bern, S. 481–494.

*Gebert, D./Rosenstiel, L. von* (2002): Organisationspsychologie, 5. Aufl., Stuttgart.

*Geiger, W.* (1998): Qualitätslehre. Einführung, Systematik, Terminologie, Braunschweig.

*Goldstein, E.B.* (1997): Wahrnehmungspsychologie. Eine Einführung, Heidelberg.

*Graumann, C.F.* (1972): Interaktion und Kommunikation, in: Graumann, C.F. (Hrsg.): Sozialpsychologie. Handbuch der Psychologie. Bd. 7, Göttingen, S. 1109–1262.

*Greenberg, J.* (1988): Equity and workplace status: A field experiment, in: Journal of Applied Psychology, 73. Jg. (1988) 6, S. 606–613.
*Greif, S.* (1991): Stress in der Arbeit – Einführung und Grundbegriffe, in: Greif, S./Bamberg, E./ Semmer, N. (Hrsg.): Stress am Arbeitsplatz, Göttingen, S. 1–28.
*Greif, S.* (1994): Soziale Kompetenz, in: Frey, D./Greif, S. (Hrsg.): Sozialpsychologie. Ein Handbuch in Schlüsselbegriffen, Weinheim, S. 312–320.
*Groeben, N./Scheele, B.* (1977): Argumente für eine Psychologie des reflexiven Subjekts, Darmstadt.
*Groeben, N./Westmeyer, H.* (1975): Kriterien psychologischer Forschung, München.
*Gulowsen, J.* (1972): A measure of work-group autonomy, in: Davis, L.E./Taylor, J. (Hrsg.): Job design, Harmondsworth, S. 374–390.
*Guzzo, R.A./Dickson, M.W.* (1996): Teams in organizations: Recent research on performance and effectiveness, in: Annual Review of Psychology, 47. Jg. (1996), S. 307–338.

*Hacker, W.* (1998): Allgemeine Arbeitspsychologie, Bern.
*Hackman, J.R.* (1970): Tasks and task performance in research on stress, in: McGrath, J.E. (Hrsg.): Social and psychological factors in stress, New York, S. 202–237.
*Hackman, J.R./Oldham, G.R.* (1975): Development of the job diagnostic survey, in: Journal of Applied Psychology, 60. Jg. (1975) 2, S. 159–170.
*Hackman, J.R./Oldham, G.R.* (1976): Motivation through the design of work: Test of a theory, in: Organizational Behavior and Human Performance, 16. Jg. (1976) 3, S. 250–279.
*Hackman, J.R./Oldham, G.R.* (1980): Work redesign, Reading, Mass.
*Hager, W./Westermann, R.* (1983): Planung und Auswertung von Experimenten, in: Bredenkamp, J./Feger, H. (Hrsg.): Hypothesenprüfung. Enzyklopädie der Psychologie B I 5, Göttingen, S. 24–238.
*Halisch, F.* (1990): Beobachtungslernen und die Wirkung von Vorbildern, in: Spada, H. (Hrsg.): Lehrbuch Allgemeine Psychologie, Göttingen, S. 373–402.
*Hartmann, M./Kopp, J.* (2001): Elitenselektion durch Bildung oder durch Herkunft? Promotion, soziale Herkunft und der Zugang zu Führungspositionen in der deutschen Wirtschaft, in: Kölner Zeitschrift für Soziologie und Sozialpsychologie, 53. Jg. (2001) 4, S. 436–466.
*Haubl, R.* (2001): Neidisch sind immer nur die anderen. Über die Unfähigkeit, zufrieden zu sein, München.
*Heckhausen, H.* (1989): Motivation und Handeln, 2. Aufl., Berlin.
*Heider, F.* (1958): The psychology of interpersonal relations, New York.
*Heller, W.* (1994): Arbeitsgestaltung, Stuttgart.
*Herzberg, F.* (1968): One more time: How do you motivate employees? in: Harvard Business Review, 46 Jg. (1968) 3, S. 53–62.
*Herzberg, F./Mausner, B./Snyderman, B.* (1959): The motivation to work, New York.
*Hicks, D.J.* (1965): Imitation and retention of film mediated aggressive peer and adult models, in: Journal of Personality and Social Psychology, 2. Jg. (1965) 1, S. 97–100.
*Hochschild, A.* (1990): Das gekaufte Herz. Zur Kommerzialisierung der Gefühle, Frankfurt/M.
*Holland, J.G./Skinner, B.F.* (1971): Analyse des Verhaltens, München.
*Holling, H./Liepmann, D.* (1995): Personalentwicklung, in: Schuler, H. (Hrsg.): Lehrbuch Organisationspsychologie, 2. Aufl., Göttingen, S. 285–316.
*Homans, G.C.* (1950): The human group, New York.
*Hoyos, C. Graf* (1974): Arbeitspsychologie, Stuttgart.
*Hussy, W./Möller, H.* (1994): Hypothesen, in: Herrmann, T./Tack, W.H. (Hrsg.): Methodologische Grundlagen der Psychologie. Enzyklopädie der Psychologie. Bd. B I 1, Göttingen, S. 475–507.

*James, W.* (1890): The principles of psychology, New York.
*Janis, I.L.* (1972): Victims of groupthink, Boston.
*Janis, I.L.* (1982): Groupthink: A psychological study of foreign-policy decisions and fiascos, 2. Aufl., Boston.
*Johnson-Laird, P.* (1996): Der Computer im Kopf. Formen und Verfahren der Erkenntnis, München.
*Johnston, W.J./Kim, K.* (1994): Performance, attribution, and expectancy linkages in personal selling, in: Journal of Marketing, 58. Jg. (1994) 1, S. 68–81.
*Jungermann, H./Pfister, H.-R./Fischer, K.* (1998): Die Psychologie der Entscheidung, Heidelberg.

*Kahn, R. L./Wolfe, P./Quinn, R. P./Snoek, D./Rosenthal, R. A.* (1964): Organizational stress. Studies in role conflict and ambiguity, New York.

*Kahnemann, D./Slovic, P./Tversky, A.* (1982): Judgement under uncertainty: Heuristics and biases, Cambridge, MA.

*Kahnemann, D./Tversky, A.* (1973): On the psychology of prediction, in: Psychological Review, 80. Jg. (1973) 3, S. 237–251.

*Kahnemann, D./Tversky, A.* (1979): Prospect theory: An analysis of decisions under risk, in: Econometrica, 47. Jg. (1979) 3, S. 263–291.

*Kaschube, J.* (1993): Betrachtung der Unternehmens- und Organisationskulturforschung aus (organisations-)psychologischer Sicht, in: Dierkes, M./von Rosenstiel, L./Steger, U. (Hrsg.): Unternehmenskultur in Theorie und Praxis, Frankfurt/M., S. 90–146.

*Katz, D./Kahn, R. L.* (1978): The social psychology of organizations, 2. Aufl., New York.

*Katz, R./Allen, T.J.* (1982): Investigating the Not Invented Here (NIH) syndrome: A look at the performance, tenure and communication patterns of 50 R&D project groups, in: R & D Management, 12. Jg. (1982) 1, S. 7–19.

*Kerr, S./Jermier, J. M.* (1978): Substitutes for leadership: Their meaning and measurement, in: Organizational Behavior and Human Performance, 22. Jg. (1978) 4, S. 375–403.

*Kerr, S./Mathews, C.* (1995): Führungstheorien – Theorie der Führungssubstitution, in: Kieser, A./ Reber, G./Wunderer, R. (Hrsg.): Handwörterbuch der Führung, 2. Aufl., Stuttgart, Sp. 1021–1034.

*Kiell, G./Stephan, E.* (1997): Urteilsprozesse bei Finanzanlageentscheidungen von Experten, Forschungsbericht des Instituts für Wirtschafts- und Sozialpsychologie der Universität Köln.

*Kieser, A.* (2001): Organisationstheorien, 4. Aufl., Stuttgart.

*Kieser, A./Reber, G./Wunderer, R.* (Hrsg.)(1995): Handwörterbuch der Führung, 2. Aufl., Stuttgart.

*Kipnis, D.* (1972): Does power corrupt? in: Journal of Personality and Social Psychology, 24. Jg. (1972) 1, S. 33–41.

*Kirchler, E./Rodler, C.* (2001): Motivation in Organisationen. Arbeits- und Organisationspsychologie 1, Wien.

*Kleinbeck, U.* (1996): Arbeitsmotivation, Weinheim.

*Kleinbeck, U.* (2001): Das Management von Arbeitsgruppen, in: Schuler, H. (Hrsg.): Lehrbuch Personalpsychologie, Göttingen, S. 509–528.

*Kleinbeck, U./Schmidt, K.-H.* (1996): Die Wirkung von Zielsetzungen auf das Handeln, in: Kuhl, J./ Heckhausen, H. (Hrsg.): Motivation, Volition und Handlung. Enzyklopädie der Psychologie. C IV 4, Göttingen, S. 875–907.

*Kluckhohn, C.* (1951): Values and value-orientation in the theory of action: An exploration in definition and classification, in: Parsons, T./Shils, E. (Hrsg.): Toward a general theory of action, Cambridge, Mass., S. 388–433.

*Kluger, A. N./DeNisi, A.* (1996): The effects of feedback interventions on performance: A historical review, a meta-analysis, and a preliminary feedback intervention theory, in: Psychological Bulletin, 119. Jg. (1996) 3, S. 254–284.

*Kluwe, R.* (1990): Gedächtnis und Wissen, in: Spada, H. (Hrsg.): Lehrbuch Allgemeine Psychologie, Göttingen, S. 115–187.

*Konradt, U./Hertel, G.* (2002): Management virtueller Teams. Von der Telearbeit zum virtuellen Unternehmen, Weinheim.

*Kosiol, H.* (1962): Organisation der Unternehmung, Wiesbaden.

*Krauss, R. M./Chiu, C.-Y.* (1998): Language and social behavior, in: Gilbert, D. T./Fiske, S. T./Lindzey, G. (Hrsg.): The handbook of social psychology. Vol. II., 4. Aufl., Boston, S. 41–88.

*Krauss, R. M./Fussell, S. R.* (1996): Social psychological models of interpersonal communication, in: Higgins, E. T./Kruglanski, A. W. (Hrsg.): Social psychology. Handbook of basic principles, New York, S. 655–701.

*Kroeber-Riel, W.* (1992): Konsumentenverhalten, 5. Aufl., München.

*Kroeber-Riel, W./Weinberg, P.* (1999): Konsumentenverhalten, 7. Aufl., München.

*Krüger, W.* (1994): Organisation der Unternehmung, 3. Aufl., Stuttgart.

*Kück, M.* (1998): Macht und Ohnmacht von Geschäftsfrauen, Berlin.

*Kuhl, J.* (1983): Motivation, Konflikt und Handlungskontrolle, Berlin.

*Lamnek, S.* (1988): Qualitative Sozialforschung. Bd. 1: Methodologie, München.

*Lamnek, S.* (1989): Qualitative Sozialforschung. Bd. 2: Methoden und Techniken, München.
*Latham, G.P./Baldes, J.J.* (1975): The «practical significance« of Locke's theory of goal setting, in: Journal of Applied Psychology, 60. Jg. (1975) 1, S. 122–124.
*Latham, G.P./Locke, E.A.* (1995): Zielsetzung als Führungsaufgabe, in: Kieser, A./Reber, G./Wunderer, R. (Hrsg.): Handwörterbuch der Führung, 2. Aufl., Stuttgart, Sp. 2222–2234.
*Lattmann, C.* (1977): Führung durch Zielsetzung, Bern.
*Lazarus, R.S.* (1991): Emotion and adaptation, New York.
*Lazarus, R.S.* (1999): Stress and emotion. A new synthesis, New York.
*Lazarus, R.S./Folkman, S.* (1984): Stress, appraisal and coping, New York.
*Lazarus, R.S./Opton, E.M.Jr./Nomikos, M.S./Ranking, N.O.* (1965): The principle of short-circuiting of threat: further evidence, in: Journal of Personality, 33. Jg. (1965) 5, S. 622–635.
*Lewis, M./Haviland, J.M.* (1993): Handbook of emotions, New York.
*Locke, E.A.* (2001): Motivation by goal setting, in: Golembiewski, R.T. (Hrsg.): Handbook of organizational behavior, New York, S. 43–56.
*Locke, E.A./Latham, G.P.* (1990): A theory of goal setting and task performance, Englewood Cliffs, N.J.
*Lück, H.E.* (1987): Psychologie sozialer Prozesse, Opladen.
*Lück, H.E.* (1991): Geschichte der Psychologie, Stuttgart.
*Lüer, G./Spada, H.* (1990): Denken und Problemlösen, in: Spada, H. (Hrsg.): Lehrbuch Allgemeine Psychologie, Göttingen, S. 189–280.
*Luthans, F.* (2001): Organizational behavior, 9. Aufl., Boston.
*Luthans, F./Lockwood, D.L.* (1984): Toward an observation system for measuring leadership behavior in natural settings, in: Hunt, J.G./Hosking, D./Schriesheim, C./Stewart, R. (Hrsg.): Leaders and managers, New York, S. 117–141.
*Luthans, F./Rosenkrantz, S.A.* (1995): Führungstheorien – Soziale Lerntheorie, in: Kieser, A./Reber, G./Wunderer, R. (Hrsg.): Handwörterbuch der Führung, 2. Aufl., Stuttgart, Sp. 1005–1021.
*Luthans, F./Hodgetts, R.M./Rosenkrantz, S.A.* (1988): Real managers, Cambridge.

*Marcus, B.* (2000): Kontraproduktives Verhalten im Betrieb, Göttingen.
*Marcus, B./Schuler, H.* (2001): Leistungsbeurteilung, in: Schuler, H. (Hrsg.): Lehrbuch Personalpsychologie, Göttingen, S. 397–431.
*Maslow, A.* (1981): Motivation und Persönlichkeit, Reinbek bei Hamburg.
*Mayo, E.* (1933): The social problems of an industrial civilization, Boston, Mass.
*Mayring, P.* (1996): Lehrbuch qualitativer Forschung, 3. Aufl., Weinheim.
*McGregor, D.* (1970): Der Mensch im Unternehmen, Düsseldorf.
*Meichenbaum, D.* (1991): Intervention bei Stress. Anwendung und Wirkung des Stessimpfungstrainings, Bern.
*Metz, A.-M./Rothe, H.-J./Degener, M.* (2001): Belastungsprofile von Beschäftigten in Call Centers, in: Zeitschrift für Arbeits- und Organisationspsychologie, 45. Jg. (2001) 2, S. 124–135.
*Meyer, H.* (1996): Psychologische Methodenlehre, in: Dörner, D./Selg, H. (Hrsg.): Psychologie. Eine Einführung in ihre Grundlagen und Anwendungsfelder, Stuttgart, S. 34–60.
*Meyer, W.-U./Försterling, F.* (1993): Die Attributionstheorie, in: Frey, D./Irle, M. (Hrsg.): Theorien der Sozialpsychologie. Bd. I: Kognitive Theorien, 2. Aufl., Bern, S. 98–137.
*Miller, G.A./Galanter, E./Pribram, K.H.* (1973): Strategien des Handelns. Pläne und Strukturen des Verhaltens, Stuttgart.
*Mintzberg, H.* (1973): The nature of managerial work, New York.
*Moser, K.* (1995): Planung und Durchführung organisationspsychologischer Untersuchungen, in: Schuler, H. (Hrsg.): Lehrbuch Organisationspsychologie, 2. Aufl., Bern, S. 71–105.
*Moser, K.* (1996): Commitment in Organisationen, Bern.
*Moser, K./Schmook, R.* (2001): Berufliche und organisationale Sozialisation, in: Schuler, H. (Hrsg.): Lehrbuch Personalpsychologie, Göttingen, S. 215–240.
*Moorhead, G./Neck, C.P.* (1995): Groupthink und Führung, in: Kieser, A./Reber, G./Wunderer, R. (Hrsg.): Handwörterbuch der Führung, 2. Aufl., Stuttgart, Sp. 1130–1138.
*Müller, G.F.* (1999): Organisationskultur, Organisationsklima und Befriedigungsquellen der Arbeit, in: Zeitschrift für Arbeits- und Organisationspsychologie, 43. Jg. (1999) 3, S. 193–201.
*Muijen, J.J. van* (1998): Organizational culture, in: Drenth, P.J.D./Thierry, H./ Wolff, C.J. de (Hrsg.): Handbook of work and organizational psychology. Vol. 4: Organizational psychology, East Sussex, S. 113–132.

*Mulder, M.* (1977): The daily power game, Leiden.
*Musahl, H.-P.* (1999): Lernen, in: Graf Hoyos, C./Frey, D. (Hrsg.): Arbeits- und Organisationspsychologie, Weinheim, S. 328–343.

*Nachreiner, F./Müller, G. F.* (1995): Verhaltensdimensionen der Führung, in: Kieser, A./Reber, G./ Wunderer, R. (Hrsg.): Handwörterbuch der Führung, 2. Aufl., Stuttgart, Sp. 2113–2126.
*Neisser, U.* (1979): Kognitive Psychologie, Stuttgart.
*Nerdinger, F. W.* (1990): Lebenswelt »Werbung«. Eine sozialpsychologische Studie über Macht und Identität, Frankfurt/M.
*Nerdinger, F. W.* (1994a): Zur Psychologie der Dienstleistung, Stuttgart.
*Nerdinger, F. W.* (1994b): Selbstselektion des Führungsnachwuchses, in: Rosenstiel, L. von/Lang, T./ Sigl, E. (Hrsg.): Auswahl des Fach- und Führungsnachwuchses in den alten und neuen Bundesländern, Stuttgart, S. 20–38.
*Nerdinger, F. W.* (1995): Motivation und Handeln in Organisationen, Stuttgart.
*Nerdinger, F. W.* (1997a): Führung durch Gespräche, 2. Aufl., München.
*Nerdinger, F. W.* (1997b): Konflikte in Dienstleistungstätigkeiten – das Beispiel der Firmenkundenberater, in: Heyse, V. (Hrsg.): Kundenbetreuung im Banken- und Finanzwesen. Praxisbeiträge zur Kompetenzentwicklung, Münster, S. 107–121.
*Nerdinger, F. W.* (1999): »Servicewüste« Deutschland – nationaler Skandal oder vorschnelle Verallgemeinerung? in: Benkenstein, M. (Hrsg.): Servicewüste Deutschland? Rostock, S. 29–44.
*Nerdinger, F. W.* (2000): Erfolgreich Führen. Grundwissen, Strategien, Praxisbeispiele, Weinheim.
*Nerdinger, F. W.* (2001a): Psychologie des persönlichen Verkaufs, München.
*Nerdinger, F. W.* (2001b): Formen der Beurteilung im Unternehmen, Weinheim.
*Nerdinger, F. W.* (2001c): Motivierung, in: Schuler, H. (Hrsg.): Lehrbuch Personalpsychologie, Göttingen, S. 349–371.
*Nerdinger, F. W.* (2001d): Gefühlsarbeit in Dienstleistungsinteraktionen, in: Bruhn, M./Stauss, B. (Hrsg.): Jahrbuch für Dienstleistungsmanagement 2001, Wiesbaden, S. 501–519.
*Nerdinger, F. W.* (2003): Organizational Citizenship Behavior und Extra-Rollenverhalten, in: Schuler, H. (Hrsg.): Organisationspsychologie. Enzyklopädie der Psychologie. Bd. D III 3, Göttingen.
*Neubauer, W.* (2002): Organisationskultur, Stuttgart.
*Neuberger, O.* (1974): Theorien der Arbeitszufriedenheit, Stuttgart.
*Neuberger, O.* (1985): Arbeit. Begriff, Gestaltung, Motivation, Zufriedenheit, Stuttgart.
*Neuberger, O.* (1988): Was ist denn da so komisch? Der Witz in der Firma, Weinheim.
*Neuberger, O.* (1989): Organisationstheorien, in: Roth, E. (Hrsg.): Organisationspsychologie. Enzyklopädie der Psychologie, Bd. D III 3, Göttingen, S. 205–250.
*Neuberger, O.* (1992): Miteinander arbeiten – miteinander reden! Vom Gespräch in unserer Arbeitswelt, 14. Aufl., München.
*Neuberger, O.* (1994): Personalentwicklung, 2. Aufl., Stuttgart.
*Neuberger, O.* (1995): Führungstheorien – Machttheorie, in: Kieser, A./Reber, G./Wunderer, R. (Hrsg.): Handwörterbuch der Führung, 2. Aufl., Stuttgart, Sp. 953–968.
*Neuberger, O.* (1999): Mobbing. Übel mitspielen in Organisationen, 3. Aufl., Mering.
*Neuberger, O.* (2002): Führen und führen lassen. Ansätze, Ergebnisse und Kritik der Führungsforschung, 6. Aufl., Stuttgart.
*Neuberger, O./Conradi, W./Maier, W.* (1985): Individuelles Handeln und sozialer Einfluss, Opladen.
*Neuberger, O./Kompa, A.* (1987): Wir – die Firma. Der Kult um die Unternehmenskultur, Weinheim.
*Neumann, P.* (1999): Markt- und Werbepsychologie. Bd. 1: Grundlagen, Gräfelfing.
*Neumann, P.* (2000): Markt- und Werbepsychologie. Bd. 2: Praxis, Gräfelfing.

*Oberholzer-Gee, F./Osterloh, M.* (2000): Leistungslohn als Motivations- und Selektionsinstrument, in: Frey. B./Osterloh, M. (Hrsg.): Managing Motivation, Wiesbaden, S. 135–160.
*Odiorne, G. S.* (1967): Management by Objectives, Führung durch Vorgabe von Zielen, München.
*Opp, K. D.* (1976): Methodologie der Sozialwissenschaften, Reinbek.
*Ortmann, G./Sydow, J./Türk, K.* (2000): Theorien der Organisation, Opladen.

*Parsons, T.* (1991): The social system, 2. Aufl., London.

*Payne, R. L./Cooper, C. L.* (2001): Emotions at work, Chichester.

*Pekrun, R./Frese, M.* (1992): Emotions in work and achievement, in: International Review of Industrial and Organizational Psychology, 7. Jg. (1992), S. 153–200.

*Peltzer, U.* (1998): Organisationskultur – ein empirisch erfassbares Konstrukt? In: von Rosenstiel, L./Schuler, H. (Hrsg.): Person – Arbeit – Gesellschaft, Augsburg, S. 121–129.

*Pennings, J. M.* (1998): Structural contingency theory, in: Drenth, P. J. D./Thierry, H./Wolff, C. J. de (Hrsg.): Handbook of work and organizational psychology. Vol. 4: Organizational psychology, East Sussex, S. 39–60.

*Peter, L. J./Hull, R.* (1981): Das Peter-Prinzip oder die Hierarchie der Unfähigen, Reinbek.

*Piaget, J.* (1975): Der Aufbau der Wirklichkeit beim Kinde, Stuttgart.

*Plutchik, R.* (1980): A general psychoevolutionary theory of emotion, in: Plutchik, R./Kellerman, H. (Hrsg.): Emotion – theory, research and experience. Vol. 1, New York, S. 3–33.

*Popper, K. R.* (1984): Logik der Forschung, 8. Aufl., Tübingen.

*Porter, L. W./Lawler, W./Hackman, J. R.* (1975): Behavior in organizations, New York.

*Prichard, J. S./Stanton, N. A.* (1999): Testing Belbin's team role theory of effective groups, in: Journal of Management Development, 18. Jg. (1999) 6, S. 652–664.

*Prinz, W.* (1990): Wahrnehmung, in: Spada, H. (Hrsg.): Lehrbuch Allgemeine Psychologie, Göttingen, S. 324–372.

*Rastetter, D.* (1999): Emotionsarbeit. Stand der Forschung und offene Fragen, in: Arbeit, 8. Jg. (1999) 4, S. 374–388.

*Reinecker, H.* (1993): Grundlagen der Verhaltenstherapie, München.

*Richter, P./Hacker, W.* (1998): Belastung und Beanspruchung. Stress, Ermüdung und Burnout im Arbeitsleben, Heidelberg.

*Rodgers, R./Hunter, J. E.* (1991): Impact of management by objectives on organizational productivity, in: Journal of Applied Psychology, 76. Jg. (1991) 4, S. 322–336.

*Roethlisberger, F. J./Dickson, W. J.* (1939): Management and the worker, Cambridge.

*Rohracher, H.* (1988): Einführung in die Psychologie, München.

*Rosenstiel, L. von* (1995): Kommunikation und Führung in Arbeitsgruppen, in: Schuler, H. (Hrsg.): Lehrbuch Organisationspsychologie, 2. Aufl., Bern, S. 312–351.

*Rosenstiel, L. von* (1998): Einstieg und Aufstieg – Selektion und Sozialisation von Hochschulabsolventen in den 80er und 90er Jahren beim Übergang von der Hochschule in den Beruf, in: von Rosenstiel, L./Schuler, H. (Hrsg.): Person – Arbeit – Gesellschaft, Augsburg, S. 65–96.

*Rosenstiel, L. von* (1999a): Motivation von Mitarbeitern, in: von Rosenstiel, L./Domsch, M./Regnet, E. (Hrsg.): Führung von Mitarbeitern, 4. Aufl., Stuttgart, S. 173–192.

*Rosenstiel, L. von* (1999b): Grundlagen der Führung, in: von Rosenstiel, L./Domsch, M./Regnet, E. (Hrsg.): Führung von Mitarbeitern, 4. Aufl., Stuttgart, S. 3–26.

*Rosenstiel, L. von* (2000): Grundlagen der Organisationspsychologie, 4. Aufl., Stuttgart.

*Rosenstiel, L. von/Bögel, R.* (1992): Betriebsklima geht jeden an! München.

*Rosenstiel, L. von/Molt, W./Rüttinger, B.* (1995): Organisationspsychologie, 8. Aufl., Stuttgart.

*Rosenstiel, L. von/Nerdinger, F. W./Spieß, E.* (1991): Was morgen alles anders läuft, Düsseldorf.

*Rosenstiel, L. von/Nerdinger, F. W./Spieß, E.* (Hrsg.)(1998): Von der Hochschule in den Beruf. Der Wechsel der Welten in Ost und West, Göttingen.

*Rosenstiel, L. von/Nerdinger, F. W./Spieß, E./Stengel, M.* (1989): Führungsnachwuchs im Unternehmen. Wertkonflikte zwischen Individuum und Organisation, München.

*Rosenstiel, L. von/Nerdinger, F. W.* (2000): Die Münchner Wertestudien. Überblick und (vorläufiges) Resumee, in: Psychologische Rundschau, 51. Jg. (2000) 2, S. 146–157.

*Sader, M.* (1998): Psychologie der Gruppe, 6. Aufl., Weinheim.

*Savage, L. J.* (1954): The foundations of statistics, New York.

*Schein, E. H.* (1974): Das Bild des Menschen aus der Sicht des Managements, in: Grochla, E. (Hrsg.): Management, Düsseldorf, S. 69–91.

*Schein, E. H.* (1985): Organizational culture and leadership: A dynamic view, San Francisco.

*Schein, E. H.* (1995): Unternehmenskultur. Ein Handbuch für Führungskräfte, Frankfurt/M.

*Scheler, M.* (1955): Das Ressentiment im Aufbau der Moralen, Berlin.

*Scherer, K. R.* (1996): Emotion, in: Stroebe, W./Hewstone, M./Stephenson, G. M. (Hrsg.): Sozialpsychologie, 3. Aufl., Berlin, S. 293–330.

*Scherer, K. R./Wallbott, H.G.* (1990): Ausdruck von Emotionen, in: Scherer, K. R. (Hrsg.): Psychologie der Emotion. Enzyklopädie der Psychologie. Bd. C IV 3, Göttingen, S. 345–422.

*Schirmer, F.* (1991): Aktivitäten von Managern: Ein kritischer Review über 40 Jahre »Work Activity« Forschung, in: Staehle, W. H./Sydow, J. (Hrsg.): Managementforschung 1, Berlin, S. 205–250.

*Schjelderup-Ebbe, T.* (1922): Beiträge zu einer Sozialpsychologie des Haushuhns, in: Zeitschrift für Psychologie, 88. Jg. (1922) 2, S. 225–252.

*Schmidt, K.-H./Kleinbeck, U.* (1999): Job Diagnostic Survey (JDS – Deutsche Fassung), in: Dunckel, H. (Hrsg.): Handbuch psychologischer Arbeitsanalyseverfahren, Zürich, S. 205–230.

*Schmitt, B. H./Dubé-Rioux, L./Leclerc, F.* (1992): Intrusions into waiting lines: Does the queue constitute a social system? in: Journal of Personality and Social Psychology, 63. Jg. (1992) 7, S. 806–815.

*Schneider, B.* (1987): The people make the place, in: Personnel Psychologie, 40. Jg. (1987) 3, S. 437–454.

*Schneider, B./Goldstein, H. W./Smith, D. B.* (1995): The ASA framework: An update, in: Personnel Psychology, 48. Jg. (1995) 4, S. 747–773.

*Schneider, B./Smith, D. B./Paul, M. C.* (2001): P-E fit and the attraction-selection-attrition model of organizational functioning: Introduction and overview, in: Erez, M./Kleinbeck, U./Thierry, H. (Hrsg.): Work motivation in the context of a globalizing economy, Mahwah, S. 231–246.

*Schneider, K./Schmalt, H.-D.* (2000): Motivation, 3. Aufl., Stuttgart.

*Schnell, R./Hill, P. B./Esser, E.* (1999): Methoden der empirischen Sozialforschung, 6. Aufl., München.

*Schuler, H.* (1992): Das Multimodale Einstellungsinterview, in: Diagnostica, 38. Jg. (1992) 4, S. 281–300.

*Schuler, H.* (Hrsg.)(1995): Lehrbuch Organisationspsychologie, 2. Aufl., Göttingen.

*Schuler, H.* (1996): Psychologische Personalauswahl, Göttingen.

*Schuler, H.* (1999): Auswahl von Mitarbeitern, in: von Rosenstiel, L./Domsch, M./Regnet, E. (Hrsg.): Führung von Mitarbeitern, 4. Aufl., Stuttgart, S. 131–160.

*Schuler, H.* (Hrsg.)(2001): Lehrbuch der Personalpsychologie, Göttingen.

*Schuler, H.* (2002): Das Einstellungsinterview, Göttingen.

*Schuler, H./Diemand, A.* (1991): Anforderungsanalyse für teilstandardisierte Einstellungsgespräche mit Bewerbern als Bankkaufmann/-frau, in: Sparkasse, 108. Jg. (1991) 2, S. 90–94.

*Schuler, H./Marcus, B.* (2001): Biographieorientierte Verfahren der Personalauswahl, in: Schuler, H. (Hrsg.): Lehrbuch der Personalpsychologie, Göttingen, S. 175–214.

*Schulte-Zurhausen, M.* (2002): Organisation, 3. Aufl., München.

*Schulz-Hardt, S.* (1997): Realitätsflucht in Entscheidungsprozessen. Vom Groupthink zum Entscheidungsautismus, Bern.

*Schulz von Thun, F.* (1981): Miteinander reden: Störungen und Klärungen. Psychologie der zwischenmenschlichen Kommunikation, Hamburg.

*Schreyögg, G.* (1999): Organisation. Grundlagen moderner Organisationsgestaltung, 3. Aufl., Wiesbaden.

*Schwarz, N.* (1993): Theorien konzeptgesteuerter Informationsverarbeitung in der Sozialpsychologie, in: Frey, D./Irle, M. (Hrsg.): Theorien der Sozialpsychologie. Bd. III: Motivations- und Informationsverarbeitungstheorien, 2. Aufl., Bern, S. 269–291.

*Selg, H.* (1996): Lernen, in: Dörner, D./Selg, H. (Hrsg.): Psychologie. Eine Einführung in ihre Grundlagen und Anwendungsfelder, Stuttgart, S. 176–193.

*Selye, H.* (1974): Stress – Bewältigung und Lebensgewinn, München.

*Semmer, N./Schallberger, U.* (1996): Selection, socialisation, and mutual adaptation: Resolving discrepancies between people and work, in: Applied Psychology: An International Review, 45. Jg. (1996) 3, S. 263–288.

*Senior, B.* (1997): Team roles and team performance: Is there ›really‹ a link? in: Journal of Occupational and Organizational Psychology, 70. Jg. (1997) 3, S. 241–260.

*Semmer, N./Udris, I.* (1995): Bedeutung und Wirkung von Arbeit, in: Schuler, H. (Hrsg.): Lehrbuch Organisationspsychologie, Göttingen, S. 133–166.

*Shannon, C./Weaver, W.* (1949): The mathematical theory of communication, Urbana, Ill.

*Sigl, E./Spieß, E./von Rosenstiel, L./Nerdinger, F. W.* (1993): Handelsvertreter und Kunden, Köln.

*Six, B./Kleinbeck, U.* (1989): Arbeitsmotivation und Arbeitszufriedenheit, in: Roth, E. (Hrsg.): Organisationspsychologie. Enzyklopädie der Psychologie, D III 3, Göttingen, S. 348–398.

*Smircich, L.* (1984): Concepts of culture and organizational analysis, in: Administrative Science Quarterly, 28. Jg. (1984) 1, S. 1–39.

*Sonntag, K.-H.* (1996): Lernen im Unternehmen, München.

*Sonntag, K.-H./Schaper, N.* (2001): Wissensorientierte Verfahren der Personalentwicklung, in: Schuler, H. (Hrsg.): Lehrbuch der Personalpsychologie, Göttingen, S. 241–263.

*Sonntag, K.-H./Stegmaier, R.* (2001): Verhaltensorientierte Verfahren in der Personalentwicklung, in: Schuler, H. (Hrsg.): Lehrbuch der Personalpsychologie, Göttingen, S. 265–287.

*Spada, H.* (Hrsg.)(1990): Lehrbuch Allgemeine Psychologie, Göttingen.

*Spada, H./Ernst, A.M./Ketterer, W.* (1990): Klassische und operante Konditionierung, in: Spada, H. (Hrsg.): Lehrbuch Allgemeine Psychologie, Göttingen, S. 324–372.

*Spector, P.E.* (1997): The role of frustration in antisocial behavior at work, in: Giacalone, R.A./ Greenberg, J. (Hrsg.): Antisocial behavior in organizations, Thousand Oaks, S. 1–17.

*Stajkovic, A.D./Luthans, F.* (1998): Self-efficacy and work-related performance: A meta-analysis, in: Psychological Bulletin, 124. Jg. (1998) 3, S. 240–261.

*Starbuck, W.H.* (1976): Organizations and their environments, in: Dunnette, M.D. (Hrsg.): Handbook of industrial and organizational psychology, Chicago, S. 1069–1123.

*Stephan, E.* (1999): Die Rolle von Urteilsheuristiken bei Finanzentscheidungen: Ankereffekte und kognitive Verfügbarkeit, in: Fischer, L./Kutsch, T./Stephan, E. (Hrsg.): Finanzpsychologie, München, S. 101–134.

*Stegmüller, W.* (1973): Probleme und Resultate der Wissenschaftstheorie und Analytischen Philosophie, Berlin.

*Stegmüller, W.* (1980): Neue Wege der Wissenschaftsphilosophie, Berlin.

*Steyrer, J.* (1995): Charisma in Organisationen. Sozial-kognitive und psychodynamisch-interaktive Aspekte der Führung, Frankfurt/M./New York.

*Stolz, H.-J./Türk, K.* (1992): Individuum und Organisation, in: Frese, E. (Hrsg.): Handwörterbuch der Organisation, 3. Aufl., Stuttgart, Sp. 841–855.

*Straub, J./Werbig, H.* (1999): Handlungstheorie. Begriff und Erklärung des Handelns im interdisziplinären Diskurs, Frankfurt/M.

*Stroebe, W./Hewstone, M./Stephenson, G.M.* (1996): Sozialpsychologie, 3. Aufl., Berlin.

*Sundvik, L./Lindeman, M.* (1998): Acquaintanceship and the discrepancy between supervisor and self-assessments, in: Journal of Social Behavior and Personality, 13. Jg. (1998) 2, S. 117–126.

*Swalm, R.O.* (1966): Utility theory – insights into risk taking, in: Harvard Business Review, 44. Jg. (1966), S. 123–136.

*Tannebaum, S.I./Yukl, G.* (1992): Training and development in work organizations, in: Annual Review of Psychology, 35. Jg. (1992), S. 399–441.

*Temme, G./Tränkle, U.* (1996): Arbeitsemotionen. Ein vernachlässigter Gegenstand in der Arbeitszufriedenheitsforschung, in: Arbeit, 5. Jg. (1996) 3, S. 275–297.

*Theis, A.M.* (1993): Organisationskommunikation, Opladen.

*Thomae, H.* (1965): Zur allgemeinen Charakteristik des Motivationsgeschehens, in: Thomae, H. (Hrsg.): Motivation. Handbuch der Psychologie. Bd. 3, Göttingen, S. 45–122.

*Thomas, A.* (1991): Grundriss der Sozialpsychologie. Bd. 1: Grundlegende Begriffe und Prozesse, Göttingen.

*Thomas, A.* (1992): Grundriss der Sozialpsychologie. Bd. 2: Individuum – Gruppe – Gesellschaft, Göttingen.

*Tränkle. U.* (1983): Fragebogenkonstruktion, in: Feger, H./Bredenkamp, J. (Hrsg.): Datenerhebung. Enzyklopädie der Psychologie, Bd. B I 2, Göttingen, S. 222–301.

*Tuckman, I.W.* (1965): Developmental sequence in small groups, in: Psychological Bulletin, 63. Jg. (1965) 4, S. 384–399.

*Türk, K.* (1989): Neuere Entwicklungen in der Organisationsforschung. Ein Trend Report, Stuttgart.

*Tversky, A./Kahnemann, D.* (1981): The framing of decisions and the psychology of choice, in: Science, 185. Jg. (1981), S. 453–458.

*Udris, I./Frese, M.* (1988): Belastung, Stress, Beanspruchung und ihre Folgen, in: Frey, D./Graf Hoyos, C./Stahlberg, D. (Hrsg.): Angewandte Psychologie, München, S. 428–447.

*Ulich, D.* (1989): Einführung in die Psychologie, Stuttgart.

*Ulich, D./Mayring, P.* (1992): Psychologie der Emotionen, Stuttgart.

*Ulich, E.* (2001): Arbeitspsychologie, 5. Aufl., Stuttgart.

*Volpert, W.* (1987): Psychische Regulation von Arbeitstätigkeiten, in: Kleinbeck, U./Rutenfranz, J. (Hrsg.): Arbeitspsychologie. Enzyklopädie der Psychologie. Bd. D III 1, Göttingen, S. 1–42.

*Walther, J. R.* (1999): Die Beziehungsdynamik in virtuellen Teams, in: Boos, M./Jonas, K.J./Sassenberg, K. (Hrsg.): Computervermittelte Kommunikation in Organisationen, Göttingen, S. 11–25.

*Wanous, J. P.* (1992): Organizational entry: Recruitment, selection, orientation, and socialization, 2. Aufl., Reading.

*Watzlawick, P./Beavin, I. H./Jackson, D. D.* (1969): Menschliche Kommunikation: Formen, Störungen, Paradoxien, Bern.

*Weber, M.* (1980): Wirtschaft und Gesellschaft, 5. Aufl., Tübingen.

*Wegge, J.* (1998): Die Zielsetzungstheorie: Ein kritischer Blick auf Grundlagen und Anwendungen, in: Braun, O. L. (Hrsg.): Ziele und Wille in der Psychologie: Grundlagen und Anwendungen, Landau, S. 3–50.

*Wegge, J.* (2001): Gruppenarbeit, in: Schuler, H. (Hrsg.): Lehrbuch Personalpsychologie, Göttingen, S. 483–507.

*Weibler, J.* (1994): Führung durch den nächsthöheren Vorgesetzten, Wiesbaden.

*Weibler, J.* (2001): Personalführung, München.

*Weiner, B.* (1994): Motivationspsychologie, 3. Aufl., Weinheim.

*Weinert, A.* (1998): Organisationspsychologie, 4. Aufl., Weinheim.

*West, M.* (Hrsg.)(1996): Handbook of work group psychology, Chichester.

*Wiendick, G.* (1994): Arbeits- und Organisationspsychologie, München.

*Wiswede, G.* (1998): Soziologie. Ein Lehrbuch für den wirtschafts- und sozialwissenschaftlichen Bereich, 3. Aufl., Landsberg a. L.

*Wiswede, G.* (2000): Einführung in die Wirtschaftspsychologie, 3. Aufl., München.

*Witte, E. H./Ardelt, E.* (1989): Gruppenarten, -strukturen und –prozesse, in: Roth, E. (Hrsg.): Organisationspsychologie. Enzyklopädie der Psychologie, Bd. D III 3, Göttingen, S. 463–483.

*Word, C. O./Zanna, M. P./Cooper, J.* (1974): The nonverbal mediation of self-fullfilling prophecies in interracial interaction, in: Journal of Experimental Social Psychology, 10. Jg. (1974) 1, S. 109–120.

*Wunderer, R.* (2001): Führung und Zusammenarbeit. Eine unternehmerische Führungslehre, 4. Aufl., Neuwied.

*Wundt, W.* (1905): Grundzüge der physiologischen Psychologie. Bd. 3, 5. Aufl., Leipzig.

*Wyer, R. S.* (1980): The acquisition and use of social knowledge: Basic postulates and representative research, in: Personality and Social Psychology Bulletin, 6. Jg. (1980) 5, S. 558–573.

*Yukl, G. A./Falbe, C. M.* (1991): Antecedents of influence outcomes, in: Journal of Applied Psychology, 81. Jg. (1991) 3, S. 309–317.

*Yukl, G. A./Fleet, D. D. van* (1992): Theory and research on leadership in organizations, in: Dunnette, M. D./Hough, L. (Hrsg.): Handbook of industrial and organizational psychology. Bd. 2, 2. Aufl., Palo Alto, S. 147–198.

*Zapf, D./Dormann, C.* (2001): Gesundheit und Arbeitsschutz, in: Schuler, H. (Hrsg.): Lehrbuch Personalpsychologie, Göttingen, S. 559–587.

# Stichwortverzeichnis